入門はじめての統計解析

石村貞夫 著

東京図書

R 〈日本複製権センター委託出版物〉
◎本書を無断で複写複製(コピー)することは，著作権法上の例外を除き，禁じられています．本書をコピーされる場合は，事前に日本複製権センター（電話：03-3401-2382）の許諾を受けてください．

はじめに

統計学を勉強したい人の悩みは，どなたも同じです．

　　　　　「統計をすぐ使いたいのだけれど？」

　　　　　「統計をよく分かりたいのだけれど？」

ところが

すぐ使えるためには，「わかりやすい公式」が必要です．

よく分かるためには，「わかりやすい例題」が必要です．

そこで，悩める人のために……

重要な統計手法がすぐに使えるよう

　　　【第1段階】　わかりやすい公式
　　　　　　　　　わかりやすい例題

を用意しました．

　さらに，その重要な統計手法を理解できたかを確認するために

　　　【第2段階】　理解度チェック

を用意しました．

　この2段階で，統計学をマスターしましょう．

本書では，以下のような統計学シラバスを想定しています．

	大項目	中項目	小項目
1回目	1変量のデータ1	度数分布表 ヒストグラム	階級 度数
2回目	1変量のデータ2	平均 分散・標準偏差	データの位置 データのバラツキ
3回目	2変量のデータ	散布図 相関係数・共分散	正の相関 負の相関
4回目	確率分布1	確率分布 正規分布	確率変数 確率密度関数
5回目	確率分布2	カイ2乗分布 t分布・F分布	自由度 確率分布のグラフ
6回目	統計的推定1	母集団と標本 母平均の区間推定	信頼係数 信頼限界
7回目	統計的推定2	母比率の区間推定 標本の大きさ	誤差
8回目	統計的検定1	検定の3つの手順 検定統計量・棄却域	有意確率 有意水準
9回目	統計的検定2	母平均の検定 母比率の検定	t検定
10回目	統計的検定3	母平均の差の検定 母比率の差の検定	等分散性
11回目	統計的検定4	独立性の検定 適合度検定	独立 実測度数　期待度数
12回目	ノンパラメトリック検定	ウィルコクソンの検定	順位和
13回目	回帰分析	回帰直線 決定係数	傾き・切片 回帰の分散分析表
14回目	時系列分析	移動平均 指数平滑化 自己回帰モデル	トレンド 周期変動 不規則変動
15回目		理解度チェック	

21 世紀は，自分の研究成果を世界に発信する時代です．
数値による世界共通の言語
統計解析
を使って，あなたも
自分の成果を世界に発信!!

最後に，お世話になった東京図書の須藤静雄編集部長，宇佐美敦子さんに深く感謝の意を表します．

平成 18 年 9 月 24 日

◆本書は『統計解析のはなし』(1989 年，東京図書) を全面的に書き換え，新たな判型で作り直したものです．
なお，理解度チェックの解答は，東京図書のホームページ
http://www.tokyo-tosho.co.jp/ で見ることができます．

目次

はじめに　iii

Section 0.0　データの種類・データの型　………………　2

1章　はじめての 平均・分散・標準偏差

Section 1.1　度数分布表とヒストグラム　……………　6
Section 1.2　平均・分散・標準偏差　………………………　16
Section 1.3　散布図と相関係数　………………………………　36
Section 1.4　いろいろな順位相関係数　………………………　52
Section 1.5　クロス集計表とオッズ比　………………………　58

★理解度チェック　14, 34, 50, 57, 63

はじめての確率分布

Section 2.1	確率変数と確率分布	66
Section 2.2	2項分布——比率のときは	72
Section 2.3	超幾何分布——非復元抽出のときは	75
Section 2.4	ポアソン分布——めったに起こらないときは	78
Section 2.5	正規分布——すべての分布の源	81
Section 2.6	カイ2乗分布——分散の推定・検定のために	91
Section 2.7	t 分布——平均の推定・検定のために	94
Section 2.8	F 分布——分散の比の検定のために	97
Section 2.9	ベイズの定理	100

★理解度チェック 103

はじめての統計的推定

Section 3.1	統計的推定とは？	106
Section 3.2	点推定と区間推定	108
Section 3.3	母平均の区間推定	112
Section 3.4	母分散の区間推定	120
Section 3.5	母比率の区間推定	124
Section 3.6	サンプルサイズを決める?!	128
Section 3.7	最尤法とは？	132

★理解度チェック 119, 123, 127

はじめての 統計的検定

Section 4.1	統計的検定とは？――検定のための3つの手順	140
Section 4.2	母平均の検定	146
Section 4.3	母分散の検定	154
Section 4.4	母比率の検定	158
Section 4.5	2つの母平均の差の検定	162
Section 4.6	対応のある2つの母平均の差の検定	176
Section 4.7	2つの母分散の差の検定――等分散性	180
Section 4.8	2つの母比率の差の検定	186
Section 4.9	相関係数の検定	190
Section 4.10	適合度検定	196
Section 4.11	独立性の検定	202
Section 4.12	外れ値の検定	208
Section 4.13	正規性の検定	212
Section 4.14	歪度と尖度の検定	213

★理解度チェック　152, 174, 179, 184, 189, 195, 200, 206, 211

はじめての ノンパラメトリック検定

Section 5.1	ノンパラメトリック検定とは？	216
Section 5.2	ウィルコクスンの順位和検定	218
Section 5.3	マン・ホイットニーの検定	230
Section 5.4	符号検定	232
Section 5.5	スピアマンの順位相関係数による検定	236
Section 5.6	ケンドールの順位相関係数による検定	240
Section 5.7	その他のノンパラメトリック検定	244

★理解度チェック　228

はじめての 回帰分析

Section 6.1	回帰直線の求め方	248
Section 6.2	決定係数	254
Section 6.3	回帰の分散分析表	258

★理解度チェック 253, 262

はじめての 時系列分析

Section 7.1	3つの基本時系列	266
Section 7.2	3項移動平均	274
Section 7.3	指数平滑化	276
Section 7.4	自己回帰 AR(1) モデル	280

★理解度チェック 279

付録：数表　283
参考文献　298
索　引　301

◆装幀　戸田ツトム
◆イラスト　石村多賀子

入門はじめての統計解析

Section 0.0
データの種類・データの型

■ データの種類

データは，大きく分けて

$$\begin{cases} 名義データ \\ 順序データ \\ 数値データ \end{cases}$$

の3種類に分類されます．

データの種類によって，統計処理が変わることがあるのでデータの分類は大切です．

ところで，"尺度"という用語を使って，データを

$$\begin{cases} 名義尺度 \\ 順序尺度 \\ 距離尺度 \\ 比尺度 \end{cases}$$

の4種類に分類することもあります．

データにはいろいろな種類がござる

表 0.0.1 データ例

被験者	趣味	統計解析	BFの人数
Aさん	海外旅行	好き	2人
Bさん	エステ	大嫌い	4人
Cさん	英会話	嫌い	5人
Dさん	赤ワイン	大好き	1人
Eさん	グルメ	嫌い	3人
	↑	↑	↑
	名義データ	順序データ	数値データ

Key Word　名義尺度：nominal scale　順序尺度：ordinal scale
　　　　　　　距離尺度：distance scale　比尺度：ratio scale

■ B型のデータ？

データは，普通，次のような表で与えられます．

表 0.0.2 A型のデータ

サンプル No.	測定値 x
1	x_1
2	x_2
⋮	⋮
N	x_N

このような型のデータを，この本ではA型のデータと呼びます．

また，次の表のように，"データが階級ごとにまとまっている"場合もあります．

表 0.0.3 B型のデータ

階級	階級値	度数
$a_0 \sim a_1$	m_1	f_1
$a_1 \sim a_2$	m_2	f_2
⋮	⋮	⋮
$a_{n-1} \sim a_n$	m_n	f_n
合計		N

このような型のデータを，この本ではB型のデータと呼ぶことにします．

せっしゃは
B型の男
でござる！

N 個のデータ $\{x_1\ x_2 \cdots x_N\}$ のことを，データ数 N の標本とか，大きさ N のデータといったりします．

はじめての平均・分散・標準偏差

- Section 1.1 度数分布表とヒストグラム
- Section 1.2 平均・分散・標準偏差
- Section 1.3 散布図と相関係数
- Section 1.4 いろいろな順位相関係数
- Section 1.5 クロス集計表とオッズ比

Section 1.1
度数分布表とヒストグラム

■ 度数分布表

度数分布表とは，次のような表のことです．

表 1.1.1　度数分布表

階級	階級値	度数	相対度数	累積度数	累積相対度数
140〜145	142.5	1	0.017	1	0.017
145〜150	147.5	2	0.033	3	0.050
150〜155	152.5	13	0.217	16	0.267
155〜160	157.5	24	0.400	40	0.667
160〜165	162.5	14	0.233	54	0.900
165〜170	167.5	6	0.100	60	1.000
合計		60	1		

↑
$140 \leq x < 145$

この度数分布表は，右のデータをもとに作成しています．

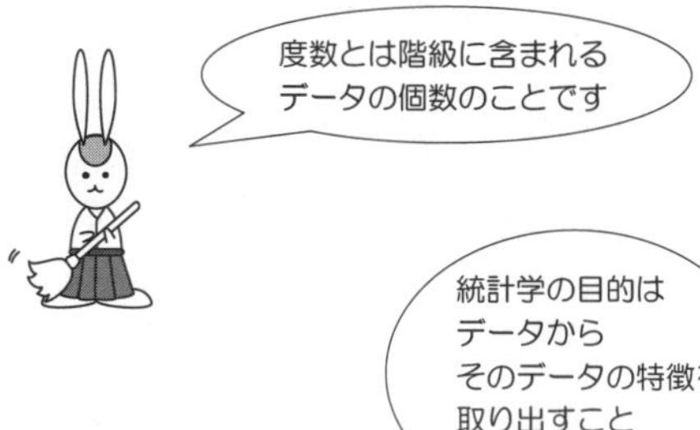

度数とは階級に含まれる
データの個数のことです

統計学の目的は
データから
そのデータの特徴を
取り出すこと
でござる

Key Word　度数分布表：frequency table

表 1.1.2　女子大生 60 人のアンケート調査

No.	身長	体重	男性の身長	No.	身長	体重	男性の身長
1	158	62	172	31	159	59	180
2	154	45	170	32	162	51	175
3	162	47	178	33	153	51	175
4	160	46	172	34	153	48	178
5	153	40	170	35	153	48	180
6	155	41	174	36	162	52	170
7	163	55	170	37	156	50	175
8	157	53	176	38	156	49	170
9	155	45	180	39	153	50	178
10	148	48	170	40	159	48	175
11	169	55	185	41	163	68	183
12	144	43	175	42	165	56	180
13	156	46	172	43	169	63	185
14	149	47	170	44	156	50	175
15	162	48	180	45	152	50	175
16	159	50	182	46	157	47	170
17	164	55	178	47	155	46	175
18	158	48	175	48	150	47	175
19	166	58	176	49	164	54	175
20	159	49	170	50	165	56	182
21	157	50	177	51	163	53	180
22	156	47	175	52	153	47	173
23	161	50	173	53	155	48	180
24	162	53	175	54	165	50	180
25	159	56	185	55	159	43	175
26	159	51	175	56	162	51	175
27	159	49	175	57	156	43	173
28	153	45	175	58	161	60	178
29	156	48	178	59	154	53	170
30	151	43	173	60	152	42	176

　このデータは，ある大学の女子大生 60 人に対しておこなったアンケート調査の結果です．「男性の身長」とは

　　　　"女子大生が結婚相手に望む男性の身長"

という意味です．

Section 1.1　度数分布表とヒストグラム

■ 度数分布表の目的

度数分布表は

　　　　　"データの特徴を読み取る"

または

　　　　　"データの分布の形を見る"

ための，最もカンタンな統計処理です．

表 1.1.2 の身長のデータを大きさの順に並べてみましょう．

表 1.1.3　データを大きさの順に並べかえると……

身長	人数	身長	人数
144 cm	1人	157 cm	3人
145 cm	0人	158 cm	2人
146 cm	0人	159 cm	8人
147 cm	0人	160 cm	1人
148 cm	1人	161 cm	2人
149 cm	1人	162 cm	6人
150 cm	1人	163 cm	3人
151 cm	1人	164 cm	2人
152 cm	2人	165 cm	3人
153 cm	7人	166 cm	1人
154 cm	2人	167 cm	0人
155 cm	4人	168 cm	0人
156 cm	7人	169 cm	2人

この表を見ると，女子大生の身長は，だいたい

　　　　　153 cm ～ 162 cm

の間に入っているという特徴が見えてきます．

そこで，次に，このデータを 5 cm きざみで区切ってみましょう．

1章　はじめての平均・分散・標準偏差

次のような表が，出来上がります．

表 1.1.4　5 cm ずつ区切ってみると……

階級	人数
140〜145	1 人
145〜150	2 人
150〜155	13 人
155〜160	24 人
160〜165	14 人
165〜170	6 人
合計	60 人

度数の合計を"総度数"といいます

この表 1.1.4 が，**度数分布表**の原形です．
正式な度数分布表は，次のようになっています．

表 1.1.5　度数分布表

階級	階級値	度数	相対度数	累積度数	累積相対度数
$a_0 \sim a_1$	m_1	f_1	$\dfrac{f_1}{N}$	f_1	$\dfrac{f_1}{N}$
$a_1 \sim a_2$	m_2	f_2	$\dfrac{f_2}{N}$	f_1+f_2	$\dfrac{f_1+f_2}{N}$
$\vdots$	$\vdots$	$\vdots$	$\vdots$	$\vdots$	$\vdots$
$a_{n-1} \sim a_n$	m_n	f_n	$\dfrac{f_n}{N}$	$f_1+f_2+\cdots+f_n$	$\dfrac{f_1+f_2+\cdots+f_n}{N}$
	合計	N	1		

● 各階級に度数の和
$$f_1,\ f_1+f_2,\ \cdots,\ f_1+f_2+\cdots+f_n$$
を対応させたものを**累積度数**といいます．

● 度数 f_i や累積度数 $f_1+f_2+\cdots+f_i$ を総度数 $N=f_1+f_2+\cdots+f_n$ で割った
$$\dfrac{f_i}{N},\ \dfrac{f_1+f_2+\cdots+f_i}{N}$$
を，**相対度数，累積相対度数**といいます．

● **公式：度数分布表の作り方**

手順1 データの**最大値**と**最小値**を探します．

手順2 最大値−最小値を**範囲** R といい，この範囲を n 個の等間隔の階級に分割します．

> $a_0 \leq$ 最小値
> 最大値 $\leq a_n$
> のようにとります

手順3 n 個の階級

$$a_0 \sim a_1,\ a_1 \sim a_2,\ \cdots,\ a_{n-1} \sim a_n$$

を

$$a_1 = a_0 + \frac{R}{n},\ a_2 = a_1 + \frac{R}{n},\ \cdots,\ a_n = a_{n-1} + \frac{R}{n}$$

として，各階級に属するデータの個数を数え上げると度数分布表の出来上がりです．

> $a_i \leq$ データ $< a_{i+1}$

> 階級の数 n を
> どのように決めるのか
> という問題については
> "スタージェスの公式"
> $n \fallingdotseq 1 + \dfrac{\log_{10} N}{\log_{10} 2}$
> があります

Key Word　最大値：maximum value　　最小値：minimum value
　　　　　　　範囲：range　　　　　　　　累積度数：cumulative freequency
　　　　　　　相対度数：relative frequency
　　　　　　　累積相対度数：cumulative relative frequency

度数分布表の作り方：例題

表1.1.1の度数分布表を作ってみましょう．

手順1 データの最小値と最大値を探します．

$$最小値 = 144 \quad 最大値 = 169$$

手順2 このデータの最小値は144，最大値は169ですが，切りの良いところで

$$a_0 = 140 \quad a_n = 170$$

とします．そして，$170 - 140 = 30$ を $n = 6$ の階級に分けます．

手順3 そこで……

$$a_0 = 140$$
$$a_1 = 140 + 5 = 145$$
$$a_2 = 145 + 5 = 150$$
$$a_3 = 150 + 5 = 155$$
$$a_4 = 155 + 5 = 160$$
$$a_5 = 160 + 5 = 165$$
$$a_6 = 165 + 5 = 170$$

つまり $\dfrac{R}{n} = \dfrac{30}{6} = 5$

あとは，各階級に入るデータの数を数え上げると，表1.1.1の度数分布表が完成です．

表 1.1.6 度数分布表

階級	階級値	度数	相対度数	累積度数	累積相対度数
140〜145	142.5	1	0.017	1	0.017
145〜150	147.5	2	0.033	3	0.050
150〜155	152.5	13	0.217	16	0.267
155〜160	157.5	24	0.400	40	0.667
160〜165	162.5	14	0.233	54	0.900
165〜170	167.5	6	0.100	60	1.000
合計		60	1		

■ ヒストグラム

度数分布表から，データの特徴を読み取りましょう．
それには，次のようなグラフ表現が適しています．

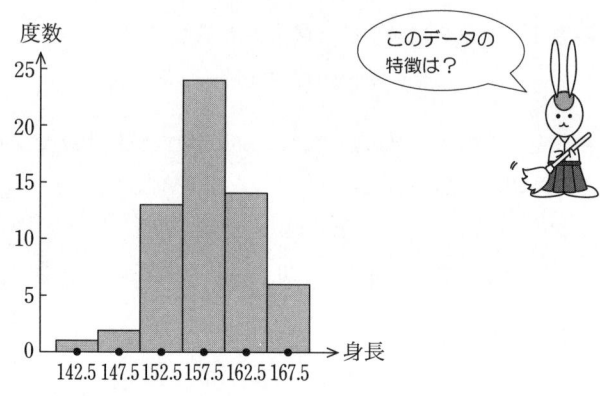

図 1.1.1　身長のヒストグラム

このグラフ表現のことを**ヒストグラム**といいます．
このヒストグラムから，どのような特徴が読み取れるのでしょうか？

　特徴その1　データの中心は 157.5 cm
　特徴その2　データは 152.5 cm から 162.5 cm の間に散らばっている
　特徴その3　データの分布の形は，ほぼ左右対称になっている

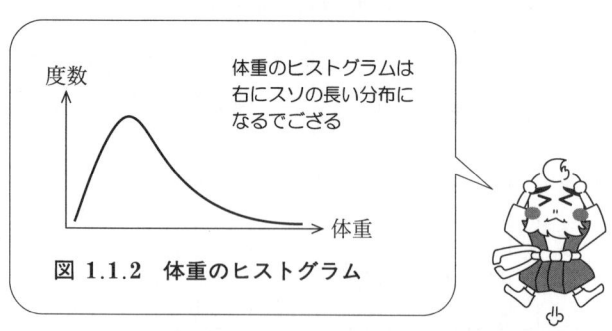

図 1.1.2　体重のヒストグラム

Key Word　ヒストグラム：histogram

■ ヒストグラムから読み取れる特徴

その1　データの中心は？

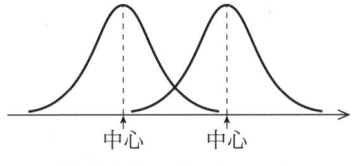

図 1.1.3　データの中心

対称性や
スソの長さは
正規分布を
基準にします

その2　データの散らばりは？

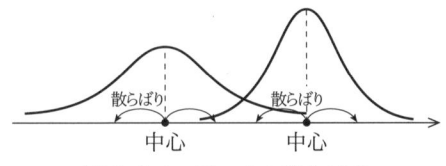

図 1.1.4　データの散らばり

その3　データの対称性は？

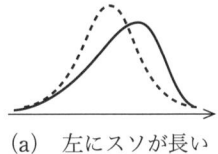　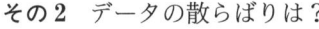　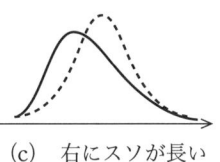

(a)　左にスソが長い　　(b)　正規分布　　(c)　右にスソが長い

図 1.1.5　データの対称性

その4　データのスソの長さは？

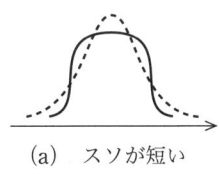　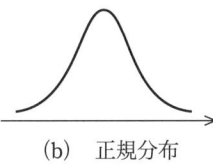　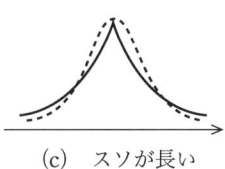

(a)　スソが短い　　(b)　正規分布　　(c)　スソが長い

図 1.1.6　データのスソの長さ

理解度チェック	度数分布表とヒストグラム

【問題】 次のデータは，女子大生60人の体重を調査した結果です．度数分布表を作成し，そのヒストグラムを描いてください．

表 1.1.7　女子大生60人の体重

No.	体重	No.	体重	No.	体重
1	62	21	50	41	68
2	45	22	47	42	56
3	47	23	50	43	63
4	46	24	53	44	50
5	40	25	56	45	50
6	41	26	51	46	47
7	55	27	49	47	46
8	53	28	45	48	47
9	45	29	48	49	54
10	48	30	43	50	56
11	55	31	59	51	53
12	43	32	51	52	47
13	46	33	51	53	48
14	47	34	48	54	50
15	48	35	48	55	43
16	50	36	52	56	51
17	55	37	50	57	43
18	48	38	49	58	60
19	58	39	50	59	53
20	49	40	48	60	42

手順1 最大値と最小値を探します．

　　　　最大値＝ □　　　最小値＝ □

手順2 範囲を計算します．

　　　　範囲＝ □ － □ ＝ □

手順3 度数を求め，度数分布表を作成します．

表 1.1.8 度数分布表

階級	階級値	度数	相対度数	累積度数	累積相対度数
40～45					
45～50					
50～55					
55～60					
60～65					
65～70					
	合計				

手順4 ヒストグラムを描きます．

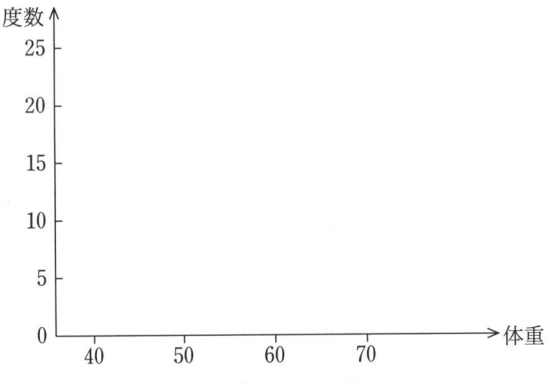

図 1.1.7 体重のヒストグラム

体重の3乗根の
ヒストグラムは
正規分布に近づくと
いわれている
でござる！

Section 1.1 度数分布表とヒストグラム

Section 1.2
平均・分散・標準偏差

平均・分散・標準偏差とは，次のような基礎統計量のことです．

表 1.2.1 いろいろな基礎統計量

			統計量
身長	平均値		157.77
	平均値の 95%信頼区間	下限	156.44
		上限	159.09
	5%トリム平均		157.80
	中央値		157.50
	分散		26.419
	標準偏差		5.140
	最小値		144
	最大値		169
	範囲		25
	4分位範囲		8
	歪度		-.048
	尖度		-.059

統計解析用ソフト SPSS による出力結果じゃ

この平均・分散・標準偏差は，次のデータをもとに計算しています．

表 1.2.2 女子大生 60 人の身長

No.	身長	No.	身長	No.	身長	No.	身長
1	158	16	159	31	159	46	157
2	154	17	164	32	162	47	155
3	162	18	158	33	153	48	150
4	160	19	166	34	153	49	164
5	153	20	159	35	153	50	165
6	155	21	157	36	162	51	163
7	163	22	156	37	156	52	153
8	157	23	161	38	156	53	155
9	155	24	162	39	153	54	165
10	148	25	159	40	159	55	159
11	169	26	159	41	163	56	162
12	144	27	159	42	165	57	156
13	156	28	153	43	169	58	161
14	149	29	156	44	156	59	154
15	162	30	151	45	152	60	152

平均・分散・標準偏差といった基礎統計量は，次のように分類されます．

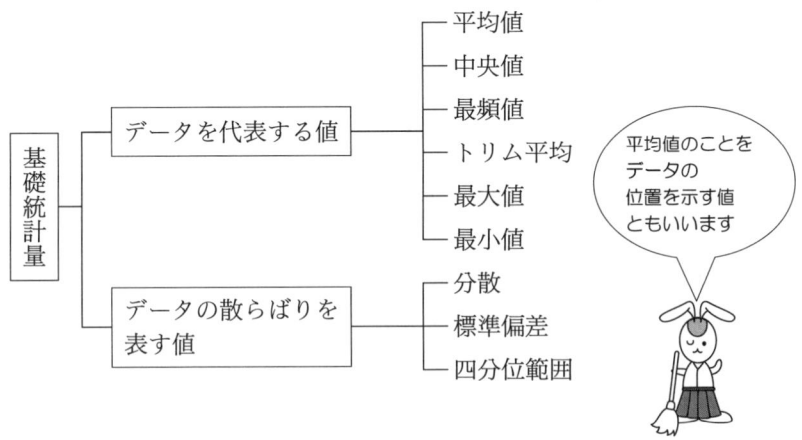

平均・分散・標準偏差以外にも，歪度や尖度といった統計量もあります．

● 歪度は分布の対称性を調べるときに使われる統計量です．

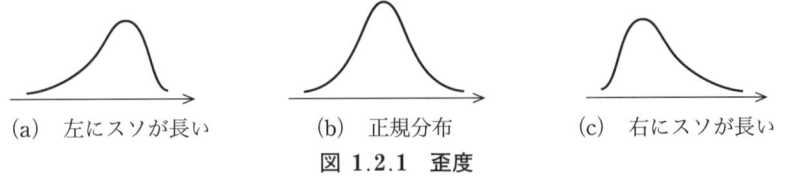

図 1.2.1　歪度

● 尖度は，分布のスソの長さを調べるときに使われる統計量です．

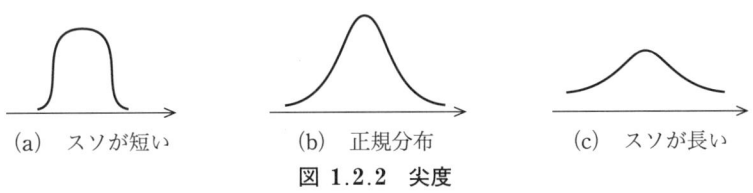

図 1.2.2　尖度

■ 平均値——データの位置を示す統計量

統計解析の中で，最も多く用いられている統計量が

"平均値"または"平均"

です．

データの個数のことを**データ数**といいます．

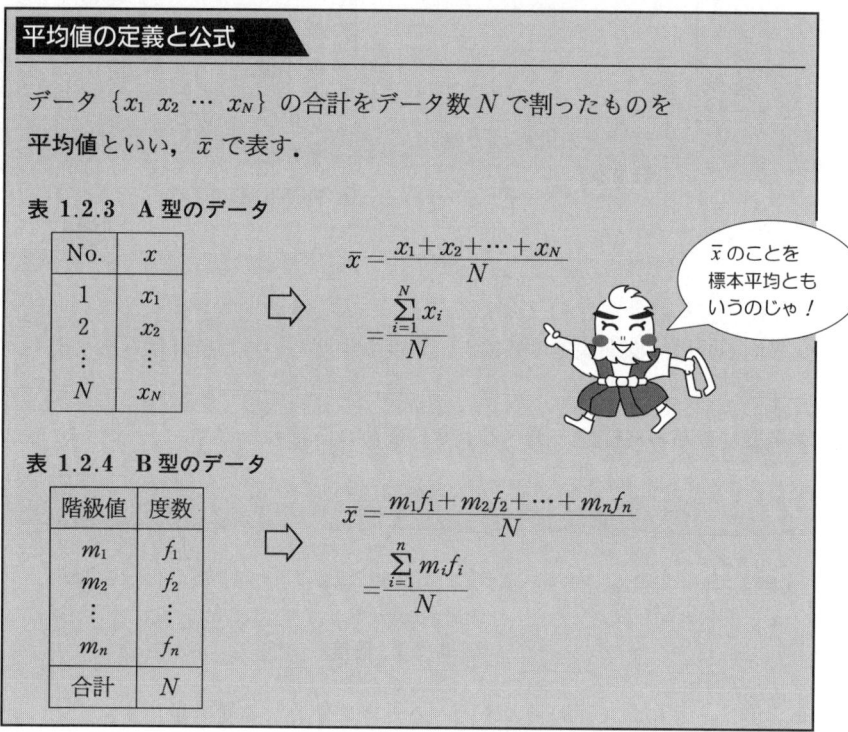

平均値の定義と公式

データ $\{x_1\ x_2\ \cdots\ x_N\}$ の合計をデータ数 N で割ったものを**平均値**といい，$\bar{x}$ で表す．

表 1.2.3 A 型のデータ

No.	x
1	x_1
2	x_2
⋮	⋮
N	x_N

$$\bar{x} = \frac{x_1 + x_2 + \cdots + x_N}{N} = \frac{\sum_{i=1}^{N} x_i}{N}$$

$\bar{x}$ のことを標本平均ともいうのじゃ！

表 1.2.4 B 型のデータ

階級値	度数
m_1	f_1
m_2	f_2
⋮	⋮
m_n	f_n
合計	N

$$\bar{x} = \frac{m_1 f_1 + m_2 f_2 + \cdots + m_n f_n}{N} = \frac{\sum_{i=1}^{n} m_i f_i}{N}$$

この平均値は算術平均と呼ばれるもので，この他に幾何平均，調和平均，絶対平均などがあります．

Key Word　平均値：mean, average　　標本平均：sample mean

■ 平均値の欠点

例 次のデータは，5匹のアオダイショウの体長を測定したものです．

$$\{158\,\text{cm} \quad 154\,\text{cm} \quad 162\,\text{cm} \quad 160\,\text{cm} \quad 956\,\text{cm}\}$$

平均値を計算してみましょう．

$$\text{平均値}\ \bar{x} = \frac{158+154+162+160+956}{5} = 318\,\text{cm}$$

この平均値は，なんだか少しヘンですね．

アオダイショウの平均値としては大きすぎます．

実は，このデータにアナコンダが1匹まぎれこんでいました！

というのは冗談にしても，156 cm を間違えて 956 cm と記入したのかもしれません．

このように，平均値 $\bar{x}$ は飛び離れた値の影響を強く受けてしまいます．

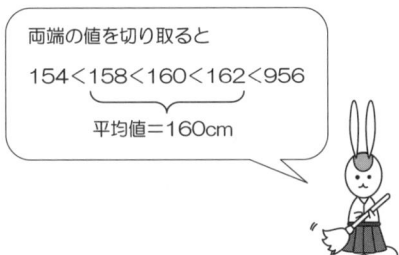

平均値はとてもわかりやすい概念ですが，
データの分布の形によっては危険性をはらんでいることもあります．

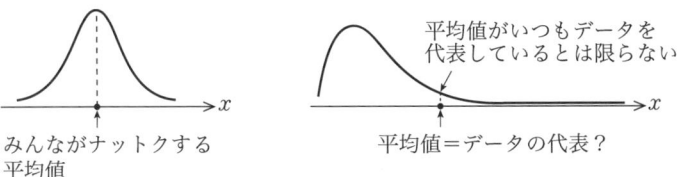

図 1.2.3　分布の形による平均値の違い

■ 中央値

最近，学術論文の中でよく使われているのが "中央値" です．

> **中央値の定義**
>
> データ $\{x_1\ x_2\ \cdots\ x_N\}$ を大きさの順
> $$x_{i_1} \leq x_{i_2} \leq \cdots \leq x_{i_N}$$
> に並び換えたとき，その順位の真ん中の値を**中央値**
> または**メディアン**といい，Me と表す．
> $$N = 2m+1 \text{ のとき} \quad Me = x_{i_{m+1}}$$
> $$N = 2m \quad \text{のとき} \quad Me = \frac{x_{i_m} + x_{i_{m+1}}}{2}$$

例 1） データ数 N が奇数の場合

$\{158\text{ cm}\quad 154\text{ cm}\quad 162\text{ cm}\} \Rightarrow 154 \leq 158 \leq 162$
$\Rightarrow Me = 158$

例 2） データ数 N が偶数の場合

$\{158\text{ cm}\quad 154\text{ cm}\quad 162\text{ cm}\quad 160\text{ cm}\} \Rightarrow 154 \leq 158 \leq 160 \leq 162$
$\Rightarrow Me = \dfrac{158+160}{2} = 159$

　　　　　　　　　　　　　　　データの分布が次のような形をしているときには，平均値よりも中央値の方がデータを代表する値としてふさわしいですね．

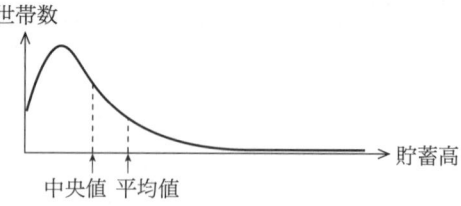

図 1.2.4　貯蓄分布

Key Word　中央値：median

■ 最頻値

データがたくさんあるとき，データを代表する統計量として
"最頻値（さいひんち）"
を利用することがあります．

> **最頻値の定義**
>
> データの中で，最もたびたび現れる値のことを**最頻値**
> または**モード**という．

例1)　　　　　表 1.2.5　最頻値はどれ？

身長	人数	身長	人数
144cm	1人	157cm	3人
145cm	0人	158cm	2人
146cm	0人	159cm	8人
147cm	0人	160cm	1人
148cm	1人	161cm	2人
149cm	1人	162cm	6人
150cm	1人	163cm	3人
151cm	1人	164cm	2人
152cm	2人	165cm	3人
153cm	7人	166cm	1人
154cm	2人	167cm	0人
155cm	4人	168cm	0人
156cm	7人	169cm	2人

← 最頻値 = 159 cm

例2)

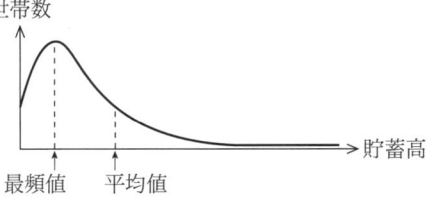

図 1.2.5　貯蓄分布

Key Word　　最頻値：mode

■ トリム平均

　平均値には，飛び離れたデータの影響を受けやすいといった欠点があります．

　そこで，データを大きさの順に並べ，その両端の値をカットしてしまうという方法が考え出されました．

> **トリム平均の定義**
>
> データを大きさの順に並べ換え，
> その両端から，それぞれ 5% のデータをカットした
> 残りの 90% の平均値を **5% トリム平均**という．

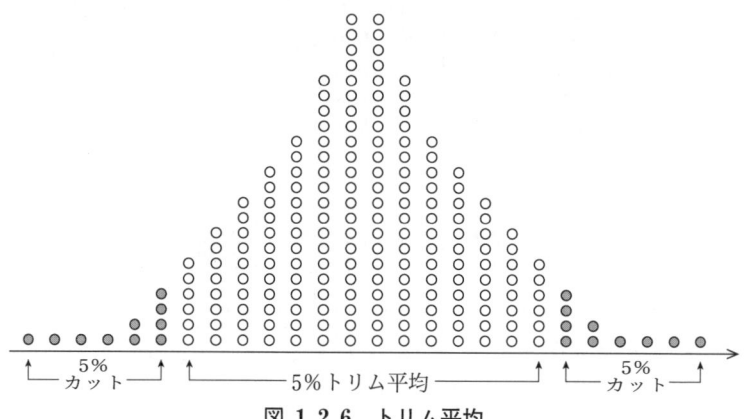

図 1.2.6　トリム平均

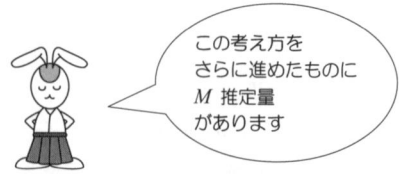

Key Word　　トリム平均：trimmed mean

■ 分散・標準偏差——データのバラツキを示す統計量

次の2つのグループをながめてみましょう．

グループAの成績		
30点	40点	50点
60点	70点	

グループBの成績		
50点	50点	50点
50点	50点	

⇩ 成績の平均値

$$\bar{x}_A = \frac{30+40+50+60+70}{5} = 50\text{点}$$

⇩ 成績の平均値

$$\bar{x}_B = \frac{50+50+50+50+50}{5} = 50\text{点}$$

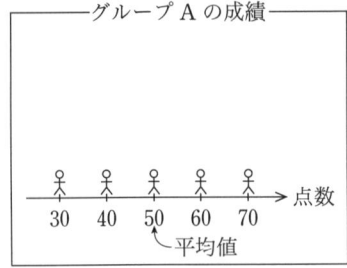

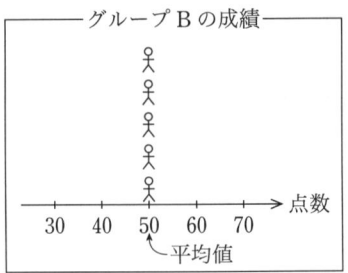

2つのグループA，Bの平均値は同じですが，

"グループA，Bは同じである"

といえるでしょうか？

図 1.2.7 平均値は同じでも……

この2つの図を見比べると，データの特徴をとらえるには，平均値だけでは不十分のようですね．そこで，もう1つの統計量

"散らばり度"……分散

について考えることにしましょう．

参考文献
『Point 統計学 平均・分散・標準偏差』

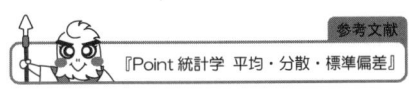

分散の定義と公式

データ $\{x_1\ x_2\ \cdots\ x_N\}$ の平均値 $\bar{x}$ と各データ x_i との差の2乗和を，$N-1$ で割ったものを**分散**といい，s^2 で表す．

表 1.2.6　A 型のデータ

No.	x
1	x_1
2	x_2
⋮	⋮
N	x_N

$$s^2 = \frac{(x_1-\bar{x})^2+(x_2-\bar{x})^2+\cdots+(x_N-\bar{x})^2}{N-1}$$ ↑定義式

$$= \frac{N \cdot \left(\sum_{i=1}^{N} x_i^2\right) - \left(\sum_{i=1}^{N} x_i\right)^2}{N(N-1)}$$ ←公式

表 1.2.7　B 型のデータ

階級値	度数
m_1	f_1
m_2	f_2
⋮	⋮
m_n	f_n
合計	N

$$s^2 = \frac{(m_1-\bar{x})^2 f_1+(m_2-\bar{x})^2 f_2+\cdots+(m_n-\bar{x})^2 f_n}{N-1}$$ ↑定義式

$$= \frac{N \cdot \left(\sum_{i=1}^{n} m_i^2 f_i\right) - \left(\sum_{i=1}^{n} m_i f_i\right)^2}{N(N-1)}$$ ←公式

小文字の s^2 で表すこの分散は，**不偏分散**と呼ばれるものです．この本では不偏分散のことを**標本分散**と呼びます．

x の分散のことを $\mathrm{Var}(x)$ で表すこともあるでござる

Key Word　分散：variance　不偏分散：unbiased variance
　　　　　　　標本分散：sample variance

■ 分散の公式の求め方

分散 s^2 の定義式は，次のように変形できます．

$$s^2 = \frac{(x_1-\bar{x})^2 + (x_2-\bar{x})^2 + \cdots + (x_N-\bar{x})^2}{N-1}$$

$$= \frac{(x_1^2 + \bar{x}^2 - 2x_1 \cdot \bar{x}) + (x_2^2 + \bar{x}^2 - 2x_2 \cdot \bar{x}) + \cdots + (x_N^2 + \bar{x}^2 - 2x_N \cdot \bar{x})}{N-1}$$

$$= \frac{x_1^2 + x_2^2 + \cdots + x_N^2 + N \cdot \bar{x}^2 - 2(x_1 + x_2 + \cdots + x_N) \cdot \bar{x}}{N-1}$$

$$= \frac{N(x_1^2 + x_2^2 + \cdots + x_N^2) + (N\bar{x}) \cdot (N\bar{x}) - 2(x_1 + x_2 + \cdots + x_N)(N\bar{x})}{N(N-1)}$$

$$= \frac{N(x_1^2 + x_2^2 + \cdots + x_N^2) - (x_1 + x_2 + \cdots + x_N)^2}{N(N-1)}$$

$$= \frac{N \cdot \left(\sum_{i=1}^{N} x_i^2\right) - \left(\sum_{i=1}^{N} x_i\right)^2}{N(N-1)}$$

したがって，分散 s^2 を計算するときは

$$s^2 = \frac{N \cdot \left(\sum_{i=1}^{N} x_i^2\right) - \left(\sum_{i=1}^{N} x_i\right)^2}{N(N-1)}$$

の公式を使います．

$$N\bar{x} = N \times \frac{x_1 + x_2 + \cdots + x_N}{N} = x_1 + x_2 + \cdots + x_N$$

分散には，次のようなもう１つ別の定義式があります．
$$\text{分散 } S^2 = \frac{(x_1-\bar{x})^2+(x_2-\bar{x})^2+\cdots+(x_N-\bar{x})^2}{N}$$
２つの分散 s^2 と S^2 の間には
$$s^2 = \frac{N}{N-1}S^2$$
という関係式が成り立ちます．したがって，データ数 N が大きくなると
$$s^2 \fallingdotseq S^2$$
となりますね．

> 大文字 S と小文字 s でどう違うのじゃ？

２つの分散 s^2 と S^2 は，単に N で割るか，$N-1$ で割るかだけの違いなのでしょうか．

実は，自由度という概念を用いると，この違いが明確になります．

自由度とは，互いに独立な変数の数のことです．したがって，平均の場合
$$\text{平均 } \bar{x} = \frac{x_1+x_2+\cdots+x_N}{\text{自由度 } N}$$
となります．

分散の場合，N 個の式 $x_1-\bar{x}, x_2-\bar{x}, \cdots, x_N-\bar{x}$ の中に平均 $\bar{x}$ が入っているため
$$(x_1-\bar{x})+(x_2-\bar{x})+\cdots+(x_n-\bar{x})=0$$
という関係式が成り立ちます．

したがって，自由度が１つ減って $N-1$ となります．

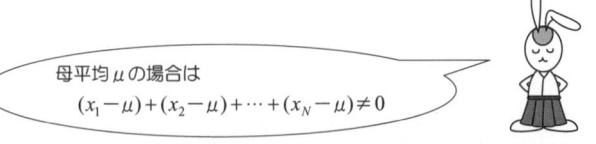

> 母平均 μ の場合は
> $(x_1-\mu)+(x_2-\mu)+\cdots+(x_N-\mu) \neq 0$

Key Word　自由度：degrees of freedom

分散 s^2 は，各データ x_i と平均値 $\bar{x}$ との差 $x_i - \bar{x}$ の 2 乗和を $N-1$ で割っていますから，分散の図形的な意味は

"平均値からのデータのキョリ"

のようなものを表しています．

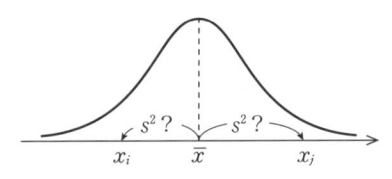

図 1.2.8　分散とは……

ところが，分散は 2 乗和なので，分散 s^2 の単位と平均値 $\bar{x}$ の単位が異なってしまいます．

たとえば，女子大生の身長の場合

平均値 157.77 cm,　　分散 26.419(cm)×(cm)

となりますね．

そこで，平均値の単位に合わせるために

$\sqrt{\text{分散}}$

という変換をします．この分散の平方根を

標準偏差

といい，s で表します．

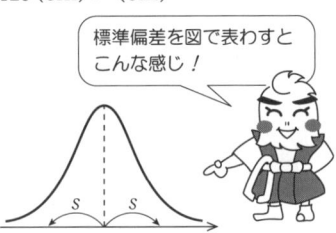

図 1.2.9　標準偏差 s

（標準偏差を図で表わすとこんな感じ！）

標準偏差の定義と公式

標準偏差 $s = \sqrt{\text{分散}}$

$$= \sqrt{\frac{(x_1-\bar{x})^2+(x_2-\bar{x})^2+\cdots+(x_N-\bar{x})^2}{N-1}}$$

$$= \sqrt{\frac{N \cdot \left(\sum_{i=1}^{N} x_i^2\right) - \left(\sum_{i=1}^{N} x_i\right)^2}{N(N-1)}}$$

Key Word　標準偏差：standard deviation

■ 平均偏差

平均偏差の定義

各データの値 x_i と平均 $\bar{x}$ との差の絶対値 $|x_i - \bar{x}|$ の合計を
データ数 N で割ったものを**平均偏差**といい，Md と表す．

$$Md = \frac{|x_1 - \bar{x}| + |x_2 - \bar{x}| + \cdots + |x_N - \bar{x}|}{N}$$

ところで，絶対値をとるということは，なんとなく人間の感覚にさからうところもあって，平均偏差はあまり用いられていないようですが，

「正規分布の形に似た分布では，

平均偏差 Md は標準偏差 S のほぼ $\frac{4}{5}$ 倍になる」

ことが知られています．

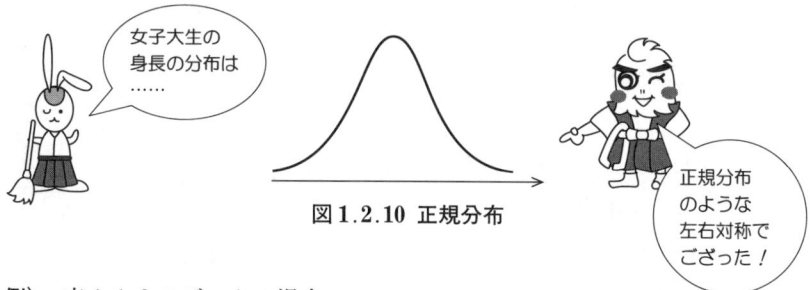

図 1.2.10 正規分布

例） 表 1.1.2 のデータの場合

$$S = \sqrt{\frac{(x_1 - \bar{x})^2 + (x_2 - \bar{x})^2 + \cdots + (x_N - \bar{x})^2}{N}} = 5.097$$

$$Md = \frac{|x_1 - \bar{x}| + |x_2 - \bar{x}| + \cdots + |x_N - \bar{x}|}{N} = 4.167$$

$$S \times \frac{4}{5} = 5.097 \times \frac{4}{5} = 4.078$$

Key Word　平均偏差：mean deviation

■ 四分位範囲

度数分布表のところで述べた範囲 R とは

$$範囲\ R = 最大値 - 最小値$$

のことです．そこで，感覚的には

データの大きい方から$\frac{1}{4}$番目の値を　第 3 四分位点（75%）

データの小さい方から$\frac{1}{4}$番目の値を　第 1 四分位点（25%）

と呼びます．

そして，その差を**四分位範囲**といい，Qr で表します．

つまり

$$Qr = (75\ \text{パーセント点}) - (25\ \text{パーセント点})$$

となります．

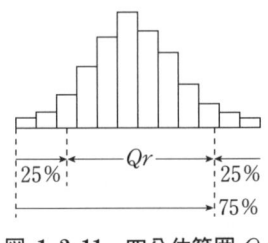

図 1.2.11　四分位範囲 Qr

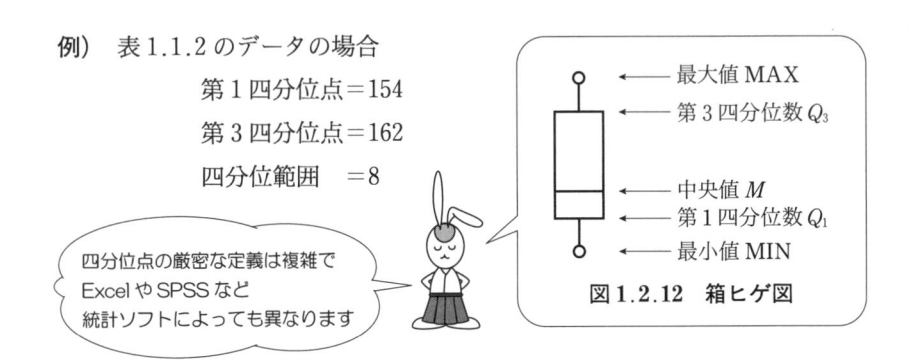

例）　表 1.1.2 のデータの場合

　　　第 1 四分位点＝154

　　　第 3 四分位点＝162

　　　四分位範囲　＝8

四分位点の厳密な定義は複雑で
Excel や SPSS など
統計ソフトによっても異なります

最大値 MAX
第 3 四分位数 Q_3
中央値 M
第 1 四分位数 Q_1
最小値 MIN

図 1.2.12　箱ヒゲ図

Key Word　　四分位範囲：inter quartile range

Section 1.2　平均・分散・標準偏差

■ 歪 度

歪度の定義

歪度 a_3 とは，分布の形が左右対称になっているかどうかを示す量で

$$a_3 = \frac{(x_1-\bar{x})^3+(x_2-\bar{x})^3+\cdots+(x_N-\bar{x})^3}{\{(x_1-\bar{x})^2+(x_2-\bar{x})^2+\cdots+(x_N-\bar{x})^2\}^{\frac{3}{2}}} \cdot \sqrt{N}$$

と定義する．

正規分布のとき Excel や SPSS も 0 になる

歪度と分布の形との関係は，次のようになります．

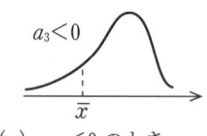

(a) $a_3<0$ のとき
　　左にスソが長くなる

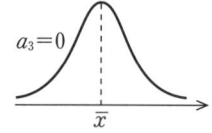

(b) 正規分布のとき
　　a_3 が 0 になる

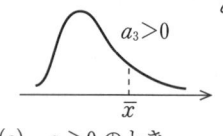

(c) $a_3>0$ のとき
　　右にスソが長くなる

図 1.2.13　歪度と分布の形の関係

ところで，Excel や SPSS の歪度と尖度の定義は少し異なります．

Excel・SPSS による歪度と尖度の定義

$$歪度 = \frac{N \cdot M_N{}^3}{(N-1)(N-2)s^3}$$

$$尖度 = \frac{1}{N} \times \frac{M_N{}^4}{s^4} \times \frac{N \cdot N \cdot (N+1)}{(N-1)(N-2)(N-3)} - 3 \times \frac{(N-1)(N-1)}{(N-2)(N-3)}$$

ただし，$M_N{}^3 = \sum_{i=1}^{N}(x_i-\bar{x})^3$, $\quad M_N{}^4 = \sum_{i=1}^{N}(x_i-\bar{x})^4$, $\quad s^2 = \dfrac{\sum_{i=1}^{N}(x_i-\bar{x})^2}{N-1}$

注：この定義の場合，正規分布の歪度と尖度は 0 になります．

Key Word　歪度：skewness　　尖度：kurtosis　　積率：moment

■ 尖度

尖度の定義

尖度 a_4 とは，分布のとがりぐあいを示す量のことで
$$a_4 = \frac{(x_1-\bar{x})^4+(x_2-\bar{x})^4+\cdots+(x_N-\bar{x})^4}{\{(x_1-\bar{x})^2+(x_2-\bar{x})^2+\cdots+(x_N-\bar{x})^2\}^2} \cdot N$$
と定義する．

> 正規分布のとき Excel や SPSS では 0 になる

尖度と分布の形との関係は，次のようになります．

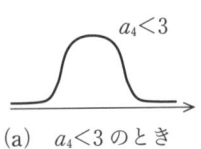

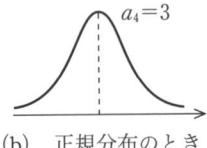

(a) $a_4<3$ のとき なだらかになる
(b) 正規分布のとき a_4 が 3 になる
(c) $a_4>3$ のとき とがっている

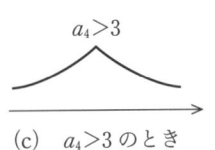

図 1.2.14 尖度と分布の形の関係

> アイヤ しばらく！

歪度を a_3，尖度を a_4 と表しますが，この添え字の 3 や 4 には意味があります．そのためには積率の概念が必要です．**積率**とは，平均値や分散などの統計量を，さらに一般化した概念で，

原点のまわりの r 次の積率 $= \dfrac{x_1{}^r + x_2{}^r + \cdots + x_N{}^r}{N}$

平均のまわりの r 次の積率 $= \dfrac{(x_1-\bar{x})^r + (x_2-\bar{x})^r + \cdots + (x_N-\bar{x})^r}{N}$

のように定義します．

今までの統計量を積率の言葉で言い換えるならば，次のようになります．

　平均＝原点のまわりの 1 次の積率
　分散＝平均のまわりの 2 次の積率
　歪度＝平均のまわりの 3 次の積率を S^3 で割ったもの
　尖度＝平均のまわりの 4 次の積率を S^4 で割ったもの

● **公式：平均・分散・標準偏差の求め方**

手順1 次の統計量 $\sum_{i=1}^{N} x$, $\sum_{i=1}^{N} x^2$ を計算します．

表 1.2.8　データの型

No.	x	x^2
1	x_1	x_1^2
2	x_2	x_2^2
⋮	⋮	⋮
N	x_N	x_N^2
合計	$\sum_{i=1}^{N} x_i$	$\sum_{i=1}^{N} x_i^2$

手順2 平均・分散・標準偏差を求めます．

$$\text{平均}\ \bar{x} = \frac{\sum_{i=1}^{N} x_i}{N}$$

$$\text{分散}\ s^2 = \frac{N \cdot \left(\sum_{i=1}^{N} x_i^2\right) - \left(\sum_{i=1}^{N} x_i\right)^2}{N(N-1)}$$

$$\text{標準偏差}\ s = \sqrt{\frac{N \cdot \left(\sum_{i=1}^{N} x_i^2\right) - \left(\sum_{i=1}^{N} x_i\right)^2}{N(N-1)}}$$

平均・分散・標準偏差の求め方：例題

■手順1　次の統計量を計算します．

表 1.2.9　統計量

No.	x	x^2
1	158	24964
2	154	23716
3	162	26244
4	160	25600
5	153	23409
6	155	24025
7	163	26569
8	157	24649
9	155	24025
10	148	21904
合計	1565	245105

■手順2　平均・分散・標準偏差を求めます．

平均　$\bar{x} = \dfrac{1565}{10} = 156.5$

分散　$s^2 = \dfrac{10 \times 245105 - 1565^2}{10 \times (10-1)} = 20.278$

標準偏差　$s = \sqrt{20.278} = 4.50$

Section 1.2　平均・分散・標準偏差

理解度チェック ▶ 平均・分散・標準偏差

【問題1】 次のデータは，9本のカサの紫外線カット率を調査した結果です．空欄を埋めて，平均・分散・標準偏差を求めてください．

表 1.2.10　カサの紫外線カット率

No.	カット率 x	x^2
1	74%	5476
2	65%	4225
3	62%	3844
4	72%	5184
5	61%	3721
6	58%	3364
7	70%	4900
8	64%	4096
9	68%	4624
合計	594	39434

平均 $\bar{x} = \dfrac{594}{9} = 66$

分散 $s^2 = \dfrac{9 \times 39434 - 594^2}{9 \times (9-1)} = 28.75$

標準偏差 $s = \sqrt{28.75} = 5.36$

【問題 2】 次のデータは，C 町の地下水に含まれているヒ素濃度を測定した結果です．

空欄を埋めて，平均・分散・標準偏差を求めてください．

表 1.2.11　地下水に含まれているヒ素濃度

No.	ヒ素濃度 x	x^2
1	0.007 ppm	
2	0.012 ppm	
3	0.025 ppm	
4	0.009 ppm	
5	0.006 ppm	
6	0.018 ppm	
7	0.022 ppm	
8	0.019 ppm	
合計		

平均 $\bar{x} = \dfrac{\boxed{}}{\boxed{}} = \boxed{}$

分散 $s^2 = \dfrac{\boxed{} \times \boxed{} - \boxed{}^2}{\boxed{} \times (\boxed{} - 1)} = \boxed{}$

標準偏差 $s = \sqrt{\boxed{}} = \boxed{}$

Section 1.3
散布図と相関係数

■ **散布図**——2変量の関係を見る

世の中の現象は多かれ少なかれ，何らかの要因がお互いに影響をおよぼし合って起こるものです．

そこで，2変量のデータが与えられたとき，これらの間の関係について調べてみることにしましょう．

2つの変量とは，たとえば……

表 1.3.1　2つの変量間の関係

No.	父親の身長	息子の身長
1	176 cm	181 cm
2	165 cm	173 cm
⋮	⋮	⋮
48	184 cm	179 cm

このような表を**相関表**といいます．相関表が与えられたとき，2つの変量 x と y の関係を見るには，次の散布図が適しています．

横軸に変量 x を，縦軸に変量 y をとり，データ (x_i, y_i) を座標の点として表したものを**散布図**といいます．

表 1.3.2　相関表

No.	変量 x	変量 y
1	x_1	y_1
2	x_2	y_2
⋮	⋮	⋮
i	x_i	y_i
⋮	⋮	⋮
N	x_N	y_N

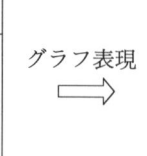

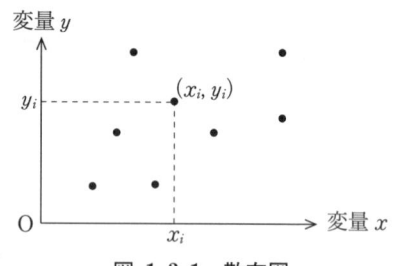

図 1.3.1　散布図

Key Word　散布図：scatter diagram, scatter plots

例 乗用車の価格と最大出力の相関表と散布図です．

表 1.3.3　相関表

No.	価格 x	最大出力 y
1	140	120
2	101	113
3	149	160
4	82	76
5	118	105
6	98	93
7	143	140
8	69	73
9	137	140

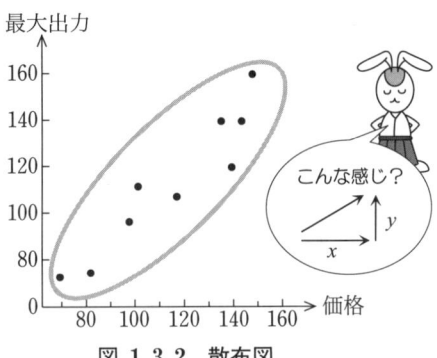

図 1.3.2　散布図

この散布図を見ると，車の価格が高くなると最大出力も大きくなることがわかります．

例 妊産婦受診率と新生児死亡率の相関表と散布図です．

表 1.3.4　相関表

No.	受診率	死亡率
1	1.54	4.26
2	2.18	5.35
3	9.59	3.68
4	5.16	4.72
5	7.39	3.46
6	2.08	3.91
7	4.64	3.85
8	3.81	5.02
9	2.38	4.36
10	9.07	4.15
11	3.74	5.79
12	1.28	5.63

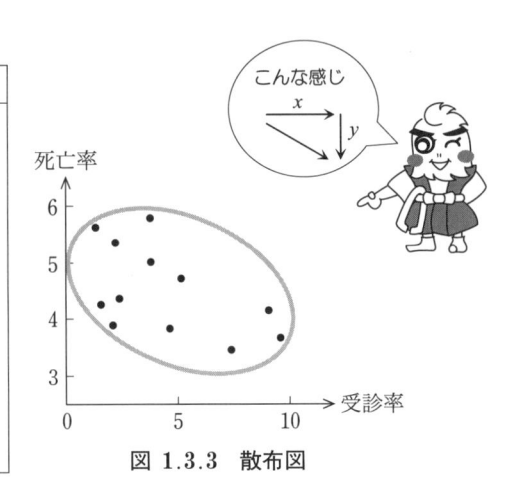

図 1.3.3　散布図

この散布図を見ると，受診率が高くなると死亡率が低くなることがわかります．

例 10 カ所のダムの高さと総貯水量の相関表と散布図です．

表 1.3.5 相関表

No.	高さ (m)	総貯水量 (100 万 m²)
1	131	204
2	131	370
3	133	46
4	140	223
5	145	497
6	149	189
7	155	123
8	156	327
9	157	601
10	186	199

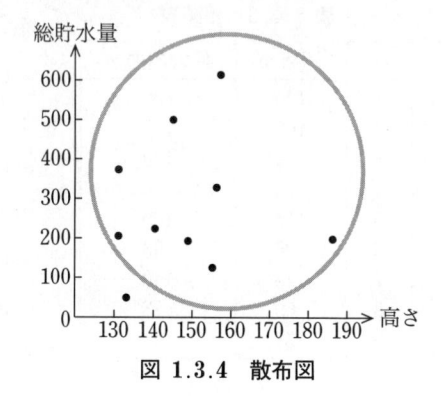

図 1.3.4 散布図

ダムの高さが高ければ貯水量も増えるのではないかと思えますが，この散布図を見ると必ずしもそうではなさそうですね．

以上の 3 つの例から，2 つの変量 x, y を散布図で表現したとき，次の 3 通りがあることに気づきます．

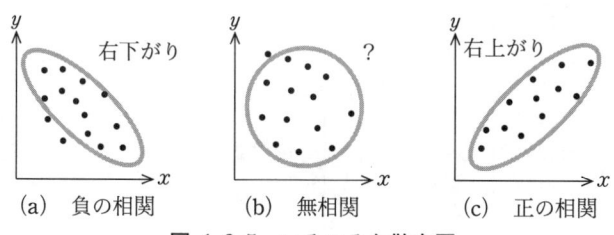

(a) 負の相関 　　(b) 無相関 　　(c) 正の相関

図 1.3.5 いろいろな散布図

そこで

$$\begin{cases} 右下がり & \Rightarrow \quad 負の相関 \\ 右下がりでも右上がりでもない & \Rightarrow \quad 無相関 \\ 右上がり & \Rightarrow \quad 正の相関 \end{cases}$$

と呼ぶことにします．でも……

次の 2 つの散布図を見比べてみましょう．

(a) 正の相関が弱い　　　(b) 正の相関が強い

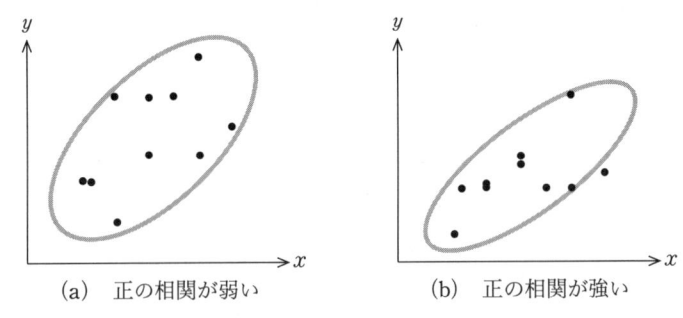

図 1.3.6　同じ右上がりの散布図でも……

左の散布図 (a) は右上がりになっているので，
　　　　x と y の間には正の相関があると考えられます．
右の散布図 (b) も右上がりになっているので，
　　　　x と y の間に正の相関があることがわかります．

この 2 つの散布図を比較すると，
　　　　散布図 (a) よりも散布図 (b) の方が
　　　　　　　　いくぶん細長く点が並んでいる
ように見えます．

このことから，
　　　　散布図 (a) よりも散布図 (b) の方が，正の相関が強い
といえないでしょうか．

でも，グラフ表現からはこれ以上のことは読み取れそうにありませんね．

次に，2 変量 x と y の関係を数量化してみることにしましょう．
それが，相関係数の概念です*!!*

■ 相関係数

相関係数の定義

2変量のデータ $\{(x_1, y_1)(x_2, y_2) \cdots (x_N, y_N)\}$ に対し，
2変量 x と y の**相関係数** r を，次のように定義する．

$$r = \frac{(x_1 - \bar{x})(y_1 - \bar{y}) + (x_2 - \bar{x})(y_2 - \bar{y}) + \cdots + (x_N - \bar{x})(y_N - \bar{y})}{\sqrt{(x_1 - \bar{x})^2 + \cdots + (x_N - \bar{x})^2}\sqrt{(y_1 - \bar{y})^2 + \cdots + (y_N - \bar{y})^2}}$$

相関係数 r は $-1 \leq r \leq 1$ の間の値をとります．

相関係数と散布図との関係は，次のようになります．

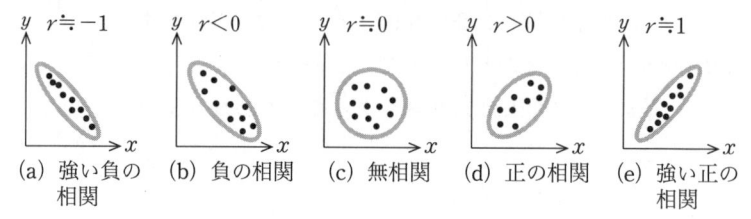

(a) 強い負の相関　(b) 負の相関　(c) 無相関　(d) 正の相関　(e) 強い正の相関

図 1.3.7　相関係数と散布図の関係

相関係数 r を言葉で表現するときには，次のように対応させることが多いようですね．

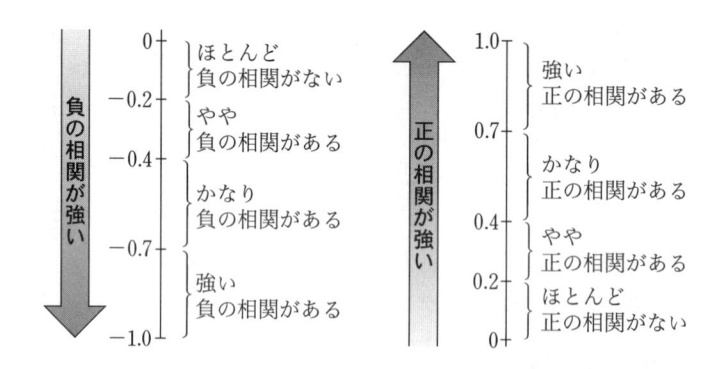

負の相関が強い
- 0 — ほとんど負の相関がない
- −0.2 — やや負の相関がある
- −0.4 — かなり負の相関がある
- −0.7 — 強い負の相関がある
- −1.0

正の相関が強い
- 1.0 — 強い正の相関がある
- 0.7 — かなり正の相関がある
- 0.4 — やや正の相関がある
- 0.2 — ほとんど正の相関がない
- 0

■ **共分散**——それは2変量の広がり

相関係数の定義の中に，統計学において最も重要といえる概念がかくれています．それが**共分散**と呼ばれるもので

"2つの変量の広がりの程度"

を示す統計量です．

> **共分散の定義**
>
> 2変量のデータ $\{(x_1,y_1)(x_2,y_2)\cdots(x_N,y_N)\}$ に対し，次の統計量 s_{xy} を2変量 x と y の**共分散**という．
>
> $$s_{xy} = \frac{(x_1-\bar{x})(y_1-\bar{y})+(x_2-\bar{x})(y_2-\bar{y})+\cdots+(x_N-\bar{x})(y_N-\bar{y})}{N-1}$$

この共分散 s_{xy} は，相関係数 r の定義式の中に登場しています．

$$r = \frac{(x_1-\bar{x})(y_1-\bar{y})+\cdots+(x_N-\bar{x})(y_N-\bar{y})}{\sqrt{(x_1-\bar{x})^2+\cdots+(x_N-\bar{x})^2}\sqrt{(y_1-\bar{y})^2+\cdots+(y_N-\bar{y})^2}}$$

$$= \frac{\dfrac{(x_1-\bar{x})(y_1-\bar{y})+\cdots+(x_N-\bar{x})(y_N-\bar{y})}{N-1}}{\sqrt{\dfrac{(x_1-\bar{x})^2+\cdots+(x_N-\bar{x})^2}{N-1}}\sqrt{\dfrac{(y_1-\bar{y})^2+\cdots+(y_N-\bar{y})^2}{N-1}}}$$

したがって，相関係数は次のように変形されます．

$$\text{相関係数 } r = \frac{x \text{ と } y \text{ の共分散}}{\sqrt{x \text{ の分散}}\sqrt{y \text{ の分散}}}$$

> 相関係数は効果サイズにもなっています

> x と y の共分散のことを $\mathrm{Cov}(x,y)$ で表すこともあるでござる

■ 相関係数と $\cos\theta$ の関係

相関係数がどうもよくわからないという人は多いようです．

その疑問点を要約すれば……

　　「なぜ r という数値が

　　　　2変量の関係を示していることになるのか？」

統計ではデータの特徴を表現するいろいろな数値，たとえば"平均値"とか"分散"が登場しますが，それらの概念には，重心やキョリといった数学的背景があります．

統計解析も広い意味で空間の構造を調べているので，どうしても数学的な発想を必要とするわけですね．

そこで，相関係数を理解するために，ベクトルの概念を借りてくることにしましょう．

重心が原点にある2つのベクトル

$$\boldsymbol{x}=(x_1, x_2, \cdots, x_N), \quad \boldsymbol{y}=(y_1, y_2, \cdots, y_N)$$

に対して，$\boldsymbol{x}$ と $\boldsymbol{y}$ の内積は

$$\boldsymbol{x}\cdot\boldsymbol{y}=x_1y_1+x_2y_2+\cdots+x_Ny_N$$
$$=\|\boldsymbol{x}\|\cdot\|\boldsymbol{y}\|\cos\theta$$

で定義されます．

> ただし
> $\|\boldsymbol{x}\|=\sqrt{x_1^2+x_2^2+\cdots+x_N^2}$
> $\|\boldsymbol{y}\|=\sqrt{y_1^2+y_2^2+\cdots+y_N^2}$

この式を変形すると

$$\cos\theta=\frac{\boldsymbol{x}\cdot\boldsymbol{y}}{\|\boldsymbol{x}\|\cdot\|\boldsymbol{y}\|}$$
$$=\frac{x_1y_1+x_2y_2+\cdots+x_Ny_N}{\sqrt{x_1^2+x_2^2+\cdots+x_N^2}\sqrt{y_1^2+y_2^2+\cdots+y_N^2}}$$
$$=\frac{x \text{と} y \text{の共分散}}{\sqrt{x \text{の分散}}\sqrt{y \text{の分散}}}$$

となります．

そこで
$$\text{相関係数} = \frac{x \text{ と } y \text{ の共分数}}{\sqrt{x \text{ の分散}}\sqrt{y \text{ の分散}}}$$
なので
$$\text{相関係数} = \cos\theta$$
となることがわかります．

この θ とは，2 つのベクトル $\boldsymbol{x}, \boldsymbol{y}$ のなす角 θ のことです．

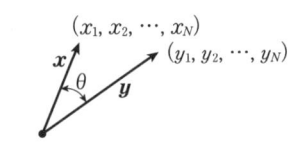

図 1.3.8　2 つのベクトルのなす角 θ

したがって
$$2 \text{ つの変量 } x, y \text{ の関係} \Longleftrightarrow 2 \text{ つのベクトル } \boldsymbol{x}, \boldsymbol{y} \text{ のなす角}$$
$$\Longleftrightarrow 2 \text{ 変量 } x, y \text{ の相関係数}$$
となります．

たとえば……

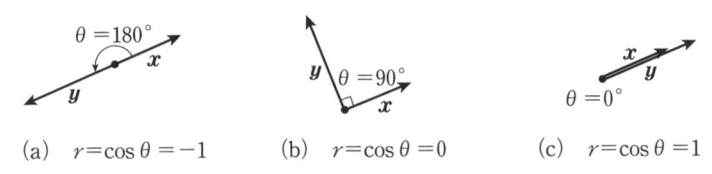

(a)　$r = \cos\theta = -1$　　(b)　$r = \cos\theta = 0$　　(c)　$r = \cos\theta = 1$

図 1.3.9　相関係数と $\cos\theta$ の関係

相関係数や共分散の場合，2 変量 x, y のうち，どちらかを条件として固定します．

したがって，変数としては 1 変量のように取り扱います．

Key Word　　相関係数：correlation coefficient　　共分散：covariance

Section 1.3　散布図と相関係数

■ データの標準化——単位にとらわれない統計処理?!

統計解析で取り扱うデータには，単位がついているのが普通です．たとえば，身長ならば cm であり，体重の場合は kg ですね．表1.1.2の女子大生の身長はセンチメートルで与えられています．この単位をメートルに変換しても，もちろんデータそれ自体が変わるわけではないのですが，統計量の見かけ上の違いを比べてみましょう．

表 1.3.6　センチメートルとメートル？

No.	1	2	3	4	5	6	7	8	9	10
身長(cm)	158	154	162	160	153	155	163	157	155	148
身長(m)	1.58	1.54	1.62	1.60	1.53	1.55	1.63	1.57	1.55	1.48

平均値 $\bar{x}$ を求めると

$$\bar{x}(\text{cm}) = 156.5 \text{ cm}, \quad \bar{x}(\text{m}) = 1.565 \text{ m}$$

となり，単位の分だけ小数点の位置が左に2つズレています．

分散 s^2 はどうでしょうか？

$$s^2(\text{cm}) = \frac{(158-156.5)^2 + \cdots + (148-156.5)^2}{10-1} = 20.28$$

$$s^2(\text{m}) = \frac{(1.58-1.565)^2 + \cdots + (1.48-1.565)^2}{10-1} = 0.002028$$

分散は2乗するので，単位がセンチメートルからメートルに換わると，小数点の位置が左に4つズレます．

つまり，$s^2(\text{m}) = 0.002028$ なのでデータのバラツキは小さく，ほとんどのデータは平均値のまわりに集まっているのではないかと思えます．

同じデータでも単位を換えるだけで，ずいぶん感じが変わってきますね．

そこで，データから単位の影響を除く方法として，

データの標準化

ということが考え出されました．

データの標準化の定義

平均値が $\bar{x}$，標準偏差が s のとき，各データの値 x_i に対して，次の変換

$$x_i \longmapsto \frac{x_i - \bar{x}}{s}$$

を**データの標準化**という．

表 1.3.6 のデータを標準化してみましょう．

たとえば，サンプル No.1 の場合は

$$\frac{158-156.5}{\sqrt{20.28}}=0.3331, \quad \frac{1.58-1.565}{\sqrt{0.002028}}=0.3331$$

のようになります．

次に，標準化されたデータの平均値と分散を求めてみると……

$$\bar{x}=\frac{0.3331-0.5552+1.2214+\cdots-1.8876}{10}=0$$

$$s^2=\frac{(0.3331)^2+(-0.5552)^2+(1.2214)^2+\cdots+(-1.8876)^2}{10-1}=1$$

つまり，データの標準化とは

　　　　データの平均値を 0，分散を 1，標準偏差を 1

にする変換のことですね！

データの標準化は平均値の分だけ移動するので平均は 0 のところに移動するのでござる

標準偏差で割っているので標準偏差は $\frac{標準偏差}{標準偏差}=1$ となります

■ 共分散と相関係数の密な関係

次に，共分散の標準化についても考えてみましょう．

データの標準化によって分散は1になりますが，2つの変量の広がりを表す共分散はどのような値になるのでしょうか？

次の等式を思い出しましょう．

$$x と y の相関係数 = \frac{x と y の共分散}{\sqrt{x の分散}\sqrt{y の分散}}$$

x と y をそれぞれ標準化すると

$$x の分散 = 1, \quad y の分散 = 1$$

となります．

したがって，相関係数は

$$x と y の相関係数 = \frac{x と y の共分散}{\sqrt{1}\sqrt{1}} = x と y の共分散$$

となります．

つまり

"標準化されたデータの共分散は相関係数に一致する"

ことがわかりました．

分散共分散行列を標準化すると，相関行列になります．

分散共分散行列

$$\begin{bmatrix} 分散 & 共分散 & 共分散 \\ 共分散 & 分散 & 共分散 \\ 共分散 & 共分散 & 分散 \end{bmatrix} \xrightarrow{標準化}$$

相関行列

$$\begin{bmatrix} 1 & 相関係数 & 相関係数 \\ 相関係数 & 1 & 相関係数 \\ 相関係数 & 相関係数 & 1 \end{bmatrix}$$

■ 無相関的関係?!

次のデータの相関係数を求めてみると……

表 1.3.7　2変量 x, y の関係

No.	x	y	x^2	y^2	xy
1	2	2	2^2	2^2	2×2
2	5	5	5^2	5^2	5×5
3	0	10	0^2	10^2	0×10
4	4	2	4^2	2^2	4×2
5	1	5	1^2	5^2	1×5
6	6	10	6^2	10^2	6×10
7	3	1	3^2	1^2	3×1
合計	21	35	91	259	105

したがって，相関係数 r は，48ページの公式から

$$r = \frac{7\times 105 - 21\times 35}{\sqrt{7\times 91 - 21^2}\sqrt{7\times 259 - 35^2}} = \frac{735 - 735}{\sqrt{196}\times\sqrt{588}} = 0$$

となり，2変量 x と y は無相関であることがわかります．

ところが，この x と y の散布図を描いてみると……

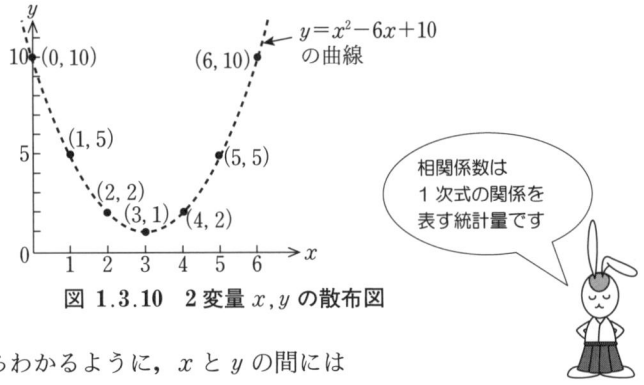

図 1.3.10　2変量 x, y の散布図

この散布図からわかるように，x と y の間には

$$y = x^2 - 6x + 10$$

という2次式の関係が成立しています．このことは

$$r = 0$$

だからといって，2変量の間に何も関係が無いわけではない
ということですね！

相関係数は1次式の関係を表す統計量です

● **公式：相関係数・共分散の求め方**

手順1 データから，次の統計量 $\sum_{i=1}^{N} x$, $\sum_{i=1}^{N} y$, $\sum_{i=1}^{N} x^2$, $\sum_{i=1}^{N} y^2$, $\sum_{i=1}^{N} xy$ を計算します．

表 1.3.8 データの型

No.	x	y	x^2	y^2	xy
1	x_1	y_1	x_1^2	y_1^2	$x_1 y_1$
2	x_2	y_2	x_2^2	y_2^2	$x_2 y_2$
⋮	⋮	⋮	⋮	⋮	⋮
N	x_N	y_N	x_N^2	y_N^2	$x_N y_N$
合計	$\sum_{i=1}^{N} x_i$	$\sum_{i=1}^{N} y_i$	$\sum_{i=1}^{N} x_i^2$	$\sum_{i=1}^{N} y_i^2$	$\sum_{i=1}^{N} x_i y_i$

手順2 相関係数 r と共分散 $\mathrm{Cov}(x, y)$ を計算します．

$$\text{相関係数 } r = \frac{N \cdot \left(\sum_{i=1}^{N} x_i y_i\right) - \left(\sum_{i=1}^{N} x_i\right) \cdot \left(\sum_{i=1}^{N} y_i\right)}{\sqrt{N \cdot \left(\sum_{i=1}^{N} x_i^2\right) - \left(\sum_{i=1}^{N} x_i\right)^2} \sqrt{N \cdot \left(\sum_{i=1}^{N} y_i^2\right) - \left(\sum_{i=1}^{N} y_i\right)^2}}$$

$$x \text{ と } y \text{ の共分散 } \mathrm{Cov}(x, y) = \frac{N \cdot \sum_{i=1}^{N} x_i y_i - \sum_{i=1}^{N} x_i \cdot \sum_{i=1}^{N} y_i}{N \cdot (N-1)}$$

$$x \text{ の分散 } \mathrm{Var}(x) = \frac{N \cdot \left(\sum_{i=1}^{N} x_i^2\right) - \left(\sum_{i=1}^{N} x_i\right)^2}{N \cdot (N-1)}$$

$$y \text{ の分散 } \mathrm{Var}(y) = \frac{N \cdot \left(\sum_{i=1}^{N} y_i^2\right) - \left(\sum_{i=1}^{N} y_i\right)^2}{N \cdot (N-1)}$$

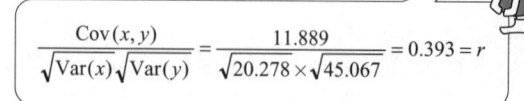

$$\frac{\mathrm{Cov}(x, y)}{\sqrt{\mathrm{Var}(x)} \sqrt{\mathrm{Var}(y)}} = \frac{11.889}{\sqrt{20.278} \times \sqrt{45.067}} = 0.393 = r$$

相関係数・共分散の求め方：例題

手順1 データから，次の統計量を計算します．

表 1.3.9 統計量

No.	x	y	x^2	y^2	xy
1	158	62	24964	3844	9796
2	154	45	23716	2025	6930
3	162	47	26244	2209	7614
4	160	46	25600	2116	7360
5	153	40	23409	1600	6120
6	155	41	24025	1681	6355
7	163	55	26569	3025	8965
8	157	53	24649	2809	8321
9	155	45	24025	2025	6975
10	148	48	21904	2304	7104
合計	1565	482	245105	23638	75540

手順2 相関係数 r と共分散 $\mathrm{Cov}(x,y)$ を計算します．

$$\text{相関係数 } r = \frac{10 \times 75540 - 1565 \times 482}{\sqrt{10 \times 245105 - 1565^2}\sqrt{10 \times 23638 - 482^2}}$$
$$= 0.393$$

$$x \text{ と } y \text{ の共分散 } \mathrm{Cov}(x,y) = \frac{10 \times 75540 - 1565 \times 482}{10 \times (10-1)}$$
$$= 11.889$$

$$x \text{ の分散 } \mathrm{Var}(x) = \frac{10 \times 245105 - 1565^2}{10 \times (10-1)} = 20.278$$

$$y \text{ の分散 } \mathrm{Var}(y) = \frac{10 \times 23638 - 482^2}{10 \times (10-1)} = 45.067$$

理解度チェック	相関係数・共分散の求め方

【問題1】 次のデータは，乗用車の価格と最大出力を調査した結果です．次の空欄を埋めて，相関係数・分散・共分散を求めてください．

表 1.3.10　乗用車の価格と最大出力の統計量

No.	価格 x	最大出力 y	x^2	y^2	xy
1	140	120			
2	101	113			
3	149	160			
4	82	76			
5	118	105			
6	98	93			
7	143	140			
8	69	73			
9	137	140			
合計					

価格と出力の相関係数

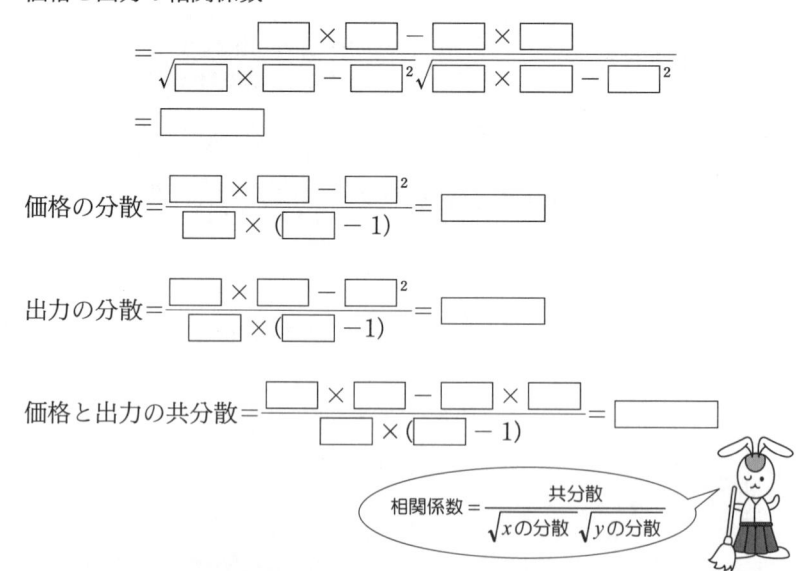

$$= \frac{\boxed{} \times \boxed{} - \boxed{} \times \boxed{}}{\sqrt{\boxed{} \times \boxed{} - \boxed{}^2} \sqrt{\boxed{} \times \boxed{} - \boxed{}^2}}$$

$$= \boxed{}$$

価格の分散 $= \dfrac{\boxed{} \times \boxed{} - \boxed{}^2}{\boxed{} \times (\boxed{} - 1)} = \boxed{}$

出力の分散 $= \dfrac{\boxed{} \times \boxed{} - \boxed{}^2}{\boxed{} \times (\boxed{} - 1)} = \boxed{}$

価格と出力の共分散 $= \dfrac{\boxed{} \times \boxed{} - \boxed{} \times \boxed{}}{\boxed{} \times (\boxed{} - 1)} = \boxed{}$

$$\text{相関係数} = \frac{\text{共分散}}{\sqrt{x\text{の分散}}\sqrt{y\text{の分散}}}$$

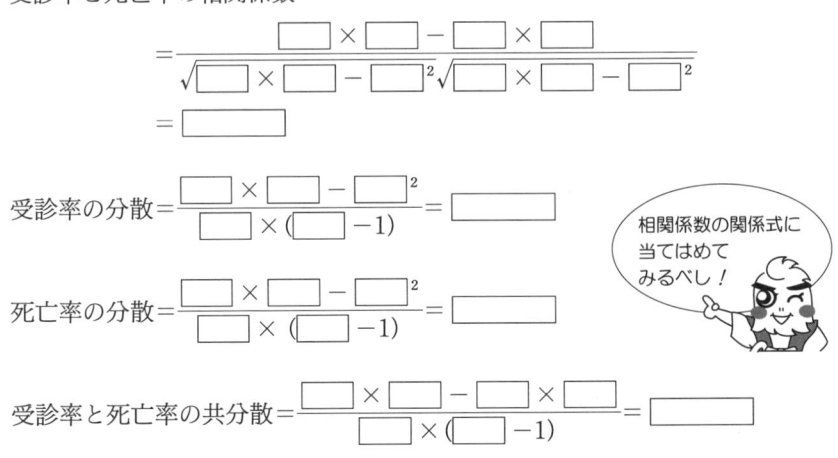

【問題 2】 次のデータは，発展途上国の妊産婦受診率と新生児死亡率を調査した結果です．

次の空欄を埋めて，相関係数・分散・共分散を求めてください．

表 1.3.11　受診率と死亡率の統計量

No.	受診率 x	死亡率 y	x^2	y^2	xy
1	1.54	4.26			
2	2.18	5.35			
3	9.59	3.68			
4	5.16	4.72			
5	7.39	3.46			
6	2.08	3.91			
7	4.64	3.85			
8	3.81	5.02			
9	2.38	4.36			
10	9.07	4.15			
11	3.74	5.79			
12	1.28	5.63			
合計					

受診率と死亡率の相関係数

$$= \frac{\boxed{} \times \boxed{} - \boxed{} \times \boxed{}}{\sqrt{\boxed{} \times \boxed{} - \boxed{}^2} \sqrt{\boxed{} \times \boxed{} - \boxed{}^2}}$$

$$= \boxed{}$$

受診率の分散 $= \dfrac{\boxed{} \times \boxed{} - \boxed{}^2}{\boxed{} \times (\boxed{} - 1)} = \boxed{}$

死亡率の分散 $= \dfrac{\boxed{} \times \boxed{} - \boxed{}^2}{\boxed{} \times (\boxed{} - 1)} = \boxed{}$

受診率と死亡率の共分散 $= \dfrac{\boxed{} \times \boxed{} - \boxed{} \times \boxed{}}{\boxed{} \times (\boxed{} - 1)} = \boxed{}$

相関係数の関係式に当てはめてみるべし！

Section 1.4
いろいろな順位相関係数

2つの変量 x, y の測定値が数値ではなく

$$\left\{\begin{array}{l}学習の習熟度 \\ 病気の重症度 \\ 好みの程度\end{array}\right.$$

などのような順位で与えられているとき，x と y の関係を数量的に表現してみましょう．

■ スピアマンの順位相関係数——順位による相関係数

表 1.4.1 データの型

No.	A の順位	B の順位
1	a_1	b_1
2	a_2	b_2
⋮	⋮	⋮
N	a_N	b_N

$a_1, a_2, \cdots, a_N$, $b_1, b_2, \cdots, b_N$ は 1 から N までのいずれかの値をとり同順位は含まないとします

2つの変量 A, B の順位が表 1.4.1 のように与えられているとき

$$r_S = 1 - \frac{6((a_1-b_1)^2 + (a_2-b_2)^2 + \cdots + (a_N-b_N)^2)}{N(N^2-1)}$$

をスピアマンの順位相関係数といいます．

このスピアマンの順位相関係数は，40 ページの相関係数の式を書き換えたものです．同順位のものを含んでいるときは，SPSS などの統計解析用ソフトウェアを使いましょう！

ところで，同順位のことをタイともいいます．

例 次の表は C 大学情報工学科 10 人の学生について，手先の器用さの順位とコンピュータの習熟度の順位を調べたものです．

表 1.4.2　手先の器用さと習熟度の順位

被験者 No.	1	2	3	4	5	6	7	8	9	10
手先の器用さ	5	6	9	3	2	4	8	10	7	1
習熟度	7	5	6	3	4	1	8	9	10	2

スピアマンの順位相関係数を求めてみましょう．そのために，次の表を作っておくと便利です．

表 1.4.3　スピアマンの順位相関係数を求めるために……

No.	順位 a_i	順位 b_i	$a_i - b_i$	$(a_i - b_i)^2$
1	5	7	-2	4
2	6	5	1	1
3	9	6	3	9
4	3	3	0	0
5	2	4	-2	4
6	4	1	3	9
7	8	8	0	0
8	10	9	1	1
9	7	10	-3	9
10	1	2	-1	1

よって

$$r_S = 1 - \frac{6 \times (4+1+9+0+4+9+0+1+9+1)}{10 \times (10^2 - 1)}$$

$$= 0.7697$$

が求めるスピアマンの順位相関係数です．

Key Word　スピアマンの順位相関係数：Spearman's rank correlation coefficient

■ ケンドールの順位相関係数——2組の順位の向きによる関係

次の表は，女子大生のグループと OL のグループとによるお酒に対する好みの順位です．

表 1.4.4　2つのグループの好きなお酒の順位

	日本酒	ビール	ワイン	ウィスキー	チューハイ
女子大生	5	2	1	4	3
OL	3	1	2	5	4

女子大生と OL では，お酒に対する好みはどのように異なってくるのでしょうか．

スピアマンの順位相関係数を用いてもよいのですが，ここでは順位の向きにこだわることにしましょう．

日本酒とワインを取り上げてみると，好みの順位は

　　　　　　女子大生……日本酒＜ワイン
　　　　　　OL　　　……日本酒＜ワイン

となり，ともに"同じ向き"で日本酒よりもワインの方を好んでいます．

次に，ビールとワインをながめてみると，好みの順位は

　　　　　　女子大生……ビール＜ワイン
　　　　　　OL　　　……ビール＞ワイン

であり，好みは"逆の向き"になっています．

そこで……

Key Word　ケンドールの順位相関係数：Kendall's rank correlation coefficient

日本酒，ビール，ワイン，ウィスキー，チューハイのすべての組合せについて順位の向きを調べてみると，次の表のようになります．

表 1.4.5　すべての組合せについて順位の向き調べてみると……

	日本酒	ビール
女子大生	5	2
OL	3	1
向き	同じ	

	日本酒	ワイン
女子大生	5	1
OL	3	2
向き	同じ	

	日本酒	ウィスキー
女子大生	5	4
OL	3	5
向き	逆	

	日本酒	チューハイ
女子大生	5	3
OL	3	4
向き	逆	

	ビール	ワイン
女子大生	2	1
OL	1	2
向き	逆	

	ビール	ウィスキー
女子大生	2	4
OL	1	5
向き	同じ	

	ビール	チューハイ
女子大生	2	3
OL	1	4
向き	同じ	

	ワイン	ウィスキー
女子大生	1	4
OL	2	5
向き	同じ	

	ワイン	チューハイ
女子大生	1	3
OL	2	4
向き	同じ	

	ウィスキー	チューハイ
女子大生	4	3
OL	5	4
向き	同じ	

ここで，次の比 τ を計算しましょう．

$$\tau = \frac{(同じ向きの組の数)-(逆の向きの組の数)}{(すべての組合せの数)}$$

$$= \frac{7-3}{10}$$

$$= 0.4$$

この比 τ のことを，**ケンドールの順位相関係数**といいます．

τ：タウ と読むのじゃ

一般の場合は，以下のとおりです．

表 1.4.6 データの型

	T_1	T_2	T_3	$\cdots$	T_N
A の順位	a_1	a_2	a_3	$\cdots$	a_N
B の順位	b_1	b_2	b_3	$\cdots$	b_N

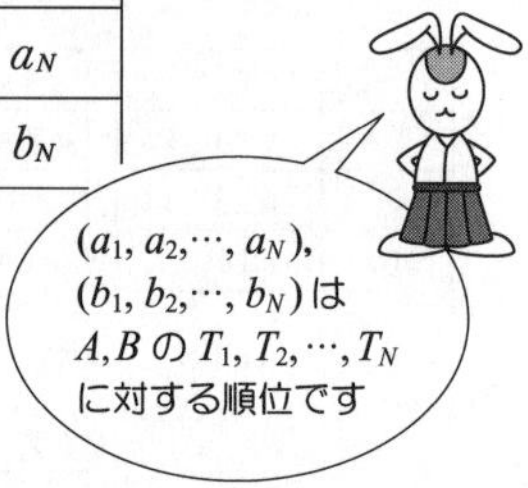

$(a_1, a_2, \cdots, a_N)$, $(b_1, b_2, \cdots, b_N)$ は A, B の $T_1, T_2, \cdots, T_N$ に対する順位です

各組 (T_i, T_j) に対して，
A と B の順位 (a_i, b_i), (a_j, b_j) が

$$\begin{cases} 同じ向きになっている組の数を & P \\ 逆の向きになっている組の数を & Q \end{cases}$$

としたとき

$$\tau = \frac{P-Q}{\frac{N(N-1)}{2}} = \frac{2(P-Q)}{N(N-1)}$$

がケンドールの順位相関係数です．

すべての組が同じ向きのときは……

$$\tau = \frac{(同じ向きの組の数)-0}{(すべての組合せの数)} = 1$$

すべての組が逆の向きのときは……

$$\tau = \frac{0-(逆の向きの組の数)}{(すべての組合せの数)} = -1$$

N 個から 2 個とるすべての組合せ
$${}_N C_2 = \frac{N!}{2!(N-2)!} = \frac{N(N-1)}{2}$$

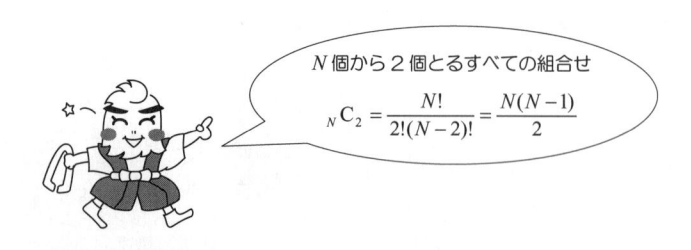

理解度チェック　ケンドールの順位相関係数

【問題】 次の空欄を埋めて，ケンドールの順位相関係数を求めてください．

表 1.4.7　20代女性と40代女性の海外旅行先の好み

観光地	韓国	中国	イギリス	フランス	イタリア	ロシア
20代の順位	2	6	4	1	3	5
40代の順位	1	5	2	3	4	6

観光地	韓国	中国
20代	2	6
40代	1	5
向き		

観光地	韓国	イギリス
20代	2	4
40代	1	2
向き		

観光地	韓国	フランス
20代	2	1
40代	1	3
向き		

観光地	韓国	イタリア
20代	2	3
40代	1	4
向き		

観光地	韓国	ロシア
20代	2	5
40代	1	6
向き		

観光地	中国	イギリス
20代	6	4
40代	5	2
向き		

観光地	中国	フランス
20代	6	1
40代	5	3
向き		

観光地	中国	イタリア
20代	6	3
40代	5	4
向き		

観光地	中国	ロシア
20代	6	5
40代	5	6
向き		

観光地	イギリス	フランス
20代	4	1
40代	2	3
向き		

観光地	イギリス	イタリア
20代	4	3
40代	2	4
向き		

観光地	イギリス	ロシア
20代	4	5
40代	2	6
向き		

観光地	フランス	イタリア
20代	1	3
40代	3	4
向き		

観光地	フランス	ロシア
20代	1	5
40代	3	6
向き		

観光地	イタリア	ロシア
20代	3	5
40代	4	6
向き		

$$P = \boxed{},\quad Q = \boxed{}$$

$$\tau = \frac{2 \times (\boxed{} - \boxed{})}{\boxed{} \times (\boxed{} - 1)} = \boxed{}$$

Section 1.5
クロス集計表とオッズ比

■ クロス集計表

クロス集計表とは，次のような長方形の表のことです．

表 1.5.1　花粉症に関するクロス集計表

	花粉症である	花粉症でない
大都市に住んでいる	132 人	346 人
地方都市に住んでいる	95 人	403 人

この表は，次の 976 人のデータをもとに作成しています．

表 1.5.2　花粉症のデータ

被験者	住んでいるところ	花粉症
No. 1	地方都市	花粉症でない
No. 2	大都市	花粉症である
No. 3	地方都市	花粉症でない
⋮	⋮	⋮
No. 976	大都市	花粉症である

クロス集計表に対する統計処理としては

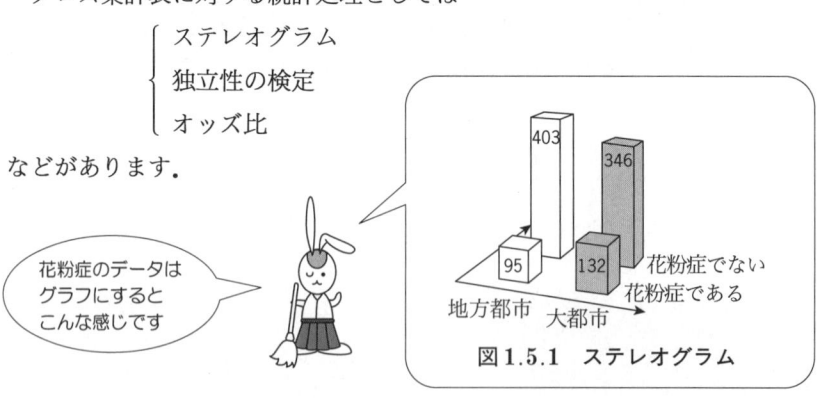

$$\begin{cases} \text{ステレオグラム} \\ \text{独立性の検定} \\ \text{オッズ比} \end{cases}$$

などがあります．

花粉症のデータはグラフにするとこんな感じです

図 1.5.1　ステレオグラム

■ **オッズ**

オッズとは

$$\begin{cases} 出来事 A の起こる確率を p \\ 出来事 A の起こらない確率を 1-p \end{cases}$$

としたときの比

$$\frac{p}{1-p}$$

のことです．

このオッズは何を表現しているのでしょうか？

そこで，オッズを1にしてみると……

$$\frac{p}{1-p}=1$$
$$p=1-p$$
$$p=\frac{1}{2}$$

よって

$$"出来事 A の起こる確率 p" = \frac{1}{2}$$

ということですね！ オッズの値を変えてみると……

$$オッズ \quad \frac{p}{1-p}=\frac{1}{2} \text{ の場合} \quad \Rightarrow \quad p=\frac{1}{3}$$

$$オッズ \quad \frac{p}{1-p}=2 \text{ の場合} \quad \Rightarrow \quad p=\frac{2}{3}$$

つまり，

"オッズの値が大きくなればなるほど，
　　出来事 A の起こる確率 p も大きくなる"

ことがわかります．

したがって，ある出来事 A を"危険なこと"と考えれば，オッズはその"リスク"を表現していると考えられます．

> オッズはリスク評価に欠かせぬでござる

Key Word　クロス集計表：cross table　　オッズ比：odds ratio

■ オッズ比

ここで，オッズ比を定義しましょう．

> **オッズ比の定義**
>
> 2つの出来事 A, B に対して
> $$\begin{cases} 出来事 A の起こる確率を p \\ 出来事 B の起こる確率を q \end{cases}$$
> としたとき，オッズ比を次のように定義する．
> $$オッズ比 = \frac{\frac{p}{1-p}}{\frac{q}{1-q}}$$

このオッズ比は何を表現しているのでしょうか？

（オッズ比は効果サイズにもなっています）

そこで，オッズ比を1にしてみると……

$$オッズ比 \quad \frac{\frac{p}{1-p}}{\frac{q}{1-q}} = 1$$

$$\frac{p}{1-p} = \frac{q}{1-q}$$

$$p(1-q) = q(1-p)$$

$$p - pq = q - pq$$

$$p = q$$

つまり，オッズ比が1ということは

　　"出来事 A の起こる確率 p" ＝ "出来事 B の起こる確率 q"

ということですね．

（オッズ比が大きくなるということは？？？）

60　　1章　はじめての平均・分散・標準偏差

つまり，オッズ比は2つの出来事A,Bの確率を比べていると考えられますから，次のような表現ができそうです．

例）　オッズ比が1より小さい場合

　　　　ワインを飲む人Aは，ワインを飲まない人Bに比べて，
　　　　　胃カイヨウのリスクが低い

例）　オッズ比が1より大きい場合

　　　　タバコを吸う人Aは，タバコを吸わない人Bに比べて，
　　　　　肺ガンのリスクが高い

■ オッズ比と事象の独立との関係

2つの事象 A, B において，事象の独立は次のように定義します．

事象の独立の定義

A, B, $A \cap B$ の確率を $P(A)$, $P(B)$, $P(A \cap B)$ としたとき
　　　A と B は独立である $\iff P(A \cap B) = P(A) \cdot P(B)$

クロス集計表の場合，次のようになります．

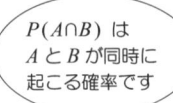

$P(A \cap B)$ は A と B が同時に起こる確率です

表 1.5.3　クロス集計表と独立

	B が起こる	B は起こらない
A が起こる	a	b
A は起こらない	c	d

$$\boxed{A \text{と} B \text{は独立である}} \iff \frac{a}{a+b+c+d} = \frac{a+b}{a+b+c+d} \times \frac{a+c}{a+b+c+d}$$

そこで……

次のような式の変形をしてみましょう．

$\boxed{A \text{と} B \text{は独立である}} \iff \dfrac{a}{a+b+c+d} = \dfrac{a+b}{a+b+c+d} \times \dfrac{a+c}{a+b+c+d}$

$\iff a(a+b+c+d) = (a+b) \times (a+c)$

$\iff ad = bc$

$\iff \dfrac{ad}{bc} = 1$

$\iff \dfrac{\frac{a}{b}}{\frac{c}{d}} = 1$

$\iff \dfrac{\frac{a}{a+b}}{\frac{b}{a+b}} \bigg/ \dfrac{\frac{c}{c+d}}{\frac{d}{c+d}} = 1$

$\iff \dfrac{\frac{p}{1-p}}{\frac{q}{1-q}} = 1$

この式の変形は何でござる？

いつの間にか2つの2項分布にすり替わっている！

$p = \dfrac{a}{a+b}$
$q = \dfrac{c}{c+d}$

$\iff$ オッズ比 $= 1$

つまり

オッズ比が $1 \iff A$ と B は独立である

ということがわかりました!!

したがって，次の3つの仮説は同値ですね．

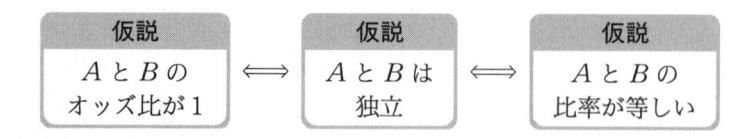

$\boxed{\begin{array}{c}\text{仮説}\\ A \text{と} B \text{の}\\ \text{オッズ比が} 1\end{array}} \iff \boxed{\begin{array}{c}\text{仮説}\\ A \text{と} B \text{は}\\ \text{独立}\end{array}} \iff \boxed{\begin{array}{c}\text{仮説}\\ A \text{と} B \text{の}\\ \text{比率が等しい}\end{array}}$

理解度チェック　オッズ比

【問題】 自動車事故でシートベルト未着用の場合と着用の場合とでは，死亡のリスクはどの程度違うのでしょうか．

表 1.5.4　自動車事故の死傷者に関する調査結果

	シートベルト未着用	シートベルト着用
死亡した人	167 人	31 人
死亡しなかった人	8896 人	10533 人

次の空欄を埋めて，オッズとオッズ比を求めてください．

$$\begin{cases} \text{シートベルト未着用者が死亡した確率 } p = \boxed{} \\ \text{シートベルト着用者が死亡した確率 } \ \ q = \boxed{} \end{cases}$$

シートベルト未着用者のオッズ

$$\frac{p}{1-p} = \frac{\boxed{}}{1-\boxed{}} = \boxed{}$$

シートベルト着用者のオッズ

$$\frac{q}{1-q} = \frac{\boxed{}}{1-\boxed{}} = \boxed{}$$

オッズ比 $= \dfrac{\boxed{}}{\boxed{}} = \boxed{}$

このオッズ比は次のようにしても求まります

オッズ比 $= \dfrac{167 \times 10533}{31 \times 8896} = \boxed{}$

Section 1.5　クロス集計表とオッズ比

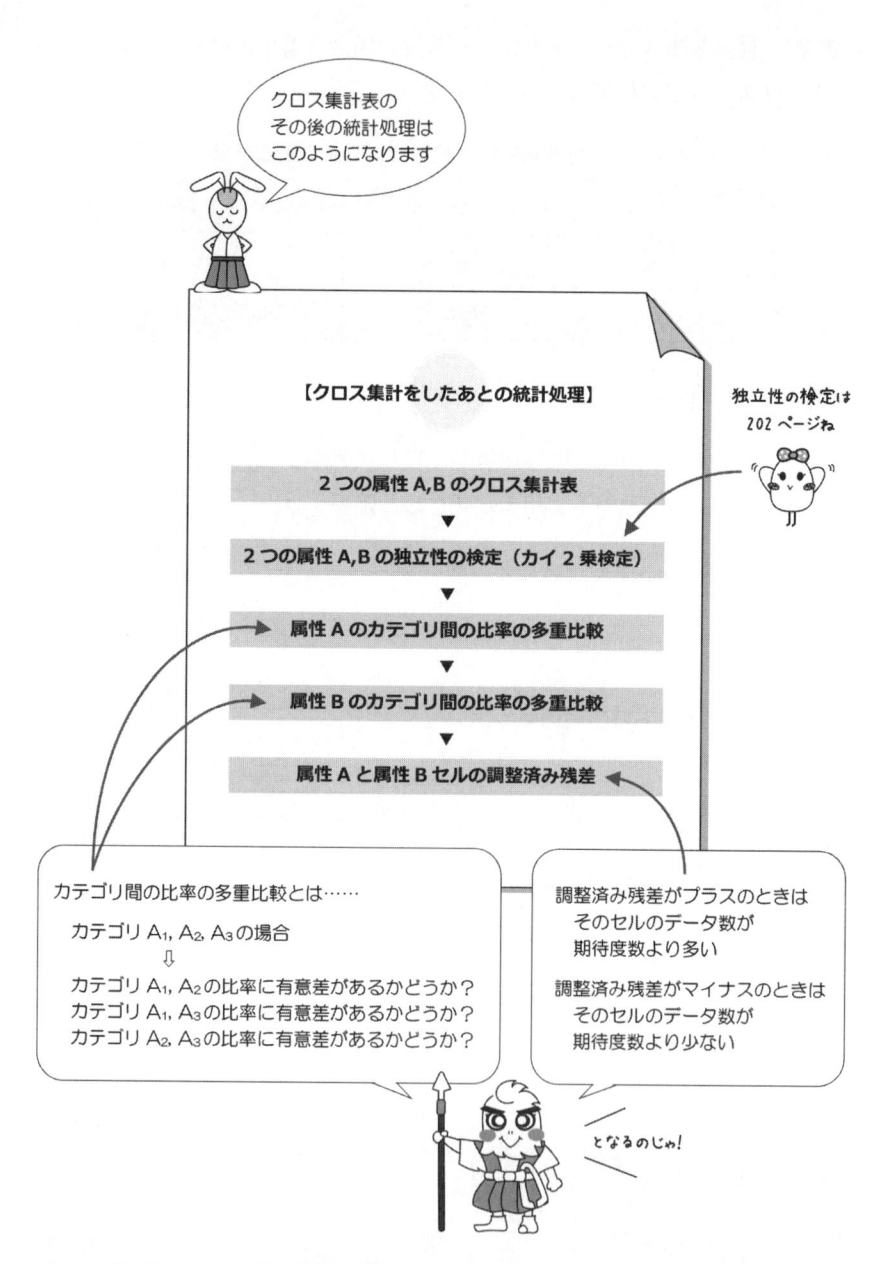

クロス集計表の
その後の統計処理は
このようになります

【クロス集計をしたあとの統計処理】

2つの属性A,Bのクロス集計表
▼
2つの属性A,Bの独立性の検定（カイ2乗検定）
▼
属性Aのカテゴリ間の比率の多重比較
▼
属性Bのカテゴリ間の比率の多重比較
▼
属性Aと属性Bセルの調整済み残差

独立性の検定は
202ページね

カテゴリ間の比率の多重比較とは……

カテゴリ A_1, A_2, A_3 の場合
⇩
カテゴリ A_1, A_2 の比率に有意差があるかどうか？
カテゴリ A_1, A_3 の比率に有意差があるかどうか？
カテゴリ A_2, A_3 の比率に有意差があるかどうか？

調整済み残差がプラスのときは
そのセルのデータ数が
期待度数より多い

調整済み残差がマイナスのときは
そのセルのデータ数が
期待度数より少ない

となるのじゃ！

2章 はじめての**確率分布**

Section 2.1 確率変数と確率分布
Section 2.2 2項分布──比率のときは
Section 2.3 超幾何分布──非復元抽出のときは
Section 2.4 ポアソン分布──めったに起こらないときは
Section 2.5 正規分布──すべての分布の源
Section 2.6 カイ2乗分布──分散の推定・検定のために
Section 2.7 t分布──平均の推定・検定のために
Section 2.8 F分布──分散の比の検定のために
Section 2.9 ベイズの定理

Section 2.1
確率変数と確率分布

確率の定義は，次のようになっています．

確率の定義

可測空間 (Ω, B) に対し，B に含まれる事象 A と実数 $P(A)$ が次の条件を満たすとき，実数 $P(A)$ を事象 A の**確率**という．
（ⅰ）事象 A に対し，$P(A) \geq 0$
（ⅱ）$P(全事象) = 1$
（ⅲ）事象 $A_1, A_2, \cdots$ の積集合 $A_i \cap A_j$ がすべて空集合ならば
$$P(A_1 \cup A_2 \cup \cdots) = P(A_1) + P(A_2) + \cdots$$

でも，具体的には？　次の度数分布表を見てみましょう．

表 2.1.1　身長の度数分布表

階級値 m_i	度数 f_i	相対度数
142.5	1	0.017
147.5	2	0.033
152.5	13	0.217
157.5	24	0.400
162.5	14	0.233
167.5	6	0.100
合計	60	1

可測空間？

（ⅰ）階級値 142.5 の相対度数は $0.017 \geq 0$
（ⅲ）階級値 142.5 と 147.5 の相対度数は $0.017 + 0.033$
（ⅱ）これらの相対度数をすべて加えると
$$0.017 + 0.033 + 0.217 + 0.400 + 0.233 + 0.100 = 1$$
となっています．ということは，この相対度数は確率の条件を満たしているようですね！

■ 離散型確率変数と離散型確率分布

表 2.1.1 の階級値 m_i のように，
　　　　　"確率が対応している変数"
を
　　　　　　確率変数 X
といいます．そして
　　　　　"確率変数 X とその確率 $P(X)$ との対応"
を
　　　　　確率変数 X の定める**確率分布**
といいます．

表 2.1.2　確率変数 X の定める確率分布

確率変数 $X=x_i$	x_1	x_2	$\cdots$	x_n
確率 $P(X=x_i)=p_i$	p_1	p_2	$\cdots$	p_n

階級値のように，とびとびの値をとる確率変数を**離散型確率変数**，その確率分布を**離散型確率分布**といいます．

> 階級に分けた身長の度数分布表は離散型確率分布の例になっていたのでござる
>
> 離散型確率分布
>
> | 確率変数 $X=x$ | 確率 $P(X=x)$ |
> |---|---|
> | 142.5 | 0.017 |
> | 147.5 | 0.033 |
> | 152.5 | 0.217 |
> | 157.5 | 0.400 |
> | 162.5 | 0.233 |
> | 167.5 | 0.100 |

Key Word　確率変数：random variable　　確率分布：probability distribution
　　　　　　離散型確率変数：discrete random variable

■ 離散型確率分布の平均と分散

離散型確率分布が，次のように与えられているとします．

表 2.1.3　離散型確率分布

確率変数 $X=x$	確率 $P(X=x)=p$
x_1	p_1
x_2	p_2
⋮	⋮
x_n	p_n

μ：ミュー
σ：シグマ
と読みます

このとき

$$E(X) = x_1 p_1 + x_2 p_2 + \cdots + x_n p_n$$

を確率変数 X の**平均** μ，または**期待値**といいます．

$$\mathrm{Var}(X) = (x_1-\mu)^2 p_1 + (x_2-\mu)^2 p_2 + \cdots + (x_n-\mu)^2 p_n$$

を確率変数 X の**分散** σ^2 といい，その平方根

$$\sqrt{\mathrm{Var}(X)}$$

を X の**標準偏差** σ といいます．

データの平均……$\bar{x}$
データの分散……s^2

例）表 2.1.1 の平均 μ と分散 σ^2 は，次のようになります．

表 2.1.4　確率分布の平均 μ と分散 σ^2

確率変数 X	確率 P	xp	$x-\mu$	$(x-\mu)^2$	$(x-\mu)^2 \times p$
142.5	0.017	2.423	-15.5	240.25	4.08425
147.5	0.033	4.868	-10.5	110.25	3.63825
152.5	0.217	33.09	-5.5	30.25	6.56425
157.5	0.400	63.000	-0.5	0.25	0.10000
162.5	0.233	37.860	4.5	20.25	4.71825
167.5	0.100	16.750	9.5	90.25	9.02500
	合計	158.0		合計	28.13

↑ 平均 μ　　　↑ 分散 σ^2

■ **連続型確率変数と連続型確率分布**

ところで，身長を階級に分けない場合はどうなるのでしょうか？

実際，身長は連続の値をとりますから，身長が 144.5 cm と 147.5 cm の間に入る人たちもたくさんいるわけです．

ヒストグラムも，階級に分けないのであれば，次の曲線のようになめらかになるはずですね．

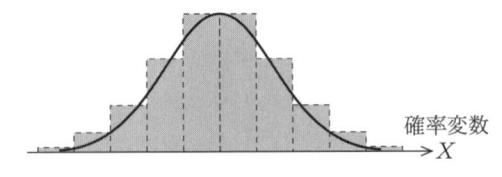

図 2.1.1 ヒストグラムをなめらかに描くと……

そこで，階級に分けないときの身長のように，連続して変わる確率変数を**連続型確率変数**，そのときの確率分布を**連続型確率分布**といいます．

このとき，確率変数の区間 $a \leq X \leq b$ に対して，確率 $P(a \leq X \leq b)$ は，次の図の面積に対応します．

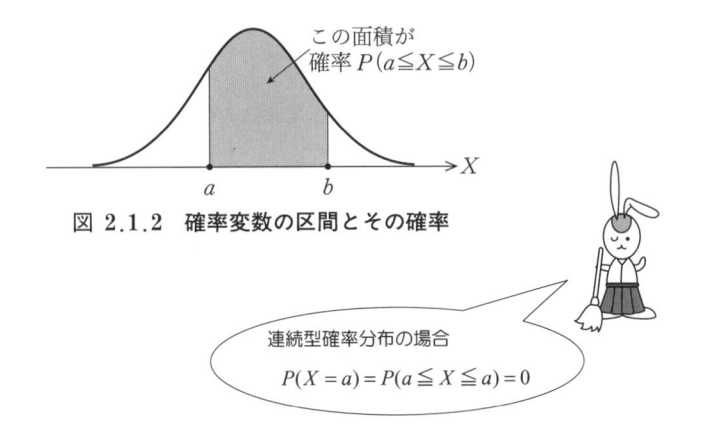

この面積が
確率 $P(a \leq X \leq b)$

図 2.1.2 確率変数の区間とその確率

連続型確率分布の場合
$P(X = a) = P(a \leq X \leq a) = 0$

Key Word 連続型確率変数：continuous random variable

■ 分布関数と確率密度関数

確率密度関数 $f(x)$ で定義される確率分布を"連続型確率分布"というのじゃな！

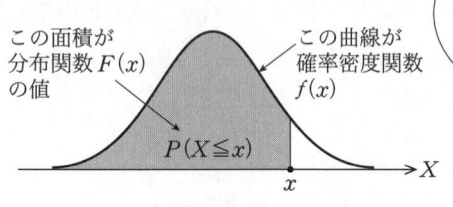

図 2.1.3　分布関数 $F(x) = P(X \leq x)$

　図 2.1.3 の曲線の下の面積を与える関数 $F(x) = P(X \leq x)$ を確率変数 X の**分布関数**といいます．

　そして，この曲線が，ある関数 $f(x)$ のグラフになっているとき，この関数 $f(x)$ を確率変数 X の**確率密度関数**といいます．

　このとき，$a \leq X \leq b$ の確率 $P(a \leq X \leq b)$ は定積分を用いて

$$P(a \leq X \leq b) = \int_a^b f(x)\,dx = F(b) - F(a)$$

で与えられます．

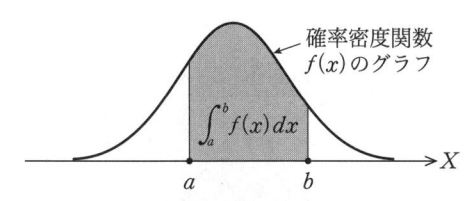

図 2.1.4　確率密度関数の確率 $P(a \leq X \leq b)$

　したがって，分布関数 $F(x)$ と確率密度関数 $f(x)$ の関数は

$$F(x) = \int_{-\infty}^x f(x)\,dx$$

となります．

Key Word　分布関数：distribution function
　　　　　　確率密度関数：probability density function

■ 連続型確率分布の平均と分散

$f(x)$ を連続型確率変数 X の確率密度関数とします．このとき
$$E(X) = \int_{-\infty}^{\infty} x \cdot f(x)\, dx$$
を確率変数 X の**平均** μ といいます．
$$\mathrm{Var}(X) = \int_{-\infty}^{\infty} (x-\mu)^2 \cdot f(x)\, dx$$
を確率変数 X の**分散** σ^2 といいます．
$$\sqrt{\mathrm{Var}(X)}$$
を確率変数 X の**標準偏差** σ といいます．

> データの平均……$\bar{x}$
> データの分散……σ^2

■ 分散の重要な公式

分散 $\mathrm{Var}(X)$ の定義式を変形してみましょう．
$$\begin{aligned}
\mathrm{Var}(X) &= \int_{-\infty}^{\infty} (x-\mu)^2 \cdot f(x)\, dx \\
&= \int_{-\infty}^{\infty} (x^2 - 2x\mu + \mu^2) \cdot f(x)\, dx \\
&= \int_{-\infty}^{\infty} x^2 \cdot f(x)\, dx - 2\mu \int_{-\infty}^{\infty} x \cdot f(x)\, dx + \mu^2 \int_{-\infty}^{\infty} f(x)\, dx \\
&= E(X^2) - 2\mu \cdot E(X) + \mu^2 \cdot 1 \\
&= E(X^2) - 2\{E(X)\}^2 + \{E(X)\}^2 \\
&= E(X^2) - \{E(X)\}^2
\end{aligned}$$

この公式は，金融証券の分野でも，よく利用されています．

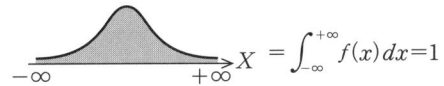

$$\int_{-\infty}^{+\infty} f(x)\, dx = 1$$

Section 2.2
2項分布——比率のときは

　離散型確率分布は，とびとびの値をとる確率変数に確率を対応させるものですが，現実には，この対応が関数の形でうまく表現できるとは限りません．

　しかしながら，統計的推論をおこなうためにはモデルが必要で，そのためには確率が関数の形で表されていることが望まれます．

　統計的推論のモデルとして重要なものに，2項分布，超幾何分布，ポアソン分布などがあります．

2項分布の定義

確率変数 X が $0, 1, 2, \cdots, n$ の値をとるとき，その確率が

$$P(X=x) = \binom{n}{x} p^x (1-p)^{n-x} \qquad (0<p<1)$$

で与えられる確率分布を **2項分布** $B(n, p)$ という．

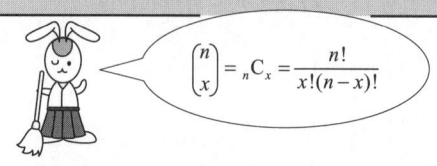

$$\binom{n}{x} = {}_n C_x = \frac{n!}{x!(n-x)!}$$

$0! = 1$ とする

2項分布の平均・分散の定義と公式

平均　$E(X) = \sum\limits_{x=0}^{n} x \binom{n}{x} p^x (1-p)^{n-x} = np$

分散 $\mathrm{Var}(X) = \sum\limits_{x=0}^{n} (x-np)^2 \binom{n}{x} p^x (1-p)^{n-x} = np(1-p)$

Key Word　2項分布：binomial distribution

■ 2項分布の確率とグラフ

例1) $n=10$, $p=0.5$ の場合

確率 $P(X=x) = \binom{10}{x}\left(\frac{1}{2}\right)^x\left(\frac{1}{2}\right)^{10-x}$

2項分布の確率を求めそのグラフを描いてみましょう

表 2.2.1　2項分布

$X=x$	$P(X=x)$
0	0.00098
1	0.00977
2	0.04395
3	0.11719
4	0.20508
5	0.24609
6	0.20508
7	0.11719
8	0.04395
9	0.00977
10	0.00098

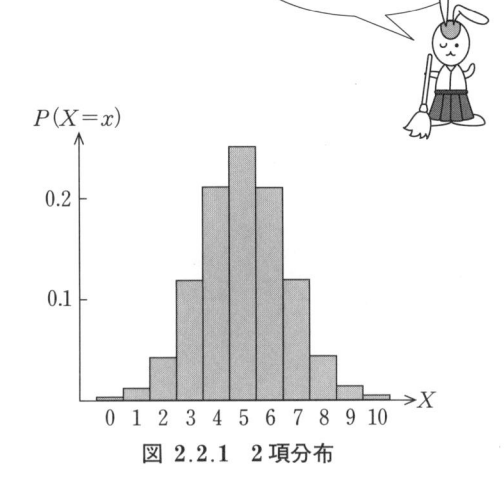

図 2.2.1　2項分布

例2) $n=10$, $p=0.1$ の場合

確率 $P(X=x) = \binom{10}{x}\left(\frac{1}{10}\right)^x\left(\frac{9}{10}\right)^{10-x}$

表 2.2.2　2項分布

$X=x$	$P(X=x)$
0	0.34868
1	0.38742
2	0.19371
3	0.05739
4	0.01116
5	0.00149
6	0.00019
⋮	⋮
10	0.00000

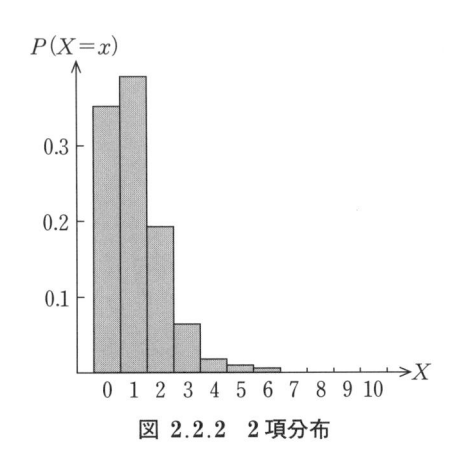

図 2.2.2　2項分布

■ 2項分布の例

例 大きな箱の中に電子部品がたくさん入っています．この箱の中の不良品の割合を 0.03 とします．

この箱から n 個の標本を**復元抽出**で取り出すとき，その中に x 個の不良品が含まれる確率は

$$P(X=x) = \binom{n}{x} 0.03^x (1-0.03)^{n-x}$$

で与えられます．この例は，2項分布の代表ともいえるものですね．

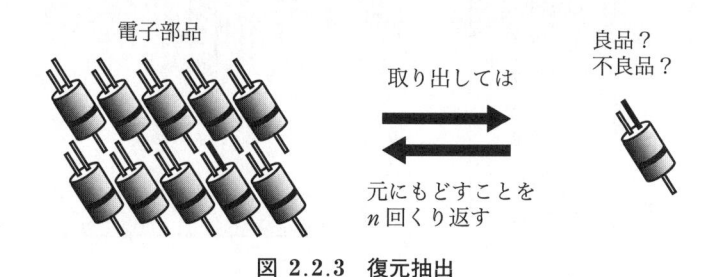

電子部品

良品？
不良品？

取り出しては

元にもどすことを
n 回くり返す

図 2.2.3 復元抽出

例 硬貨投げを n 回おこなったとき，オモテの出る回数を x とすると，その確率は

$$P(X=x) = \binom{n}{x}\left(\frac{1}{2}\right)^x \left(1-\frac{1}{2}\right)^{n-x} = \binom{n}{x}\left(\frac{1}{2}\right)^n$$

で与えられます．この場合 $p=\frac{1}{2}$ としていますが，これはオモテの出る確率とウラの出る確率が等しいと考えているからです．

復元抽出とは，1個取り出し不良品かどうか調べてから箱にもどし，よくかきまぜ，また1個取り出し不良品かどうか調べて箱にもどし……を n 回くり返すこと．もどさないときは**非復元抽出**！

Key Word　復元抽出：sampling with replacement

Section 2.3
超幾何分布——非復元抽出のときは

たとえば，ある薬品メーカーが製造している消化剤には炭酸水素ナトリウムが 625 mg 含まれていなければならないとします．そこで，この消化剤が正しく製造されているかどうかを検査するため，大量生産されている箱の中から 1 包取り出し，炭酸水素ナトリウムの含有量を調べたとしましょう．

ところが，含有量を調べ終わったときには，この消化剤を元の箱にもどすといってもそれはできない相談ですね．

このように，一度取り出したらもう元にもどせない，そのようなときの確率分布が，次の超幾何分布です．

超幾何分布の定義

確率変数 X が $0, 1, 2, \cdots, n$ の値をとるとき，その確率が

$$P(X=x) = \frac{\binom{Np}{x}\binom{N-Np}{n-x}}{\binom{N}{n}} \quad (0 < p < 1)$$

で与えられる確率分布を**超幾何分布**という．

"超幾何"とは超幾何級数によるので……

超幾何分布の平均と分散は，次のようになります．

超幾何分布の平均・分散の定義と公式

平均　$E(X) = np$

分散　$\mathrm{Var}(X) = \dfrac{N-n}{N-1} np(1-p)$

Key Word　超幾何分布：hyper geometric distribution

■ 超幾何分布の確率とグラフ

例1) $N=100$, $p=0.1$, $n=10$ の場合

$$確率 \; P(X=x) = \frac{\binom{10}{x}\binom{90}{10-x}}{\binom{100}{10}}$$

> 超幾何分布の確率を求め
> そのグラフを
> 描いてみるべし！

表 2.3.1 超幾何分布

$X=x$	$P(X=x)$
0	0.33048
1	0.40800
2	0.20151
3	0.05180
4	0.00755
5	0.00064
6	0.00003
⋮	⋮

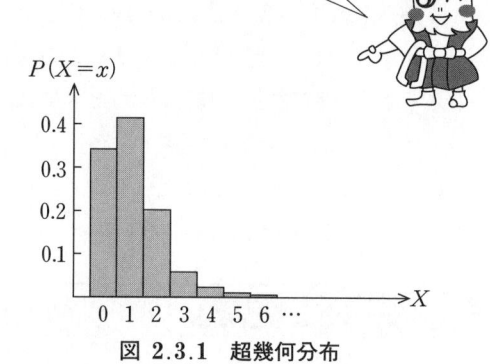

図 2.3.1 超幾何分布

例2) $N=1000$, $n=10$, $p=0.5$ の場合

$$確率 \; P(X=x) = \frac{\binom{500}{x}\binom{500}{10-x}}{\binom{1000}{10}}$$

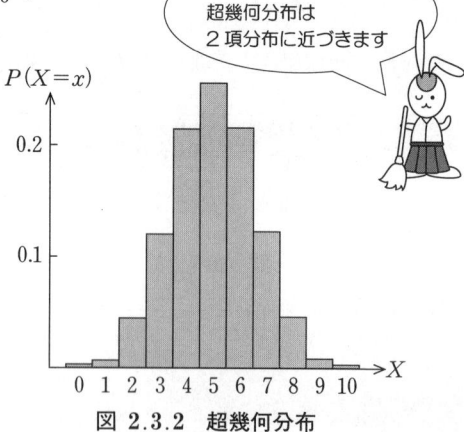

> N の値が大きくなると
> 超幾何分布は
> 2項分布に近づきます

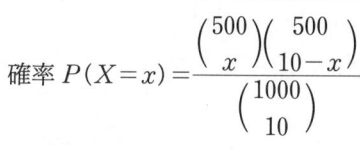

表 2.3.2 超幾何分布

$X=x$	$P(X=x)$
0	0.00093
1	0.00950
2	0.04337
3	0.11683
4	0.20570
5	0.24733
6	0.20570
7	0.11683
8	0.04337
9	0.00950
10	0.00093

図 2.3.2 超幾何分布

■ 超幾何分布の例

例 2項分布と比較するために,同じ例を取り上げてみると……

大きな箱の中に電子部品が N 個入っています.この箱の中の不良品の割合を 0.03 として,この箱から n 個の標本を**非復元抽出**で取り出すとき,その中に,x 個の不良品が含まれる確率は

$$P(X=x)=\frac{\binom{0.03N}{x}\binom{N-0.03N}{n-x}}{\binom{N}{n}}$$

となります.

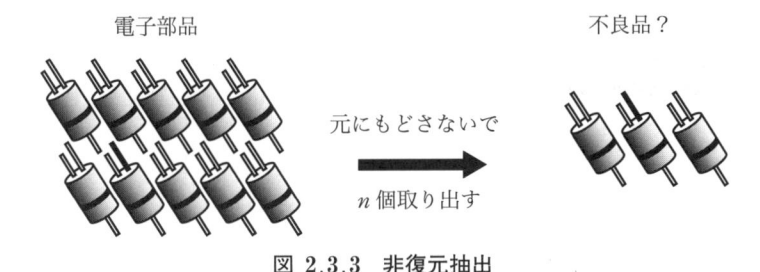

電子部品　　　　　　　　　　　　　不良品？

元にもどさないで n 個取り出す

図 2.3.3　非復元抽出

例 児童数 715 名のある小学校で,虫歯のある児童の割合が 0.6 であったとします.この小学校において,10 名の児童を選んだとき,その中に虫歯のある児童の数を x とすれば,その確率は

$$P(X=x)=\frac{\binom{715\times 0.6}{x}\binom{715-715\times 0.6}{10-x}}{\binom{715}{10}}$$

で与えられます.

> 非復元抽出は
> 一度に n 個取り出すのと
> 同じことになります！

Key Word　非復元抽出:sampling without replacement

Section 2.4
ポアソン分布──めったに起こらないときは

ポアソン分布の定義

確率変数 X が $0,1,2,\cdots,n,\cdots$ の値をとるとき,その確率が
$$P(X=x)=\frac{\lambda^x}{x!}e^{-\lambda}$$
で与えられる確率分布を**ポアソン分布** $P(\lambda)$ という.

ポアソン分布の平均・分散の定義と公式

平均 $\displaystyle E(X)=\sum_{x=0}^{\infty} x\frac{\lambda^x}{x!}e^{-\lambda}=\lambda$

分散 $\displaystyle \mathrm{Var}(X)=\sum_{x=0}^{\infty}(x-\lambda)^2\frac{\lambda^x}{x!}e^{-\lambda}=\lambda$

■ **ポアソン分布の確率とグラフ**

例) $\lambda=1$ の場合

$$確率\ P(X=n)=\frac{1^x}{x!}e^{-1}=\frac{0.36788}{x!}$$

表 2.4.1 ポアソン分布

$X=x$	$P(X=x)$
0	0.36788
1	0.36788
2	0.18394
3	0.06131
4	0.01533
5	0.00307
6	0.00051
⋮	⋮

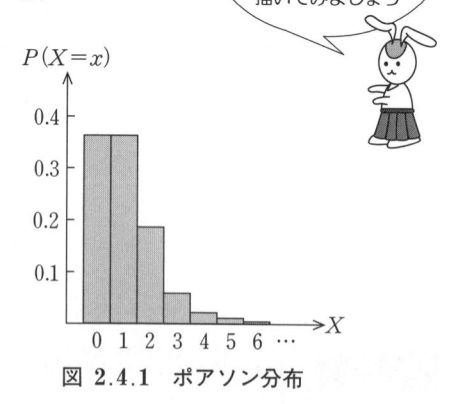

図 2.4.1 ポアソン分布

> ポアソン分布の確率を求めそのグラフを描いてみましょう

2章 はじめての確率分布

表 2.4.1 と 73 ページの 2 項分布の表 2.2.2 を比較すると，確率の値がよく似ています．

実は，2 項分布において，np を一定値 λ に固定したまま $n \to \infty$，つまり $p \to 0$ としたときの極限分布がポアソン分布になっています．

したがって，ポアソン分布の特徴は，めったに起こらないような場合によく当てはまる分布というわけですね！

λ：ラムダ と読むでござるよ

$np = \lambda$ ……一定
$\Downarrow$
$n \to \infty$
$\Downarrow$
$p \fallingdotseq 0$ ……めったに起こらない

■ ポアソン分布の例

例 次の表は，19 世紀のプロシヤにおいて，ある 1 年間に馬に蹴られて死亡した兵士の数とその軍団の数です．

表 2.4.2　馬に蹴られて死亡した兵士の相対度数

死亡した兵士数 x	0	1	2	3	4	5 以上	合計
1 年間に兵士が x 人死亡した軍団の数	109	65	22	3	1	0	200
相対度数 $\dfrac{x}{200}$	0.545	0.325	0.110	0.015	0.005	0	1

この表から，1 年間に馬に蹴られて死亡した一軍団の兵士数の平均を求めてみると

　　　平均 $\bar{x} = 0 \times 0.545 + 1 \times 0.325 + 2 \times 0.110 + 3 \times 0.015 + 4 \times 0.005$
　　　　　$= 0.61$

となります．

Key Word　ポアソン分布：Poisson distribution

そこで、$\lambda=0.61$ の場合のポアソン分布と比較してみましょう。
$$P(X=x)=\frac{0.61^x}{x!}e^{-0.61}$$

を計算すると、$e^{-0.61}=0.543351$ より、次の表を得ます。

> ポアソン分布の平均は λ だからです

表 2.4.3　$\lambda=0.61$ のときのポアソン分布

$X=x$	0	1	2	3	4	…
$P(X=x)$	0.54335	0.33144	0.10109	0.02056	0.00313	…

この表 2.4.3 と表 2.4.2 を比べてみると、まれに起こるようなデータの場合、ポアソン分布によって、うまく近似されることがわかります。

この例はボルトキーヴィッチによる有名な例です。

例　19 世紀の馬に対するものとして、現代では自動車があげられます。交通事故死亡者数とその都市の数もポアソン分布で近似されます。

例　単位時間当たりの電話の着信回数や、単位長さのエナメル線の不良個所の数、また、単位面積当たりの細菌の数の確率などがポアソン分布で与えられることが知られています。

例　大学生の A 君と B 君が、どちらの方が女性にもてるか議論をしています。しかし、お互いにゆずらず結果はいつ出るともわからない……

このようなとき、次の実験をしてみましょう。

駅の改札口で、女性に次々とデートを申し込みます。

単位時間当たり「OK」の出た回数を調べ、その確率を計算します。

その結果、よりポアソン分布に近い方を負けとするのですが……

Section 2.5
正規分布——すべての分布の源

確率分布のなかで中心的位置をしめるのが，この正規分布です．

正規分布の定義

確率変数 X に対して，確率密度関数 $f(x)$ が

$$f(x) = \frac{1}{\sigma\sqrt{2\pi}} e^{-\frac{1}{2}\left(\frac{x-\mu}{\sigma}\right)^2} \quad (-\infty < x < +\infty)$$

で与えられる確率分布を**正規分布**といい，$N(\mu, \sigma^2)$ で表す．

μ：ミュー
σ：シグマ

正規分布 $N(\mu, \sigma^2)$ の平均と分散は，次のようになります．

正規分布の平均・分散の定義と公式

$$\text{平均} \quad E(X) = \int_{-\infty}^{\infty} x \cdot \frac{1}{\sigma\sqrt{2\pi}} e^{-\frac{1}{2}\left(\frac{x-\mu}{\sigma}\right)^2} dx = \mu$$

$$\text{分散} \operatorname{Var}(X) = \int_{-\infty}^{\infty} (x-\mu)^2 \cdot \frac{1}{\sigma\sqrt{2\pi}} e^{-\frac{1}{2}\left(\frac{x-\mu}{\sigma}\right)^2} dx = \sigma^2$$

Excel を利用して，次のような正規分布のグラフを描いてみましょう．

Excel を使って標準正規分布のグラフを自分で描いてみるべし！

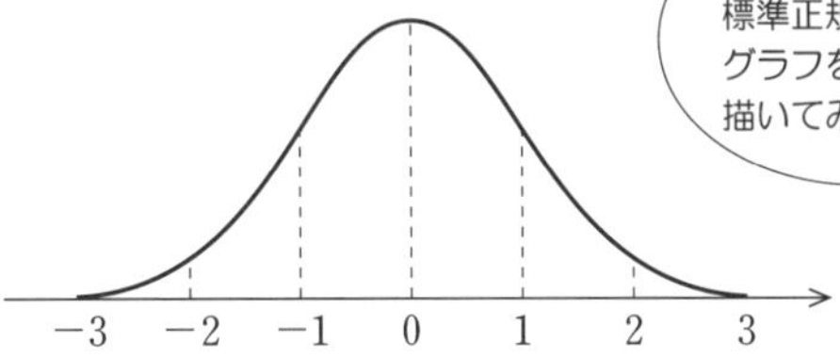

図 2.5.1　正規分布 $N(0, 1^2)$ のグラフ

この平均値 0，分散 1^2 の正規分布を特に**標準正規分布**と呼びます．

■ Excel で描く正規分布

手順1 Excel のワークシートに，次のように入力します．

	A	B	C	D	E	F	G
1	x	f(x)					
2	-3						
3	-2.8						
4	-2.6						
5	-2.4						
6	-2.2						
7	-2						
8	-1.8						
9	-1.6						
10	-1.4						
⋮	⋮						
30	2.6						
31	2.8						
32	3						
33							

手順2 B2 のセルに

$$=EXP(-1*A2^2/2)/(2*PI())^0.5$$

と入力して，B2 のセルを B3 から B32 まで
コピー，貼り付けます．

	A	B	C	D	E	F	G
1	x	f(x)					
2	-3	0.004432					
3	-2.8	0.007915					
4	-2.6	0.013583					
5	-2.4	0.022395					
6	-2.2	0.035475					
7	-2	0.053991					
8	-1.8	0.07895					
9	-1.6	0.110921					
10	-1.4	0.149727					
⋮	⋮	⋮					
30	2.6	0.013583					
31	2.8	0.007915					
32	3	0.004432					
33							

Key Word 正規分布：normal distribution
　　　　　　　標準正規分布：standard normal distribution

手順3 C2 のセルをクリックしてから，ツールバーの ■ をクリック．次のように選択します．

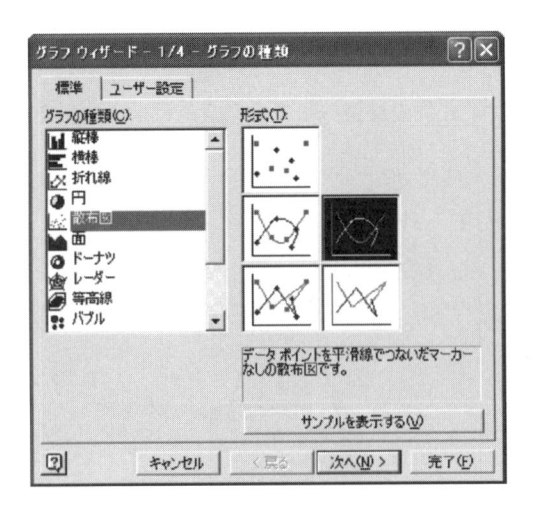

手順4 ［完了］をクリックすると，標準正規分布の出来上がり！！

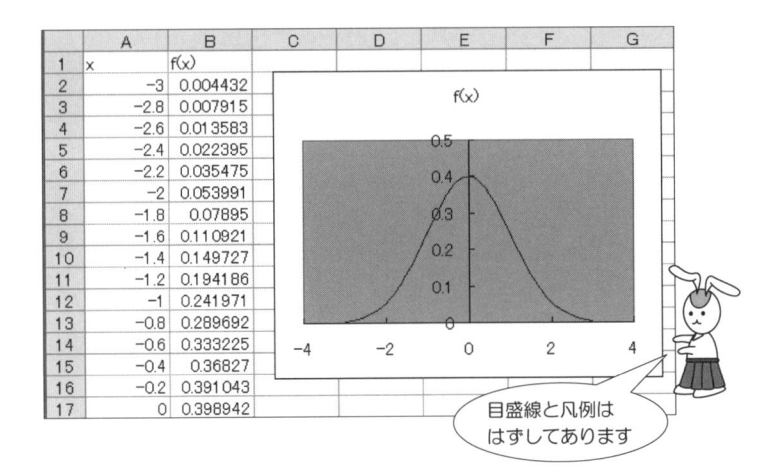

	A	B
1	x	f(x)
2	-3	0.004432
3	-2.8	0.007915
4	-2.6	0.013583
5	-2.4	0.022395
6	-2.2	0.035475
7	-2	0.053991
8	-1.8	0.07895
9	-1.6	0.110921
10	-1.4	0.149727
11	-1.2	0.194186
12	-1	0.241971
13	-0.8	0.289692
14	-0.6	0.333225
15	-0.4	0.36827
16	-0.2	0.391043
17	0	0.398942

目盛線と凡例ははずしてあります

参考文献
『Point 統計学 正規分布』

■ 正規分布の例

歴史的には，観測誤差に対して正規曲線がよく当てはまることをガウスが指摘したことで有名です．

例 1章の女子大生の身長のヒストグラムに，正規分布のグラフを重ねてみましょう．

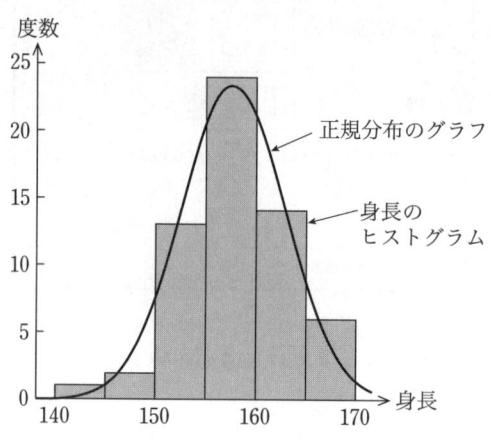

図 2.5.2 ヒストグラムと正規分布

富士山の形も正規分布らしいでござる〜っ！

ところで，身長は高さであり，体重は縦×横×高さです．したがって，体重の3乗根をとった分布は正規分布によく当てはまるといわれています．

■ 正規分布の確率の求め方？

連続型確率分布の確率は

$$P(a \leq X \leq b) = \int_a^b f(x)\,dx$$

で与えられます．

したがって，正規分布 $N(\mu, \sigma^2)$ の確率は

$$P(a \leq X \leq b) = \int_a^b \frac{1}{\sigma\sqrt{2\pi}} e^{-\frac{1}{2}\left(\frac{x-\mu}{\sigma}\right)^2} dx$$

となります．

ところが，この定積分の計算はやっかいです．
だいいち，$f(x)$ の不定積分は書き表すことができません．
数値計算を利用するにしても，平均値 μ や分散 σ^2 の値が変わるたびに，確率の値を求めなおさねばなりません．

でも，うまい方法があります！
ここで，データの標準化を思い出しましょう．

> 平均 0
> 分散 1^2
> に標準化じゃ

$$x \longmapsto z = \frac{x-\mu}{\sigma}$$

正規分布 $N(\mu, \sigma^2)$ の場合，データの標準化をすると
求める確率は

$$P(a \leq X \leq b) = \int_a^b \frac{1}{\sigma\sqrt{2\pi}} e^{-\frac{1}{2}\left(\frac{x-\mu}{\sigma}\right)^2} dx = \int_{\frac{a-\mu}{\sigma}}^{\frac{b-\mu}{\sigma}} \frac{1}{\sqrt{2\pi}} e^{-\frac{z^2}{2}} dz$$

$$= P\left(\frac{a-\mu}{\sigma} \leq Z \leq \frac{b-\mu}{\sigma}\right)$$

となります．

この標準化

$$N(\mu, \sigma^2) \xrightarrow{標準化} N(0, 1^2)$$

によって，正規分布は標準正規分布 $N(0, 1^2)$ に変換できるので，確率の計算は，$N(0, 1^2)$ についてのみ求めておけば十分ですね！

■ 標準正規分布の確率の求め方

標準正規分布の確率は数表から求めます．

標準正規分布の数表は，次のようになっています．

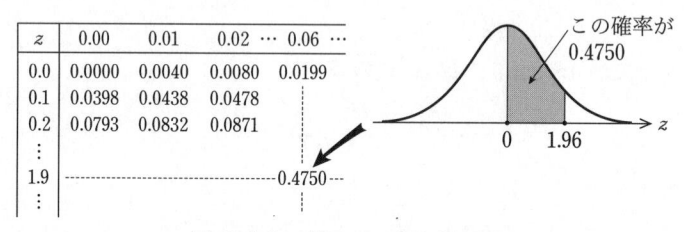

z	0.00	0.01	0.02	…	0.06	…
0.0	0.0000	0.0040	0.0080		0.0199	
0.1	0.0398	0.0438	0.0478			
0.2	0.0793	0.0832	0.0871			
⋮						
1.9					0.4750	
⋮						

図 2.5.3 グラフにすると……

たとえば，確率 $P(0 \leqq Z \leqq 1.96)$ を求めようと思えば，1.96 を 1.9 と 0.06 とに分けて，縦が 1.9，横が 0.06 の交わるところの値を読み取ります．

標準正規分布のグラフは，原点 0 を中心に左右対称の形をしているので，z が負の値のときも $P(-1.96 \leqq Z \leqq 0) = 0.4750$ となっています．

$P(a \leqq X \leqq b)$ の確率を求めるときは，次の図のように工夫すれば，標準正規分布の数表から利用して求められますね．

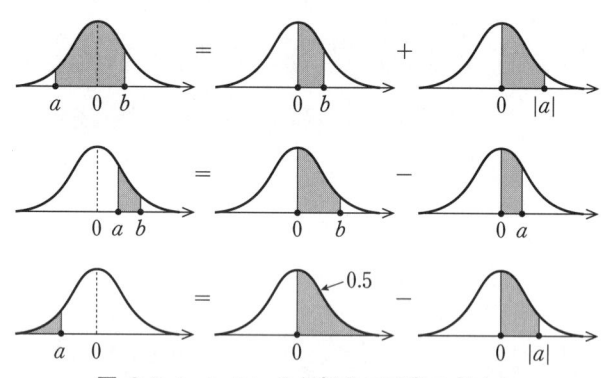

図 2.5.4 いろいろな部分の確率の求め方

例 正規分布 $N(157.77, 5.14^2)$ における確率 $P(150 \leq X \leq 160)$ を求めてみましょう。

次のように標準化します。

$$P(150 \leq X \leq 160) = P\left(\frac{150 - 157.77}{5.14} \leq Z \leq \frac{160 - 157.77}{5.14}\right)$$

$$= P(-1.51 \leq Z \leq 0.43)$$

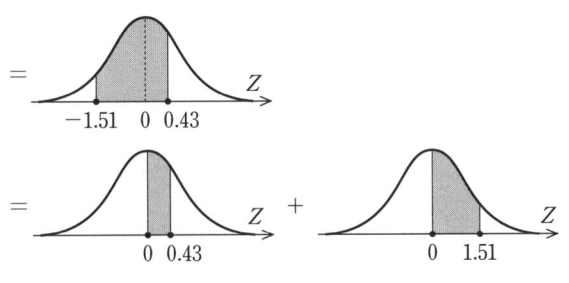

$$= P(0 \leq Z \leq 0.43) + P(0 \leq Z \leq 1.51)$$

$$= 0.1664 + 0.43448$$

$$= 0.60088$$

巻末の数表も見てみるべし！

ところで、表 1.1.2 の女子大生 60 人の身長の平均は 157.77 で、分散は 5.14^2 でした。上で求めた確率に 60 人をかけてみると、身長 150 cm から 160 cm までの間にいる女子大生の数が求まるでしょうか？

$$0.60088 \times 60 = 36.0528$$

よって、約 36 人となります。

表 1.1.4 を見ると、身長 150〜160 cm の女子大生の数は

$$13 人 + 24 人 = 37 人$$

なので、よく合っていますね！

このことからも、確率分布のモデルを使っての統計的推測の可能性にナットクがゆきます。

■ 2項分布の正規分布による近似

2項分布

$$P(X=x) = \binom{n}{x} p^x (1-p)^{n-x}$$

の平均は np，分散は $np(1-p)$ でした．この2項分布は正規分布 $N(np, np(1-p))$ で近似されることが知られています．

このことを，$n=10$，$p=\dfrac{1}{2}$ の場合について，確認してみましょう．

「2項分布 $B\left(10, \dfrac{1}{2}\right)$ は

正規分布 $N\left(10 \times \dfrac{1}{2}, 10 \times \dfrac{1}{2}\left(1-\dfrac{1}{2}\right)\right)$ で近似されるのか？」

たとえば，$X=6$ のとき2項分布の確率は

$$P(X=6) = \binom{10}{6}\left(\dfrac{1}{2}\right)^6 \left(1-\dfrac{1}{2}\right)^{10-6} = 0.205$$

となります．

正規分布 $N(5, 1.58^2)$ における確率 $P(5.5 \leqq X \leqq 6.5)$ を求めてみると……

$$P(5.5 \leqq X \leqq 6.5) = P\left(\dfrac{5.5-5}{1.58} \leqq Z \leqq \dfrac{6.5-5}{1.58}\right)$$

$$= P(0.316 \leqq Z \leqq 0.949)$$

$$= 0.205$$

このように $p=\dfrac{1}{2}$ の場合は，n が大きくなくても $n=10$ の段階で，2項分布は正規分布で近似されていますね！

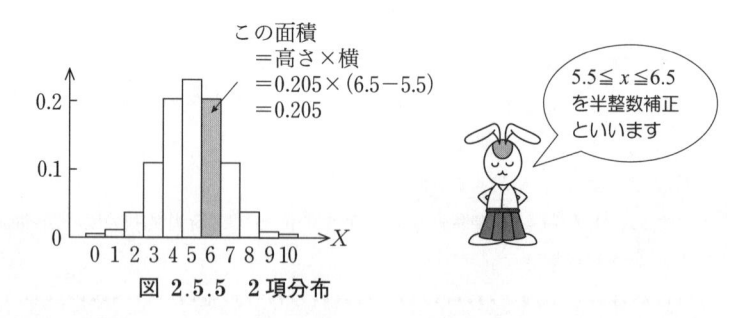

この面積
= 高さ × 横
= 0.205 × (6.5-5.5)
= 0.205

5.5 ≦ x ≦ 6.5 を半整数補正といいます

図 2.5.5　2項分布

■ **確率変数の関数の分布**──すべての分布は正規分布から

確率変数 $X_1, X_2, \cdots, X_n$ の関数 $T = f(X_1, X_2, \cdots, X_n)$ を**統計量**といいます．

> 平均・分散も統計量でござったな

次の定理は，統計量の分布に関して最も大切なものです．

定理

確率変数 $X_1, X_2, \cdots, X_n$ が互いに独立に
正規分布 $N(\mu_1, \sigma_1^2), N(\mu_2, \sigma_2^2), \cdots, N(\mu_n, \sigma_n^2)$ に従うとき，
$$\text{統計量 } T = a_1 X_1 + a_2 X_2 + \cdots + a_n X_n$$
の分布は，$N(a_1 \mu_1 + a_2 \mu_2 + \cdots + a_n \mu_n, a_1^2 \sigma_1^2 + a_2^2 \sigma_2^2 + \cdots + a_n^2 \sigma_n^2)$ となる．

次の定理も重要ですね！

定理

確率変数 $X_1, X_2, \cdots, X_n$ が互いに独立に正規分布 $N(\mu, \sigma^2)$ に従うとき，
$$\text{統計量 } T = \frac{X_1 + X_2 + \cdots + X_n}{n}$$
の分布は，$N\left(\mu, \dfrac{\sigma^2}{n}\right)$ となる．

> 推定・検定にこの定理を使います

この定理は，次のように翻訳することができます．

定理の翻訳

N 個のデータ $\{x_1 \ x_2 \ \cdots \ x_N\}$ が正規母集団 $N(\mu, \sigma^2)$ から
ランダムに抽出されたとき，
$$\text{平均 } \bar{x} = \frac{x_1 + x_2 + \cdots + x_N}{N}$$
の分布は，正規分布 $N\left(\mu, \dfrac{\sigma^2}{N}\right)$ になります．

中心極限定理

確率変数 $X_1, X_2, \cdots, X_n$ が互いに独立で，平均 μ，分散 σ^2 の同一の分布（正規分布でなくてもよい）に従っているとき，

$$\text{統計量}\ \bar{X} = \frac{X_1 + X_2 + \cdots + X_n}{n}$$

の分布は，n が十分大きくなると，正規分布 $N\left(\mu, \dfrac{\sigma^2}{n}\right)$ に近づく．

この定理を**中心極限定理**といいます．大切なところは，もとの分布がなんであっても正規分布に近づく，という点にあります．

例）

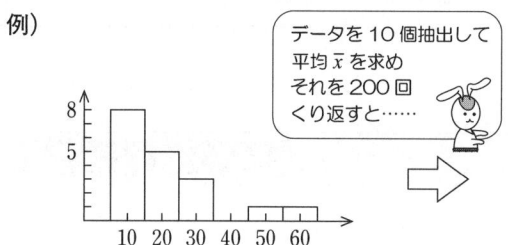

図 2.5.6　母平均の母集団

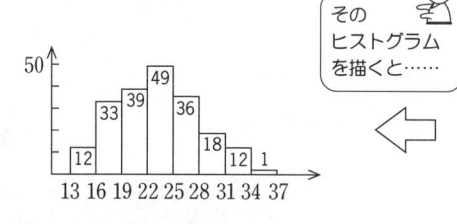

データを10個抽出して平均 $\bar{x}$ を求めそれを200回くり返すと……

17	25	17	29	19	24	17	24	25	26
21	22	29	25	29	20	19	14	28	25
25	21	21	18	20	19	24	14	26	20
16	23	30	18	27	20	24	20	28	27
31	24	32	27	28	34	22	25	19	14
18	19	22	22	19	26	20	19	24	29
25	20	31	24	24	26	13	20	24	17
25	24	27	15	26	36	24	19	28	15
32	21	15	21	25	21	34	19	24	
25	28	26	26	22	18	21	19	26	14
30	25	19	20	19	23	22	24	20	31
14	28	24	19	24	23	26	34	27	25
23	26	22	21	17	20	24	27	23	23
27	22	18	18	21	14	26	28	31	23
23	17	24	23	33	26	32	30	19	32
19	29	32	18	23	18	24	25	26	25
28	26	19	17	29	26	20	27	22	20
16	26	22	32	33	22	28	20	25	29
32	18	25	25	22	31	28	25	20	24
24	17	26	20	31	31	22	25	31	27

そのヒストグラムを描くと……

図 2.5.7　標本平均 $\bar{x}$ の分布

もとの分布が左右対称でなくても　正規分布らしくなってきた！

Key Word　統計量：statistic　　中心極限定理：central limit theorem

Section 2.6
カイ2乗分布──分散の推定・検定のために

カイ2乗分布の定義と平均・分散の公式

確率変数 X の確率密度関数 $f(x)$ が

$$f(x) = \frac{1}{2^{\frac{n}{2}} \Gamma\left(\frac{n}{2}\right)} x^{\frac{n}{2}-1} e^{-\frac{x}{2}} \quad (0 < x < +\infty)$$

であるとき，この分布を，**自由度 n のカイ2乗分布**という．
カイ2乗分布の平均は n，分散は $2n$ となる．

（χ^2 分布とも書きます）

カイ2乗分布は，次のように登場します．

定理

確率変数 $X_1, X_2, \cdots, X_n$ が互いに独立に正規分布 $N(\mu, \sigma^2)$ に従うとき，

$$統計量\ \chi^2 = \frac{(X_1 - \bar{X})^2 + (X_2 - \bar{X})^2 + \cdots + (X_n - \bar{X})^2}{\sigma^2}$$

の分布は，自由度 $n-1$ のカイ2乗分布となる．

この定理は，次のように翻訳することができます．

定理の翻訳

N 個のデータ $\{x_1\ x_2\ \cdots\ x_N\}$ が正規母集団 $N(\mu, \sigma^2)$ から
ランダムに抽出されたとき，

$$\chi^2 = \frac{(x_1 - \bar{x})^2 + (x_2 - \bar{x})^2 + \cdots + (x_N - \bar{x})^2}{\sigma^2}$$

の分布は，自由度 $N-1$ のカイ2乗分布になります．

Key Word カイ2乗分布：chi-square distribution

■ 自由度 m のカイ2乗分布のグラフ

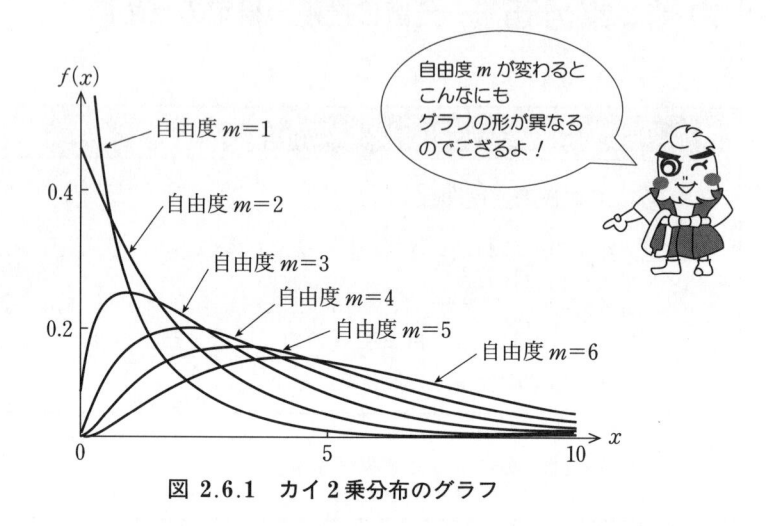

図 2.6.1　カイ2乗分布のグラフ

（吹き出し）自由度 m が変わるとこんなにもグラフの形が異なるのでござるよ！

参考文献
『Point 統計学 t 分布・F 分布・カイ2乗分布』

$\Gamma(m)$ はガンマ関数で，次の式をみたします．
$$\Gamma(m+1) = m\Gamma(m)$$

このガンマ関数について，次の等号が成立します．

m が偶数ならば……

$$\Gamma\left(\frac{m}{2}\right) = \left(\frac{m-2}{2}\right)\left(\frac{m-4}{2}\right)\cdots 1$$

m が奇数ならば……

$$\Gamma\left(\frac{m}{2}\right) = \left(\frac{m-2}{2}\right)\left(\frac{m-4}{2}\right)\cdots \frac{1}{2}\sqrt{\pi}$$

（吹き出し）Γ：ガンマ大文字です

■ **カイ2乗分布の各 α パーセント点**——推定・検定のために

自由度 m のカイ2乗分布の各 α パーセント点 $\chi^2(m\,;\,\alpha)$ を調べておくと，推定・検定のときに便利です．

自由度 m のとり方によって，α パーセント点 $\chi^2(m\,;\,\alpha)$ は変わってくることに注意しましょう．

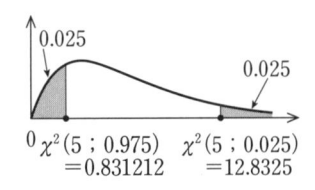

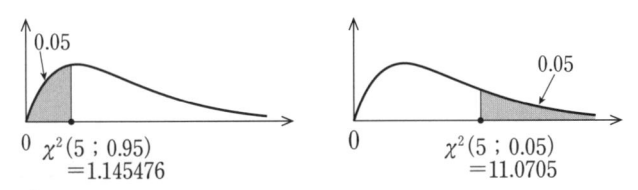

$\chi^2(5\,;\,0.975) = 0.831212$
$\chi^2(5\,;\,0.025) = 12.8325$

$\chi^2(5\,;\,0.95) = 1.145476$
$\chi^2(5\,;\,0.05) = 11.0705$

図 2.6.2　自由度 $m=5$ のカイ2乗分布と $\chi^2(m\,;\,\alpha)$

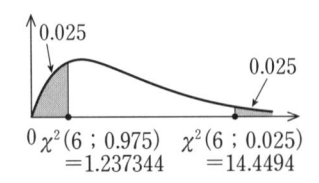

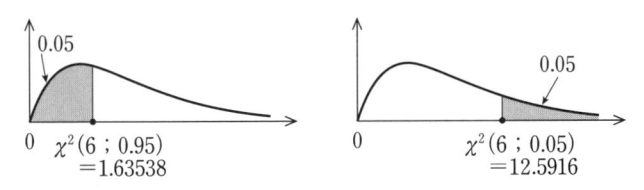

$\chi^2(6\,;\,0.975) = 1.237344$
$\chi^2(6\,;\,0.025) = 14.4494$

$\chi^2(6\,;\,0.95) = 1.63538$
$\chi^2(6\,;\,0.05) = 12.5916$

図 2.6.3　自由度 $m=6$ のカイ2乗分布と $\chi^2(m\,;\,\alpha)$

Section 2.7
t 分布——平均の推定・検定のために

---

t 分布の定義と平均・分散の公式

確率変数 X の確率密度関数 $f(x)$ が

$$f(x) = \frac{\Gamma\left(\dfrac{n+1}{2}\right)}{\sqrt{n\pi}\,\Gamma\left(\dfrac{n}{2}\right)\left(1+\dfrac{x^2}{n}\right)^{\frac{n+1}{2}}} \quad (-\infty < x < \infty)$$

で表されるとき，この分布を**自由度 n の t 分布**という．

t 分布の平均は 0，分散は $\dfrac{n}{n-2}$ ($n \geq 2$) となる．

---

t 分布は，次のようにして登場します．

定理

確率変数 $X_1, X_2, \cdots, X_n$ が互いに独立に正規分布 $N(\mu, \sigma^2)$ に従うとき，

$$s = \sqrt{\frac{(X_1-\bar{X})^2 + (X_2-\bar{X})^2 + \cdots + (X_n-\bar{X})^2}{n-1}}$$

とおくと，

$$\text{統計量 } t = \frac{\bar{X} - \mu}{\sqrt{\dfrac{s^2}{n}}}$$

の分布は，自由度 $n-1$ の t 分布となる．

参考文献 『Point 統計学 t 分布・F 分布・カイ 2 乗分布』

Key Word t 分布：t distribution

この定理は次のように翻訳することができます．

定理の翻訳

N 個のデータ $\{x_1\ x_2\ \cdots\ x_N\}$ が正規母集団 $N(\mu, \sigma^2)$ から
ランダムに抽出されたとき，
$$t = \frac{\bar{x} - \mu}{\sqrt{\dfrac{s^2}{N}}}$$
の分布は，自由度 $N-1$ の t 分布になります．

■ 自由度 m の t 分布のグラフ

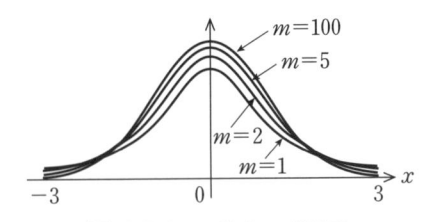

図 2.7.1　t 分布のグラフ

上の図を見ると，t 分布のグラフは正規分布の形に似ていますね！
そこで，t 分布と正規分布のグラフを同一平面上に描いてみると……

例 1) 自由度 5 の t 分布と正規分布 $N\left(0, \dfrac{5}{5-2}\right)$ の場合

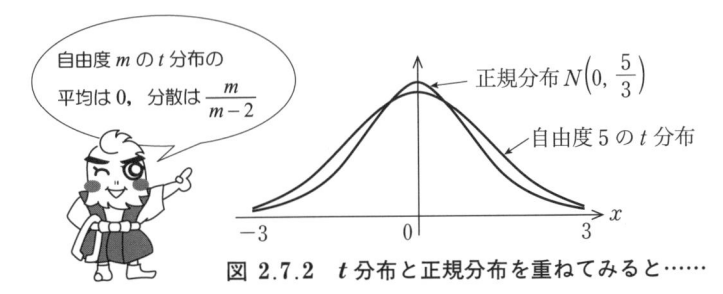

自由度 m の t 分布の
平均は 0，分散は $\dfrac{m}{m-2}$

図 2.7.2　t 分布と正規分布を重ねてみると……

Section 2.7　t 分布

例 2) 自由度 30 の t 分布と正規分布 $N\left(0, \dfrac{30}{30-2}\right)$ の場合

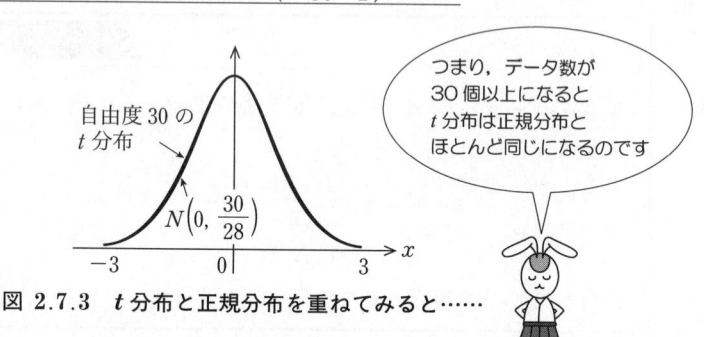

自由度 30 の t 分布

$N\left(0, \dfrac{30}{28}\right)$

つまり，データ数が 30 個以上になると t 分布は正規分布とほとんど同じになるのです

図 2.7.3 t 分布と正規分布を重ねてみると……

■ **t 分布の各 α パーセント点**――推定・検定のために

自由度 m の t 分布の各 α パーセント点 $t(m\,;\,\alpha)$ を調べておくと，あとで推定・検定のときに役に立ちます．

自由度 m の値によって，同じ α でもパーセント点は異なります．

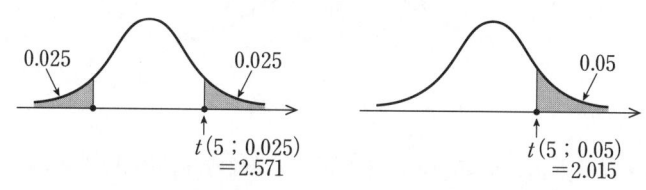

$t(5\,;\,0.025) = 2.571$

$t(5\,;\,0.05) = 2.015$

図 2.7.4　自由度 $m=5$ の t 分布と $t(m\,;\,\alpha)$

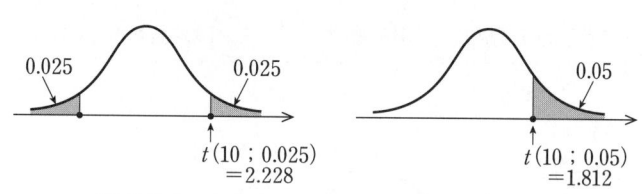

$t(10\,;\,0.025) = 2.228$

$t(10\,;\,0.05) = 1.812$

図 2.7.5　自由度 $m=10$ の t 分布と $t(m\,;\,\alpha)$

自由度 1 の t 分布はとくに**コーシー分布**と呼ばれています．このコーシー分布には平均も分散も存在しません．

Section 2.8
F 分布──分散の比の検定のために

F 分布の定義と平均・分散の公式

確率変数 X の確率密度関数 $f(x)$ が

$$f(x) = \frac{\Gamma\left(\frac{n_1+n_2}{2}\right)\left(\frac{n_1}{n_2}\right)^{\frac{n_1}{2}} x^{\frac{n_1}{2}-1}}{\Gamma\left(\frac{n_1}{2}\right)\Gamma\left(\frac{n_2}{2}\right)\left(1+\frac{n_1}{n_2}x\right)^{\frac{n_1+n_2}{2}}} \quad (0 < x < +\infty)$$

で表されるとき,この分布を**自由度 (n_1, n_2) の F 分布**という.
F 分布の平均は $\dfrac{n_2}{n_2-2}$,分散は $\dfrac{2(n_1+n_2-2)\,n_2^2}{n_1(n_2-2)^2(n_2-4)}$ となる.

F 分布は,次のように登場します.

定理

確率変数 $X_1, X_2, \cdots, X_{n_1}$,$Y_1, Y_2, \cdots, Y_{n_2}$ は互いに独立で,
X_i $(i=1,2,\cdots,n_1)$ は正規分布 $N(\mu_1, \sigma_1^2)$,
Y_j $(j=1,2,\cdots,n_2)$ は正規分布 $N(\mu_2, \sigma_2^2)$ に従うとき,

$$s_1^2 = \frac{(X_1-\bar{X})^2+(X_2-\bar{X})^2+\cdots+(X_{n_1}-\bar{X})^2}{n_1-1}$$

$$s_2^2 = \frac{(Y_1-\bar{Y})^2+(Y_2-\bar{Y})^2+\cdots+(Y_{n_2}-\bar{Y})^2}{n_2-1}$$

とおくと,

統計量 $F = \dfrac{s_1^2 \sigma_2^2}{s_2^2 \sigma_1^2}$

の分布は,自由度 (n_1-1, n_2-1) の F 分布となる.

> この F 分布は等分散性の検定 $\dfrac{\sigma_1^2}{\sigma_2^2}=1$ のときに使えそう!

Key Word F 分布:F distribution

別の表現をすれば……

> **定理**
>
> 確率変数 X, Y が独立で，X は自由度 m のカイ2乗分布，Y は自由度 n のカイ2乗分布に従うとき，
>
> $$統計量\ F = \frac{X \cdot n}{Y \cdot m}$$
>
> の分布は，自由度 (m, n) の F 分布となる．

このことからもわかるように，F 分布は2つの分散の比の検定や分散分析表において，欠くことのできない分布です．

■ 自由度 (m, n) の F 分布のグラフ

F 分布のグラフを描いてみましょう．

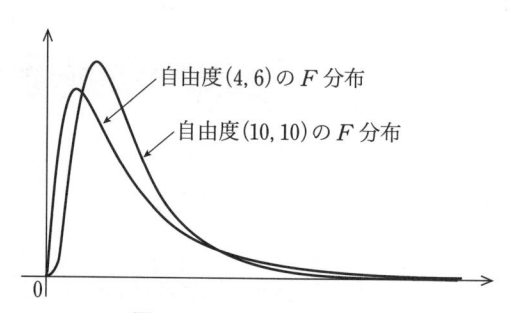

自由度 $(4, 6)$ の F 分布
自由度 $(10, 10)$ の F 分布

図 2.8.1 F 分布のグラフ

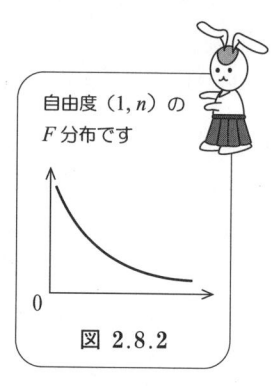

自由度 $(1, n)$ の F 分布です

図 2.8.2

表 2.8.1 重回帰分析の分散分析表

変動	平方和	自由度	平均平方	F 値
回帰による変動	S_R	p	V_R	F_0
残差による変動	S_E	$N-p-1$	V_E	

■ F 分布の各 α パーセント点——推定・検定のために

自由度 $(4,6)$ の場合，α パーセント点 $F(m,n\,;\,\alpha)$ は次のようになります．

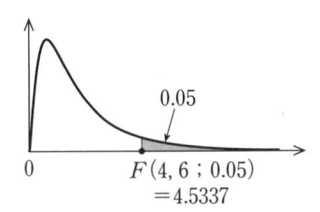

図 2.8.3　自由度 $(4,6)$ の F 分布の 5％点

ところで，F 分布の場合，次の等式が成り立ちます．

$$F(n,m\,;\,1-\alpha) = \frac{1}{F(m,n\,;\,\alpha)}$$

したがって，この等式から次の $100(1-\alpha)$ パーセント点 $F(n,m\,;\,1-\alpha)$ も求めることができます．

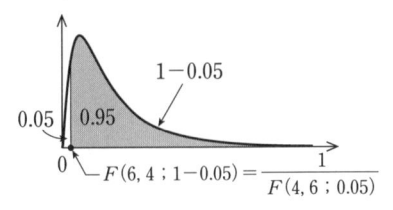

図 2.8.4　自由度 $(6,4)$ の F 分布の 95％点

例）　他にも，いろいろな分布が知られています．

　　アーラン分布……機器やシステムが設計どおりの機能をはたしているか
　　　　　　　　　という信頼性理論で用いられます．
　　ワイブル分布……機械や部品の寿命の分布に当てはまります．
　　ガンマ分布……生体の反応や，体重などに関する分布として
　　　　　　　　　知られています．
　　対数分布……昆虫学の分野でよく利用されています．

Section 2.9
ベイズの定理

次のような状況を考えましょう．

表 2.9.1 原因と結果のクロス集計表

	原因 B_1	原因 B_2
結果 A_1	原因 $B_1 \cap$ 結果 A_1	原因 $B_2 \cap$ 結果 A_1
結果 A_2	原因 $B_1 \cap$ 結果 A_2	原因 $B_2 \cap$ 結果 A_2

ベイズの定理は，

「次のような状況の確率をどのように求めるのか？」

といったときに有効な定理です．

"A_1 という結果が起きたとき，

その原因は B_1 である確率"

この確率を

$$P(原因\ B_1\,|\,結果\ A_1)$$

と表すことにします．

このとき，次の等式が成り立ちます．

$$P(原因\ B_1\,|\,結果\ A_1) = \frac{P(原因\ B_1 \cap 結果\ A_1)}{P(原因\ B_1 \cap 結果\ A_1) + P(原因\ B_2 \cap 結果\ A_1)}$$

$$= \frac{P(B_1 \cap A_1)}{P(B_1 \cap A_1) + P(B_2 \cap A_1)}$$

この式を変形してみましょう．

$$P(原因\ B_1\,|\,結果\ A_1) = \frac{\dfrac{P(B_1 \cap A_1)}{P(B_1)} \cdot P(B_1)}{\dfrac{P(B_1 \cap A_1)}{P(B_1)} \cdot P(B_1) + \dfrac{P(B_2 \cap A_1)}{P(B_2)} \cdot P(B_2)}$$

そこで，
$$\frac{P(B_1 \cap A_1)}{P(B_1)} = \frac{P(原因 B_1 \cap 結果 A_1)}{P(原因 B_1)}$$
は
"原因 B_1 のもとで結果 A_1 となる確率"

になりますから，この確率を

条件付確率

と呼び，次のように表現します．
$$P(結果 A_1 \mid 原因 B_1)$$
すると

$P(原因 B_1 \mid 結果 A_1) =$
$$\frac{P(結果 A_1 \mid 原因 B_1) \cdot P(原因 B_1)}{P(結果 A_1 \mid 原因 B_1) \cdot P(原因 B_1) + P(結果 A_1 \mid 原因 B_2) \cdot P(原因 B_2)}$$

となりました．

この式を

ベイズの定理

といいます．

> ベイズの定理の使い方が，いまひとつピンとこないでござる

$\left.\begin{array}{l} P(原因 B_1) \\ P(原因 B_2) \end{array}\right\}$ を "事前確率" といいます

$\left.\begin{array}{l} P(原因 B_1 \mid 結果 A_1) \\ P(原因 B_2 \mid 結果 A_1) \end{array}\right\}$ を "事後確率" といいます

Key Word　条件付確率：conditional probability
　　　　　　　ベイズの定理：Bayes' theorem

■ ベイズの定理の例

例 鳥新型ウイルスの検査方式に S 型と T 型があります．
　T 型検査方式は信頼性 100% ですが，検査結果が出るまでに時間がかかります．それに対し，S 型検査方式は信頼性 95% ですが，すぐに検査結果が出ます．

　　　「ある鳥が S 型検査方式で陽性反応が出たとき，その鳥が真に
　　　　鳥新型ウイルスに感染している確率はいくらでしょうか？」

ただし，鳥新型ウイルスに感染している事前確率は $\dfrac{1}{10000}$ とします．

母集団
原因 B_2
$P(原因 B_2) = \dfrac{9999}{10000}$

原因 B_1
$P(原因 B_1) = \dfrac{1}{10000}$

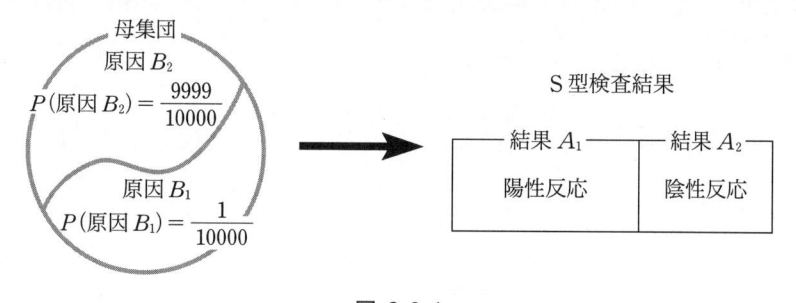

S 型検査結果
結果 A_1 ── 結果 A_2
陽性反応　　陰性反応

図 2.9.1

　S 型検査の信頼性 95% とは，
　　　　　"鳥新型ウイルスに感染している鳥が
　　　　　　S 型検査で陽性反応を示す確率"
のことです．

表 2.9.2　S 型検査の情報

	感染している B_1	感染していない B_2
陽性反応 A_1	95%	a%
陰性結果 A_2	5%	(100−a)%

表 2.9.2 の情報から

$$P(結果\ A_1 \mid 原因\ B_1) = \frac{95}{100}, \quad P(結果\ A_1 \mid 原因\ B_2) = \frac{a}{100}$$

となるので，事後確率は

$$P(原因\ B_1 \mid 結果\ A_1) = \frac{\dfrac{95}{100} \cdot \dfrac{1}{10000}}{\dfrac{95}{100} \cdot \dfrac{1}{10000} + \dfrac{a}{100} \cdot \dfrac{9999}{10000}}$$

となります．

例えば，a = 5 の場合

$$P(結果\ A_1 \mid 原因\ B_1) = \frac{95}{100}, \quad P(結果\ A_1 \mid 原因\ B_2) = \frac{5}{100}$$

となるので，
陽性（A_1）と判定された鳥が感染（B_1）している確率は，

$$P(原因\ B_1 \mid 結果\ A_1) = \frac{\dfrac{95}{100} \cdot \dfrac{1}{10000}}{\dfrac{95}{100} \cdot \dfrac{1}{10000} + \dfrac{5}{100} \cdot \dfrac{9999}{10000}}$$

$$= 0.001897$$

となります．

> つまり、これは…
> 感染している確率が
> 0.001%から0.1897%に変化する
> というわけでござるな！

Section 2.9　ベイズの定理

| 理解度チェック | 確率分布 |

確率分布の数表を利用して，次の値を求めてください．

【問題1】 $\chi^2(4\,;\,0.95)$
$\chi^2(4\,;\,0.05)$
$\chi^2(9\,;\,0.95)$
$\chi^2(9\,;\,0.05)$

【問題2】 $t(7\,;\,0.05)$
$t(7\,;\,0.025)$
$t(12\,;\,0.05)$
$t(12\,;\,0.025)$

【問題3】 $F(5,7\,;\,0.05)$
$F(5,7\,;\,0.95)$

3章 はじめての**統計的推定**

Section 3.1　統計的推定とは？
Section 3.2　点推定と区間推定
Section 3.3　母平均の区間推定
Section 3.4　母分散の区間推定
Section 3.5　母比率の区間推定
Section 3.6　サンプルサイズを決める?!
Section 3.7　最尤法とは？

Section 3.1
統計的推定とは？

統計的推定とは

"母集団を設定し，

母集団からランダムに抽出された標本の値に基づいて，

母集団を特定するパラメータを推定すること"

です．

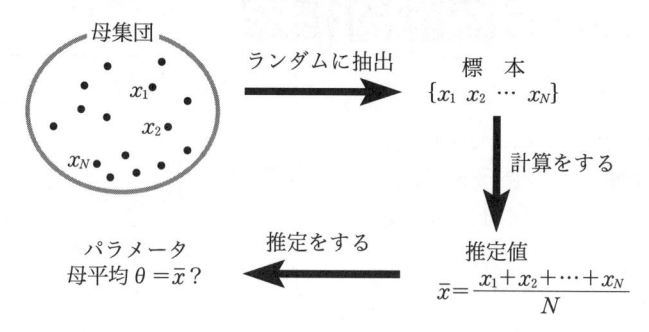

図 3.1.1 統計的推定とは？

たとえば，T 大学の女子学生の身長を知りたいとしましょう．

このとき，母集団は

"T 大学の女子学生の身長"

となりますから，母集団を特定するパラメータは

"T 大学の女子学生の平均身長"

ですね！

母集団とは
研究対象の
ことじゃな

Key Word　　パラメータ：parameter　　母集団：population　　標本：sample

■ 母集団と標本の関係

ところで，母集団とは？
統計学の辞典を見ると，次のような定義が載っています．
　　"母集団とは，統計調査において
　　　　　標本抽出の母体となる集団のこと"
では，標本とは？
　　"標本とは，母集団をすべて調査することができないときに，
　　　　　母集団の一部について統計調査がおこなわれ，
　　　　　　　このとき調査された一部の測定値の集まりのこと"
この2つの説明では，標本が先か母集団が先か，ちょっと悩んでしまいますね．しかしながら，問題意識を持ち，データを集めて分析してみたいと思い始めると，これはなんでもないことなのです．

要するに，調査対象としている大きな集まりを**母集団**といい，測定されるデータのことを**標本**といいます．

統計調査には全数調査法と標本調査法があります．
国勢調査のように，対象全部について調べるのが**全数調査法**です．
全数調査が不可能な場合に一部について調査し，そこから全体の特性を推測しようというのが**標本調査法**です．
T大学の女子学生が調査対象の場合，全員の女子学生について調べることが全数調査法ということになります．
表1.1.2の60名がT大学の女子学生の中から無作為抽出されたものであるならば，これは標本調査法で
　　　　母集団……T大学女子学生全員
　　　　標　本……60名の女子学生
となります．

統計的推定の場合には母集団は無限母集団と考えます

Section 3.1　統計的推定とは？

Section 3.2
点推定と区間推定

パラメータ θ とは，母集団を代表する値のことで，具体的には母平均とか母分散のことです．

正規母集団 $N(\mu, \sigma^2)$ のパラメータ θ は，母平均 μ とか母分散 σ^2 のことになります．

■ 点推定

点推定とは，母集団のあるパラメータが未知のとき，

"標本 $\{x_1\ x_2\ \cdots\ x_N\}$ から得られるただ1つの値 $f(x_1, x_2, \cdots, x_N)$ で，この未知のパラメータを推定する方法"

のことで，$f(x_1, x_2, \cdots, x_N)$ を**推定値**といいます．

$f(X_1, X_2, \cdots, X_N)$ のように確率変数の関数として表すときは，**推定量**といいます．したがって，推定値は推定量の実現値のことです．

要するに，確率変数 X_i にデータ x_i を代入した値のことですね．

点推定は，誰にでもわかりやすいということもあって，新聞，テレビなどで統計データが紹介されるときによく用いられています．しかし，専門誌に載っている学術論文をのぞいてみると，そのほとんどが，あとで述べる区間推定を使っています．

推定量には，不偏性，有効性，一致性，十分性などがあります．

不偏推定量・不偏推定値の定義

推定量 $f(X_1, X_2, \cdots, X_N)$ の平均 $E(f(X_1, X_2, \cdots, X_N))$ が推定すべきパラメータ θ に等しいとき，つまり

$$E(f(X_1, X_2, \cdots, X_N)) = \theta$$

のとき，$f(X_1, X_2, \cdots, X_N)$ をパラメータ θ の**不偏推定量**という．

■ いろいろな不偏推定値の仲間たち

<u>例 1)</u>　母集団が正規分布 $N(\mu, \sigma^2)$ の場合

標本 $\{x_1\ x_2\ \cdots\ x_N\}$ に対して……

- 母平均 μ の不偏推定値 $=\dfrac{x_1+x_2+\cdots+x_N}{N}=\bar{x}$

- 母分散 σ^2 の不偏推定値（母平均 μ が既知）

$$=\frac{1}{N}\{(x_1-\mu)^2+(x_2-\mu)^2+\cdots+(x_N-\mu)^2\}$$

- 母分散 σ^2 の不偏推定値（母平均 μ が未知）

$$=\frac{1}{N-1}\{(x_1-\bar{x})^2+(x_2-\bar{x})^2+\cdots+(x_N-\bar{x})^2\}$$

- 母標準偏差の不偏推定値 $=\dfrac{\Gamma\left(\dfrac{N-1}{2}\right)}{\Gamma\left(\dfrac{N}{2}\right)\sqrt{\dfrac{2}{N}}}\sqrt{\dfrac{(x_1-\bar{x})^2+\cdots+(x_N-\bar{x})^2}{N}}$

<u>例 2)</u>　母集団が 2 項分布 $B(n, p)$ の場合

標本 $\{x_1\ x_2\ \cdots\ x_N\}$ に対して……

- 母比率 p の不偏推定値 $=\dfrac{m}{N}$

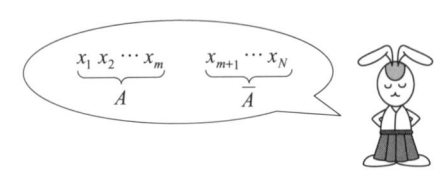

$$\underbrace{x_1\ x_2\ \cdots\ x_m}_{A}\ \underbrace{x_{m+1}\ \cdots\ x_N}_{\bar{A}}$$

<u>例 3)</u>　母集団がポアソン分布 $P(\lambda)$ の場合

標本 $\{x_1\ x_2\ \cdots\ x_N\}$ に対して……

- 母平均 λ の不偏推定値 $=\dfrac{x_1+x_2+\cdots+x_N}{N}=\bar{x}$

> たしか 2 章のポアソン分布でこの公式を使ったぞ

> ボルトキーヴィッチの馬の例で母平均を推定するときだっ！

Key Word　推定値：estimate　　　　推定量：estimator
　　　　　　　不偏推定量：unbiased estimator

例4) どのような母集団の場合でも

標本を $\{x_1\ x_2\ \cdots\ x_N\}$ とすれば……

・母平均の不偏推定値 $= \dfrac{x_1+x_2+\cdots+x_N}{N} = \bar{x}$

・母分散の不偏推定値 $= \dfrac{(x_1-\bar{x})^2+(x_2-\bar{x})^2+\cdots+(x_N-\bar{x})^2}{N-1}$

2グループの標本を $\{x_{11}\ x_{12}\ \cdots\ x_{1N_1}\}$, $\{x_{21}\ x_{22}\ \cdots\ x_{2N_2}\}$ とすれば……

・母分散の不偏推定値 $= \dfrac{(N_1-1)s_1{}^2+(N_2-1)s_2{}^2}{N_1+N_2-2}$

$$\text{ただし,}\begin{cases} s_1{}^2 = \dfrac{(x_{11}-\bar{x}_1)^2+\cdots+(x_{1N_1}-\bar{x}_1)^2}{N_1-1} \\ s_2{}^2 = \dfrac{(x_{21}-\bar{x}_2)^2+\cdots+(x_{2N_2}-\bar{x}_2)^2}{N_2-1} \end{cases}$$

例5) 有限母集団の場合

M 個の有限母集団からの非復元抽出による標本を
$\{x_1\ x_2\ \cdots\ x_N\}$ とすれば……

・母平均の不偏推定値 $= \dfrac{x_1+x_2+\cdots+x_N}{N} = \bar{x}$

・母分散の不偏推定値 $= \dfrac{M-1}{M} \cdot \dfrac{(x_1-\bar{x})^2+\cdots+(x_N-\bar{x})^2}{N-1}$

　　　　　　　　　この不偏推定値は，すぐあとの区間推定や，仮説の検定のところで利用されます．

　ところで，注意しなければならないことは，"分散"の言葉の使い方です．分散には，分散，母分散，標本分散，不偏分散などの言葉がありますが，推定・検定で用いられる分散は

$$s^2 = \dfrac{(x_1-\bar{x})^2+(x_2-\bar{x})^2+\cdots+(x_N-\bar{x})^2}{N-1}$$

です．

■ 区間推定

母集団の未知のパラメータ θ を，標本の値から適当な幅をもたせて推定しようというのが**区間推定**です．

その幅のことを**信頼区間**といいます．

区間推定の場合には，推定の妥当性を $100(1-\alpha)\%$ のようにパーセントで表します．

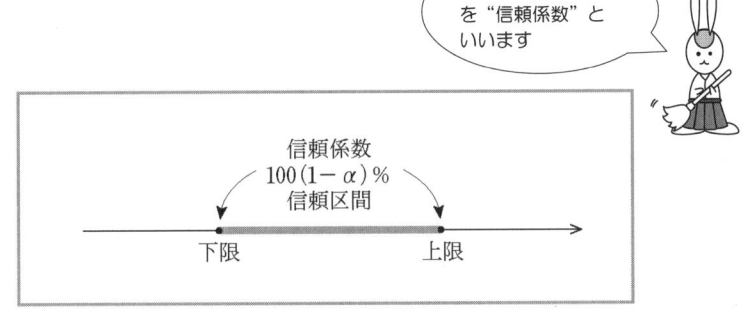

> この $100(1-\alpha)\%$ を"信頼係数"といいます

```
        信頼係数
      100(1-α)%
        信頼区間
    ●━━━━━━━━●
   下限        上限
```

図 3.2.1　信頼区間の基本形

区間推定においては，正規母集団という言葉がよく使われます．

研究対象としての母集団が正規分布とみなされるとき，その母集団を**正規母集団**といいます．

例）　身長のような分布は正規分布によく当てはまっているので，正規母集団の良い例です．

> 母集団の正規性を仮定しない区間推定法としてブートストラップ法というのが開発されているでござる

Key Word　区間推定：interval estimation　　信頼区間：confidence interval
　　　　　　正規母集団：normal population

Section 3.3
母平均の区間推定

正規母集団 $N(\mu, \sigma^2)$ の母平均 μ を区間推定しましょう．

正規母集団のパラメータは，母平均 μ と母分散 σ^2 の2つです．
母平均 μ を区間推定するとき，

　　　　　母分散 σ^2 が既知の場合　と　母分散 σ^2 が未知の場合

とでは，区間推定の公式が少し異なります．

母平均の区間推定の公式　　　　　　　　　　　　　　母分散 σ^2 が未知の場合

正規母集団から標本 $\{x_1\ x_2\ \cdots\ x_N\}$ をランダムに抽出したとき，母平均 μ の $100(1-\alpha)\%$ 信頼区間は

$$\bar{x} - t\left(N-1\,;\,\frac{\alpha}{2}\right) \cdot \sqrt{\frac{s^2}{N}} \leqq \mu \leqq \bar{x} + t\left(N-1\,;\,\frac{\alpha}{2}\right) \cdot \sqrt{\frac{s^2}{N}}$$

となる．ただし

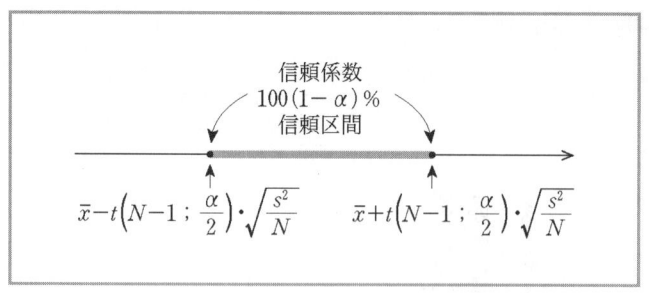

$$\begin{cases} \bar{x}\,:\,\text{標本平均},\ s^2\,:\,\text{標本分散},\ N\,:\,\text{データ数} \\ t\left(N-1\,;\,\dfrac{\alpha}{2}\right)\,:\,\text{自由度}\ N-1\ \text{の}\ t\ \text{分布の}\ 100 \cdot \dfrac{\alpha}{2}\%\ \text{点} \end{cases}$$

図 3.3.1　母平均 μ の信頼区間

この母平均 μ の $100(1-\alpha)\%$ 信頼区間は，どのようにして導かれたのでしょうか？

区間推定は，正規母集団 $N(\mu, \sigma^2)$ から N 個の標本 $\{x_1\ x_2\ \cdots\ x_N\}$ をランダムに抽出することから始まります．

次に，母平均 μ を推定するために，

$$標本平均\ \bar{x} = \frac{x_1 + x_2 + \cdots + x_N}{N}$$

を計算します．

しかし，この平均 $\bar{x}$ は標本 $\{x_1\ x_2\ \cdots\ x_N\}$ を抽出するたびに変わります．このことを**標本変動**といいます．

したがって，平均 $\bar{x}$ の動きを知るためには，確率変数 $X_1, X_2, \cdots, X_N$ の統計量 $\bar{X}$

$$統計量\ \bar{X} = \frac{X_1 + X_2 + \cdots + X_N}{N}$$

の分布を調べておく必要があります．

ここから確率分布の話に入ります．

89 ページに登場した次の定理を使います．

定理

確率変数 $X_1, X_2, \cdots, X_N$ が互いに独立に正規分布 $N(\mu, \sigma^2)$ に従うとき，統計量 $\bar{X} = \dfrac{X_1 + X_2 + \cdots + X_N}{N}$ の分布は，正規分布 $N\left(\mu, \dfrac{\sigma^2}{N}\right)$ となる．

さらにこの統計量を標準化すれば，次のようになります．

定理

確率変数 $X_1, X_2, \cdots, X_N$ が互いに独立に正規分布 $N(\mu, \sigma^2)$ に従うとき，統計量 $\dfrac{\bar{X} - \mu}{\sqrt{\dfrac{\sigma^2}{N}}}$ の分布は，標準正規分布 $N(0, 1^2)$ となる．

このとき，標準正規分布の確率 $1-\alpha$ の範囲は次の図のようになるので……

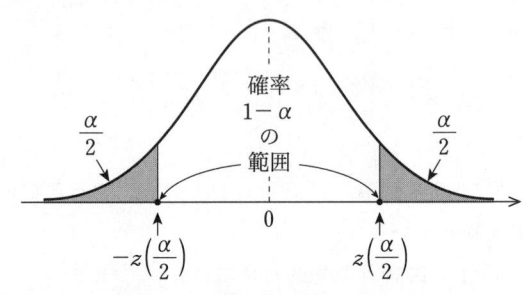

図 3.3.2　標準正規分布 $N(0,1^2)$

この統計量 $\dfrac{\bar{X}-\mu}{\sqrt{\dfrac{\sigma^2}{N}}}$ の確率 $1-\alpha$ の範囲は

$$P\left(-z\left(\frac{\alpha}{2}\right) \leqq \frac{\bar{X}-\mu}{\sqrt{\dfrac{\sigma^2}{N}}} \leqq z\left(\frac{\alpha}{2}\right)\right)=1-\alpha$$

となり，次の不等式

$$\bar{X}-z\left(\frac{\alpha}{2}\right)\sqrt{\frac{\sigma^2}{N}} \leqq \mu \leqq \bar{X}+z\left(\frac{\alpha}{2}\right)\sqrt{\frac{\sigma^2}{N}}$$

を得ます．

ところが……．母分散 σ^2 が未知の場合にはどうなるのでしょうか？

■ 母分散 σ^2 が未知の場合

このときは，

「母分散 σ^2 が使えない……」

ので，母分散 σ^2 の代わりに標本分散 s^2

$$s^2 = \frac{(x_1-\bar{x})^2+(x_2-\bar{x})^2+\cdots+(x_N-\bar{x})^2}{N-1}$$

を用いることにします．すると……

> **定理**
>
> 確率変数 $X_1, X_2, \cdots, X_N$ が互いに独立に正規分布 $N(\mu, \sigma^2)$ に従うとき，統計量 $\dfrac{\bar{X}-\mu}{\sqrt{\dfrac{s^2}{N}}}$ の分布は，自由度 $N-1$ の t 分布となる．

このとき，自由度 $N-1$ の t 分布の確率 $1-\alpha$ の範囲は次の図のようになるので……

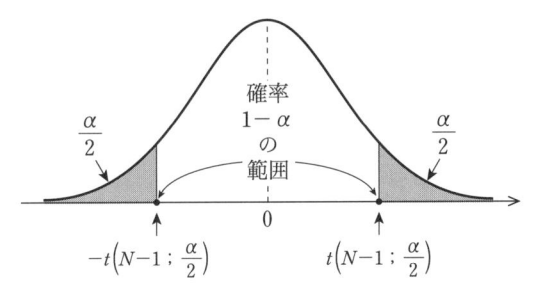

図 3.3.3　自由度 $N-1$ の t 分布

この統計量 $\dfrac{\bar{X}-\mu}{\sqrt{\dfrac{s^2}{N}}}$ の確率 $1-\alpha$ の範囲は

$$P\left(-t_{N-1}\left(\frac{\alpha}{2}\right) \leqq \frac{\bar{X}-\mu}{\sqrt{\dfrac{s^2}{N}}} \leqq t_{N-1}\left(\frac{\alpha}{2}\right)\right) = 1-\alpha$$

となり，次の不等式

$$-t_{N-1}\left(\frac{\alpha}{2}\right) \leqq \frac{\bar{X}-\mu}{\sqrt{\dfrac{s^2}{N}}} \leqq t_{N-1}\left(\frac{\alpha}{2}\right)$$

を得ます．そこで，この不等式を変形すれば
求める信頼区間の公式

$$\bar{X} - t_{N-1}\left(\frac{\alpha}{2}\right)\sqrt{\frac{s^2}{N}} \leqq \mu \leqq \bar{X} + t_{N-1}\left(\frac{\alpha}{2}\right)\sqrt{\frac{s^2}{N}}$$

が導かれます．

> **例** 母平均の区間推定1
>
> T大学のI先生は，化学実験に必要なある溶液のpHの値を知りたいと思いました．そこで，その溶液のpHを5回測定したところ，測定値は
>
> {7.86 7.89 7.84 7.90 7.82}
>
> となりました．この溶液の真のpHを知るには……

母平均 μ の99%信頼区間を求めましょう．

母分散は未知なので，自由度 $5-1=4$ の t 分布を利用します．

$$100(1-\alpha) = 99, \quad \frac{\alpha}{2} = 0.005$$

より，t 分布の数表を用いて

$$t(4; 0.005) = 4.604$$

となります．

次に，標本平均 $\bar{x}$，標本分散 s^2 を計算します．

表 3.3.1 溶液のpH測定値

No.	x	x^2
1	7.86	61.7796
2	7.89	62.2521
3	7.84	61.4656
4	7.90	62.4100
5	7.82	61.1524
合計	39.31	309.0597

標本平均 $\bar{x} = \dfrac{39.31}{5}$

$= 7.862$

標本分散 $s^2 = \dfrac{5 \times 309.0597 - (39.31)^2}{5 \times (5-1)}$

$= 0.00112$

> この母集団は何でしょう？

最後に，112ページの母平均の区間推定の公式に代入すると

$$7.862 - 4.604 \times \sqrt{\frac{0.00112}{5}} \leq \mu \leq 7.862 + 4.604 \times \sqrt{\frac{0.00112}{5}}$$

$$7.793 \leq \mu \leq 7.931$$

が，溶液のpHの99%信頼区間です．

例 母平均の区間推定 2

T 大学の女子学生 60 人の身長を測定したところ

$$\text{標本平均} = 157.77, \quad \text{標本分散} = 26.419$$

となりました。女子大生の平均身長は？

この女子大生の平均身長を信頼係数 95% で区間推定しましょう。

ところで，データ数が多いときには，t 分布は標準正規分布で近似されます。そこで

$$t(N-1\,;\,0.025) \fallingdotseq z(0.025) = 1.96$$

とします。

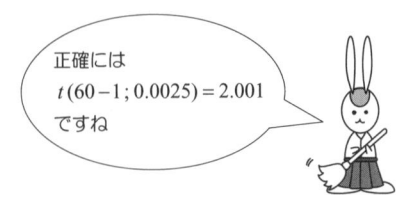

> 正確には
> $t(60-1\,;\,0.0025) = 2.001$
> ですね

次に

$$\begin{cases} \text{標本平均 } \bar{x} = 157.77 \\ \text{標本分散 } s^2 = 26.419 \\ \text{データ数 } N = 60 \end{cases}$$

を，母平均の区間推定の公式に代入すると

$$157.77 - 1.96 \times \sqrt{\frac{26.419}{60}} \leq \mu \leq 157.77 + 1.96 \times \sqrt{\frac{26.419}{60}}$$

となります。したがって

$$156.47 \leq \mu \leq 159.06$$

が求める女子大生の平均身長の 95% 信頼区間です。

でも，ちょっとマッテ!!
(1) この母集団は正規母集団ですか？
(2) ランダムに抽出しましたか？

正規母集団以外でも，次のような公式があります．

指数分布の母平均の区間推定の公式

母集団が指数分布に従っているとする．
このとき，この母集団からの N 個の標本を
$$\{x_1 \ x_2 \ \cdots \ x_N\}$$
とすると，母平均 μ の $100(1-\alpha)\%$ 信頼区間は
$$\frac{2N \cdot \bar{x}}{\chi^2\left(2N\,;\,\frac{\alpha}{2}\right)} \leq \mu \leq \frac{2N \cdot \bar{x}}{\chi^2\left(2N\,;\,\left(1-\frac{\alpha}{2}\right)\right)}$$
となる．

ポアソン分布の母平均 λ の区間推定の公式

母集団がポアソン分布に従っているとする．
このとき，この母集団からの N 個の標本を
$$\{x_1 \ x_2 \ \cdots \ x_N\}$$
とすれば，母平均 λ の $100(1-\alpha)\%$ の信頼区間は
$$\frac{\chi^2\left(d-2\,;\,1-\frac{\alpha}{2}\right)}{2N} \leq \lambda \leq \frac{\chi^2\left(d\,;\,\frac{\alpha}{2}\right)}{2N}$$
となる．
$$\text{ただし，} d = 2(x_1 + x_2 + \cdots + x_N + 1)$$

理解度チェック　母平均の区間推定

【問題】 N社のサラダ油800g入りのボトル9本を選んで，内容量を測定したところ，その値は

{807g　811g　801g　798g　798g　795g　803g　805g　804g}

でした．このボトルの内容量の平均は何gでしょうか．

次の空欄を埋めて，母平均μの99%信頼区間を求めてください．

t分布の$100(1-\alpha)$%点を求めます．

$$100(1-\alpha)=99, \quad \frac{\alpha}{2}=\boxed{}$$

$$t(\boxed{}-1\,;\,\boxed{})=\boxed{}$$

この母集団は？

標本平均$\bar{x}$と標本分散s^2を計算します．

表 3.3.2　サラダ油の内容量

No.	x	x^2
1	807	
2	811	
3	801	
4	798	
5	798	
6	795	
7	803	
8	805	
9	804	
合計		

標本平均 $\bar{x} = \dfrac{\boxed{}}{\boxed{}}$

$= \boxed{}$

標本分散 $s^2 = \dfrac{\boxed{} \times \boxed{} - \boxed{}^2}{\boxed{} \times (\boxed{}-1)}$

$= \boxed{}$

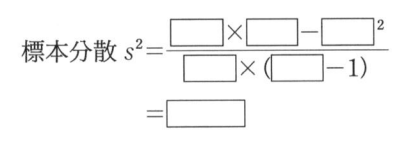

最後に，信頼係数99%の信頼区間を求めます．

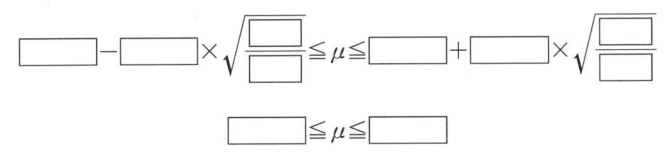

$$\boxed{} - \boxed{} \times \sqrt{\dfrac{\boxed{}}{\boxed{}}} \leq \mu \leq \boxed{} + \boxed{} \times \sqrt{\dfrac{\boxed{}}{\boxed{}}}$$

$$\boxed{} \leq \mu \leq \boxed{}$$

Section 3.4
母分散の区間推定

正規母集団 $N(\mu, \sigma^2)$ の母分散 σ^2 を区間推定しましょう．
正規母集団のパラメータは，母平均 μ と母分散 σ^2 の 2 つです．
ここでは母平均 μ が未知の場合の公式を取り上げます．

母分散の区間推定の公式 母平均 μ が未知の場合

正規母集団から標本 $\{x_1\ x_2\ \cdots\ x_N\}$ をランダムに抽出したとき，母分散 σ^2 の $100(1-\alpha)\%$ 信頼区間は

$$\frac{(N-1)s^2}{\chi^2\left(N-1\,;\,\dfrac{\alpha}{2}\right)} \leqq \sigma^2 \leqq \frac{(N-1)s^2}{\chi^2\left(N-1\,;\,1-\dfrac{\alpha}{2}\right)}$$

となる．ただし，s^2 は標本分散とする．

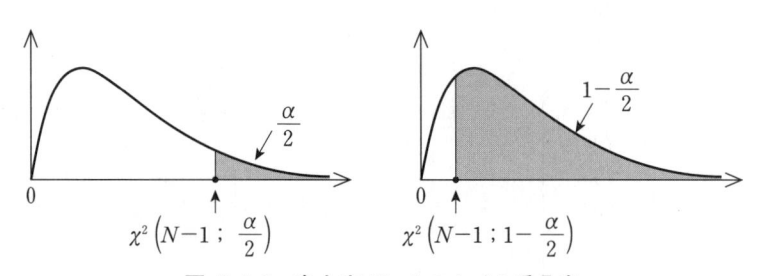

図 3.4.1 自由度 $N-1$ のカイ 2 乗分布

この母分散 σ^2 の $100(1-\alpha)\%$ 信頼区間は，どのようにして得られるのでしょうか？
母平均 μ が未知の場合について考えてみましょう．
そのためには，次のカイ 2 乗分布の定理が必要です．

> **定理**
>
> 確率変数 $X_1, X_2, \cdots, X_N$ が互いに独立に正規分布 $N(\mu, \sigma^2)$ に従うとき，
> $$s_X{}^2 = \frac{(X_1-\bar{X})^2 + (X_2-\bar{X})^2 + \cdots + (X_N-\bar{X})^2}{N-1}$$
> とおけば，
> 統計量 $\dfrac{(N-1)s_X{}^2}{\sigma^2}$ の分布は，自由度 $N-1$ のカイ2乗分布となる．

つまり，この統計量の確率 $1-\alpha$ の範囲は

$$P\left(\chi^2\left(N-1\,;\,1-\frac{\alpha}{2}\right) \leqq \frac{(N-1)s_X{}^2}{\sigma^2} \leqq \chi^2\left(N-1\,;\,\frac{\alpha}{2}\right)\right) = 1-\alpha$$

となり，次の不等式

$$\chi^2\left(N-1\,;\,1-\frac{\alpha}{2}\right) \leqq \frac{(N-1)s_X{}^2}{\sigma^2} \leqq \chi^2\left(N-1\,;\,\frac{\alpha}{2}\right)$$

を得ます．この不等式を変形すると

$$\frac{(N-1)s_X{}^2}{\chi^2\left(N-1\,;\,\frac{\alpha}{2}\right)} \leqq \sigma^2 \leqq \frac{(N-1)s_X{}^2}{\chi^2\left(N-1\,;\,1-\frac{\alpha}{2}\right)}$$

となります．したがって，母分散 σ^2 の $100(1-\alpha)\%$ 信頼区間

$$\frac{(N-1)s^2}{\chi^2\left(N-1\,;\,\frac{\alpha}{2}\right)} \leqq \sigma^2 \leqq \frac{(N-1)s^2}{\chi^2\left(N-1\,;\,1-\frac{\alpha}{2}\right)}$$

を導くことができます．

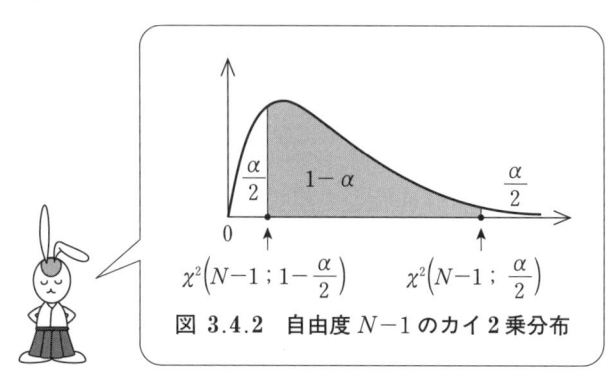

図 3.4.2 自由度 $N-1$ のカイ2乗分布

> **例** 母分散の区間推定
>
> 次のデータは，証券 A の 6 週間の投資収益率です．
> $$\{4.9\%\quad -2.6\%\quad 3.1\%\quad -1.2\%\quad 6.4\%\quad -3.5\%\}$$
> 信頼係数 95% で母分散 σ^2 の信頼区間を求めましょう．

カイ 2 乗分布の $100 \cdot \dfrac{\alpha}{2}\%$ 点と $100\left(1-\dfrac{\alpha}{2}\right)\%$ 点を求めます．

$$100(1-\alpha)=95, \quad \frac{\alpha}{2}=0.025$$

より

$$\chi^2(5\,;\,0.025)=12.8325, \quad \chi^2(5\,;\,0.975)=0.831212$$

となります．

次に，標本分散 s^2 を求めます．

表 3.4.1 投資収益率

No.	x	x^2
1	4.9	24.01
2	-2.6	6.76
3	3.1	9.61
4	-1.2	1.44
5	6.4	40.96
6	-3.5	12.25
合計	7.1	95.03

標本分散 $s^2 = \dfrac{6 \times 95.03 - (7.1)^2}{6 \times (6-1)}$
$ = 17.3257$

（母集団は何？）

最後に，母分散の区間推定の公式に代入すると

$$\frac{(6-1) \times 17.3257}{12.8325} \leqq \sigma^2 \leqq \frac{(6-1) \times 17.3257}{0.831212}$$

$$6.751 \leqq \sigma^2 \leqq 104.22$$

となります．

理解度チェック ▶▶ 母分散の区間推定

【問題】 N自動車会社から発表された乗用車Cのガソリン1l当たりの走行距離を測定したところ，次のようなデータを得ました．

{15.4 km　16.1 km　15.7 km　16.6 km　14.9 km　15.5 km　16.2 km}

この乗用車Cのガソリン1l当たりの走行距離の分散は？

次の空欄を埋め，信頼係数95%で母分散 σ^2 の区間推定をしてください．

カイ2乗分布の $100 \cdot \dfrac{\alpha}{2}\%$ 点と $100\left(1-\dfrac{\alpha}{2}\right)\%$ 点を求めます．

$$100(1-\alpha)=95, \quad \dfrac{\alpha}{2}=\boxed{}$$

$$\chi^2(\boxed{}-1\,;\,\boxed{})=\boxed{}, \quad \chi^2(\boxed{}-1\,;\,\boxed{})=\boxed{}$$

次に，標本分散 s^2 を計算します．

表 3.4.2　走行距離

No.	x	x^2
1	15.4	
2	16.1	
3	15.7	
4	16.6	
5	14.9	
6	15.5	
7	16.2	
合計		

標本分散 s^2

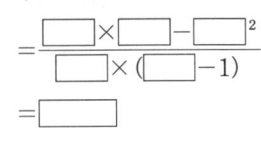

$$= \dfrac{\boxed{}\times\boxed{}-\boxed{}^2}{\boxed{}\times(\boxed{}-1)}$$

$$= \boxed{}$$

最後に，母分散 σ^2 の信頼係数95%信頼区間を求めます．

$$\dfrac{(\boxed{}-1)\times\boxed{}}{\boxed{}} \leq \sigma^2 \leq \dfrac{(\boxed{}-1)\times\boxed{}}{\boxed{}}$$

$$\boxed{} \leq \sigma^2 \leq \boxed{}$$

Section 3.5
母比率の区間推定

2項母集団 $B(1, p)$ の母比率 p を区間推定しましょう．

2項母集団が A と $\overline{A}$ の2つのカテゴリに分かれているとき，この母集団を特徴づけるパラメータは，比率 p となります．

2項母集団 $B(1, p)$

カテゴリ $\overline{A}$
$1-p$

カテゴリ A
比率 p

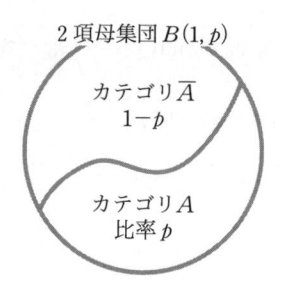

$\overline{A}$ は "Aではない" ということ！

図 3.5.1　2項母集団 $B(1, p)$

母比率の区間推定の公式　　　　　　$N \geqq 30$ または $m \geqq 5$ の場合

2項母集団からの標本 $\{x_1\ x_2\ \cdots\ x_N\}$ をランダムに抽出したとき，カテゴリ A に属するデータの個数が m であれば，母比率 p の $100(1-\alpha)\%$ 信頼区間は，次のようになる．

$$\frac{m}{N} - z\left(\frac{\alpha}{2}\right) \cdot \sqrt{\frac{\frac{m}{N}\left(1-\frac{m}{N}\right)}{N}} \leqq p \leqq \frac{m}{N} + z\left(\frac{\alpha}{2}\right) \cdot \sqrt{\frac{\frac{m}{N}\left(1-\frac{m}{N}\right)}{N}}$$

この母比率 p の $100(1-\alpha)\%$ 信頼区間は，どのようにして導かれたのでしょうか？

2項母集団 $B(1, p)$ から N 個抽出すると，その分布が2項分布 $B(N, p)$ となります．

それには，次の 2 項分布の正規分布による近似が必要です．

データ数 N が大きい場合 　　　　　　　　　　　　　　　　　　　　　　**定理**

2 項分布 $B(N, p)$ は，正規分布 $N(Np, Np(1-p))$ で近似される．

つまり，標本比率 $\dfrac{m}{N}$ は，正規分布 $N\left(p, \dfrac{p(1-p)}{N}\right)$ で近似されます．
さらに標準化をすれば，確率 $1-\alpha$ の範囲は

$$P\left(-z\left(\frac{\alpha}{2}\right) \leq \frac{\frac{m}{N}-p}{\sqrt{\frac{p(1-p)}{N}}} \leq z\left(\frac{\alpha}{2}\right)\right) = 1-\alpha$$

となります．この不等式を変形すれば

$$\frac{m}{N} - z\left(\frac{\alpha}{2}\right)\sqrt{\frac{p(1-p)}{N}} \leq p \leq \frac{m}{N} + z\left(\frac{\alpha}{2}\right)\sqrt{\frac{p(1-p)}{N}}$$

を得るので，平方根の中の p を $\dfrac{m}{N}$ で置き換えれば

$$\frac{m}{N} - z\left(\frac{\alpha}{2}\right)\sqrt{\frac{\frac{m}{N}\left(1-\frac{m}{N}\right)}{N}} \leq p \leq \frac{m}{N} + z\left(\frac{\alpha}{2}\right)\sqrt{\frac{\frac{m}{N}\left(1-\frac{m}{N}\right)}{N}}$$

が，母比率 p の $100(1-\alpha)$ ％信頼区間となります．

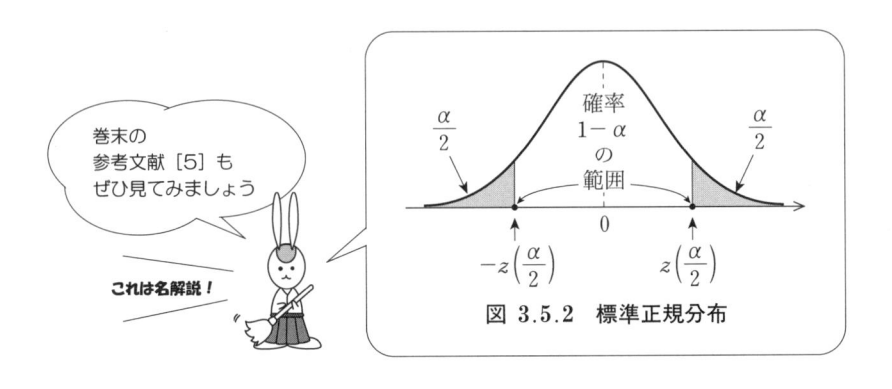

巻末の参考文献 [5] もぜひ見てみましょう

これは名解説！

図 3.5.2　標準正規分布

Section 3.5　母比率の区間推定

> **例** 母比率の区間推定
>
> O池におけるブラックバスの生息比率を調査するため，ランダムに場所を決めて何回か投網をうったところ，魚類を178匹捕獲しました．この中には，42匹のブラックバスが含まれていました．
> そこで，このO池全体のブラックバス生息比率の95%信頼区間を求めてみましょう．

はじめに，標準正規分布の$100 \cdot \frac{\alpha}{2}$%点を求めます．

$$100(1-\alpha)=95, \quad \frac{\alpha}{2}=0.025$$

$$z\left(\frac{\alpha}{2}\right)=z(0.025)=1.96$$

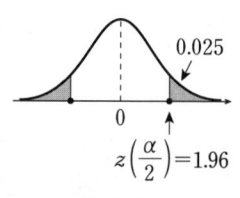

図 3.5.3

次に，標本比率 $\frac{m}{N}$ を計算します．

$$標本比率 \frac{m}{N}=\frac{42}{178}=0.2360$$

最後に，母比率の区間推定の公式

$$\frac{m}{N}-z\left(\frac{\alpha}{2}\right)\cdot\sqrt{\frac{\frac{m}{N}\left(1-\frac{m}{N}\right)}{N}} \leq p \leq \frac{m}{N}+z\left(\frac{\alpha}{2}\right)\cdot\sqrt{\frac{\frac{m}{N}\left(1-\frac{m}{N}\right)}{N}}$$

に代入すると

$$0.2360-1.96\sqrt{\frac{0.2360\times(1-0.2360)}{178}} \leq p \leq 0.2360+1.96\sqrt{\frac{0.2360\times(1-0.2360)}{178}}$$

$$0.1736 \leq p \leq 0.2983$$

$$17.36\% \leq p \leq 29.83\%$$

が求める生息比率の95%信頼区間です．

> ところでこの母集団は何でしょう？

理解度チェック　▶▶　母比率の区間推定

【問題】　人工降雨の実験をしたところ，54回のうち37回成功しました．次の空欄を埋めて，この実験の成功率の区間推定をしてください．ただし，信頼係数は90%とします．

はじめに，標準正規分布の $100 \cdot \dfrac{\alpha}{2}\%$ 点を求めます．

$$100(1-\alpha)=90, \quad \dfrac{\alpha}{2}=\boxed{0.05}$$

$$z(\boxed{0.05})=\boxed{1.64}$$

図 3.5.4： $z(0.05)=1.64$，右裾の面積 0.05

次に，標本比率 $\dfrac{m}{N}$ を計算します．

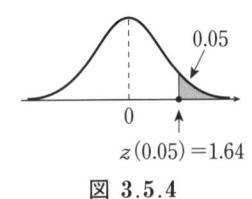

$$\text{標本比率}\ \dfrac{m}{N}=\dfrac{\boxed{37}}{\boxed{54}}=\boxed{0.685}$$

最後に，母比率の区間推定の公式に代入します．

$$\boxed{0.685}-\boxed{1.64}\times\sqrt{\dfrac{\boxed{0.685}\times(1-\boxed{0.685})}{\boxed{54}}}\leq p \leq \boxed{0.685}+\boxed{1.64}\times\sqrt{\dfrac{\boxed{0.685}\times(1-\boxed{0.685})}{\boxed{54}}}$$

$$\boxed{0.582}\leq p \leq \boxed{0.789}$$

アイヤ　しばらく！

データ数 N が少ないときは……

$$\dfrac{d_2}{d_1 F\!\left(d_1,d_2:\dfrac{\alpha}{2}\right)+d_2}\leq p \leq \dfrac{e_1 F\!\left(e_1,e_2:\dfrac{\alpha}{2}\right)}{e_1 F\!\left(e_1,e_2:\dfrac{\alpha}{2}\right)+e_2}$$

ただし，$d_1=2(N-m+1),\ d_2=2m$
$e_1=2(m+1),\ e_2=2(N-m)$

Section 3.6
サンプルサイズを決める?!

> データの数?
> それが問題じゃ!

区間推定は母集団からのデータの抽出により始まりますが,このとき問題になるのが

"サンプルサイズを,どの程度にすればよいか？"

ということです.

サンプルサイズは,多ければ多いほどよいのではないかと思いたくなりますが,実際に調査をしようとするときには,経費などの点からデータ数は制限されてしまいます.

もちろん,少な過ぎても,正確さに欠けた結果になりそうです.

ここでは信頼区間の誤差に注目して,サンプルサイズを決定しましょう.

■ サンプルサイズ N を決める —— 母比率の区間推定の場合

母比率の区間推定におけるサンプルサイズを決定します.

サンプルサイズ N の公式　　　　　　　母比率の区間推定の場合

母比率の $100(1-\alpha)\%$ 信頼区間の誤差を E 以内でおさえたいとき,サンプルサイズ N は

$$N = \frac{1}{4}\left(\frac{z\left(\frac{\alpha}{2}\right)}{E}\right)^2$$

で与えられる.

この公式は,どのようにして導かれたのでしょうか？
2項分布は正規分布で近似されることを思い出しましょう.

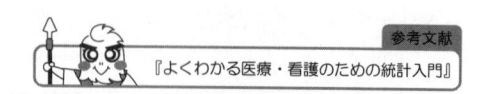

参考文献
『よくわかる医療・看護のための統計入門』

> **定理**
>
> データ数 N の標本比率 $\dfrac{m}{N}$ は正規分布 $N\left(p, \dfrac{p(1-p)}{N}\right)$ で近似される。

そこで，$100(1-\alpha)\%$ 信頼区間に標本比率 $\dfrac{m}{N}$ が含まれるのであれば

$$p - z\left(\dfrac{\alpha}{2}\right)\sqrt{\dfrac{p(1-p)}{N}} \leq \dfrac{m}{N} \leq p + z\left(\dfrac{\alpha}{2}\right)\sqrt{\dfrac{p(1-p)}{N}}$$

$$-z\left(\dfrac{\alpha}{2}\right)\sqrt{\dfrac{p(1-p)}{N}} \leq \dfrac{m}{N} - p \leq z\left(\dfrac{\alpha}{2}\right)\sqrt{\dfrac{p(1-p)}{N}}$$

となります．この式を変形すれば

$$\left|\dfrac{m}{N} - p\right| \leq z\left(\dfrac{\alpha}{2}\right)\sqrt{\dfrac{p(1-p)}{N}}$$

が成り立ちます．このとき，区間推定の誤差は

$$誤差 = 標本比率 - 母比率 = \dfrac{m}{N} - p$$

なので，誤差の最大値を E とおけば

$$E = z\left(\dfrac{\alpha}{2}\right)\sqrt{\dfrac{p(1-p)}{N}}$$

となります．この両辺を 2 乗して変形すると

$$N = \left(\dfrac{z\left(\dfrac{\alpha}{2}\right)}{E}\right)^2 p(1-p)$$

を得ます．これが母比率 p が予測できるときの公式です．

母比率 p が予測できないときは，

$$N = \dfrac{1}{4}\left(\dfrac{z\left(\dfrac{\alpha}{2}\right)}{E}\right)^2$$

を用いればよさそうですね！

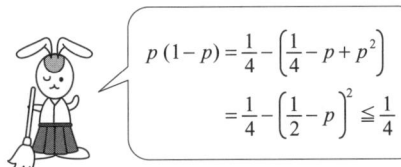

> $-2 \leq x \leq 2$
> $\Downarrow$
> $|x| \leq 2$

> $p(1-p) = \dfrac{1}{4} - \left(\dfrac{1}{4} - p + p^2\right)$
> $\qquad = \dfrac{1}{4} - \left(\dfrac{1}{2} - p\right)^2 \leq \dfrac{1}{4}$

Section 3.6 サンプルサイズを決める?!

> **例** サンプルサイズを決める
>
> 内閣支持率が 0.34 と予測されています．この支持率を 95% 信頼区間で推定したいと考えています．
> このとき，誤差を 0.02 以内におさえるためには，サンプルサイズ N をどの程度にすればよいのでしょうか？

わかっていることは，予想母比率 $p=0.34$，誤差 $E=0.02$ です．
信頼係数が 95% なので，標準正規分布の 95% 点は……

$$z\left(\frac{\alpha}{2}\right)=z(0.025)=1.96$$

これらの値を，サンプルサイズ N を決定する公式に代入すると……

$$N=\left(\frac{z\left(\frac{\alpha}{2}\right)}{E}\right)^2 p(1-p)$$

$$=\left(\frac{1.96}{0.02}\right)^2 \times 0.34 \times (1-0.34) = 2155$$

> 母比率 p が予測されているぞ！

したがって，約 2160 人の標本を無作為抽出すればよいことがわかりました．

■ サンプルサイズ N ──母平均の区間推定の場合

母平均の区間推定におけるサンプルサイズ N を決定しましょう．

> **サンプルサイズ N の公式**　　　　　　　母平均の区間推定の場合
>
> 母平均の $100(1-\alpha)$% 信頼区間の誤差を E 以内でおさえたいとき，サンプルサイズ N は
>
> $$N=\left(\frac{z\left(\frac{\alpha}{2}\right)}{E}\cdot\sigma\right)^2$$
>
> で与えられる．ただし，σ^2 は母分散とする．

> この公式で N を求めるには母分散かその近似値がわかっていなければなりません

この公式は，次の定理から導びかれます．

> **定理**
>
> データ数 N の標本平均 $\bar{x}$ は，正規分布 $N\left(\mu, \dfrac{\sigma^2}{N}\right)$ で近似される．

したがって，$100(1-\alpha)\%$ の信頼区間に標本平均 $\bar{x}$ が含まれるならば

$$\mu - z\left(\frac{\alpha}{2}\right)\sqrt{\frac{\sigma^2}{N}} \leqq \bar{x} \leqq \mu + z\left(\frac{\alpha}{2}\right)\sqrt{\frac{\sigma^2}{N}}$$

$$-z\left(\frac{\alpha}{2}\right)\sqrt{\frac{\sigma^2}{N}} \leqq \bar{x} - \mu \leqq z\left(\frac{\alpha}{2}\right)\sqrt{\frac{\sigma^2}{N}}$$

となります．この式を変形すれば

$$|\bar{x} - \mu| \leqq z\left(\frac{\alpha}{2}\right)\sqrt{\frac{\sigma^2}{N}}$$

を得ます．区間推定の誤差は

$$誤差 = 標本平均 - 母平均 = \bar{x} - \mu$$

と考えられますから，誤差の最大値を E とおけば

$$E = z\left(\frac{\alpha}{2}\right)\sqrt{\frac{\sigma^2}{N}}$$

とすればよさそうですね！

ここで，両辺を2乗して変形すると

$$N = \left(\frac{z\left(\dfrac{\alpha}{2}\right)}{E}\sigma\right)^2$$

となります．

> $-2 \leqq x \leqq 2$
> $\Downarrow$
> $|x| \leqq 2$

2つの母平均の差の検定，2つの母比率の差の検定におけるサンプルサイズの決め方は，『よくわかる医療・看護のための統計入門』に詳しい公式があります．

Section 3.7
最尤法とは？

　母集団の未知のパラメータ θ を推定する方法には区間推定以外に

$$\begin{cases} 最小2乗法 \\ 最尤法（さいゆうほう） \\ モーメント法 \\ 最小カイ2乗法 \\ \vdots \end{cases}$$

などがあります．
　この中で，最尤法は論文などでも最近よく使われている重要な統計的推定の1つです．

　最尤法とは，母集団からランダムに抽出された N 個の標本を

$$\{x_1 \ x_2 \ \cdots \ x_N\}$$

としたとき

この標本に対する**尤度関数**（ゆうど）

を最大にするパラメータ θ を求める方法です．

尤度関数とは何でござるか？

　最小2乗法は，観測誤差を含んだ N 個の観測値から p 個の未知のパラメータを推定する方法です．
　モーメント法は，原点のまわりの1次から r 次の母集団モーメントの解として，未知のパラメータを推定する方法です．

Key Word　最尤法：maximum-likelihood method
　　　　　　尤度関数：likelihood function

■ 連続型確率分布の尤度関数

連続型確率分布の定義は，次のようになります．

> **尤度関数の定義** 　　　　　　　　　　　　　　連続型確率分布の場合
>
> パラメータが θ のとき，確率変数 $X=x$ となる確率密度を
> $$f(x\,;\,\theta)$$
> と表すことにする．このとき，母集団からランダムに抽出した標本
> $$\{x_1\ x_2\ \cdots\ x_N\}$$
> に対し
> $$L(\theta\,;\,x_1,x_2,\cdots,x_N)$$
> $$=f(x_1\,;\,\theta)\cdot f(x_2\,;\,\theta)\cdot\cdots\cdot f(x_N\,;\,\theta)$$
> を，パラメータ θ の**尤度関数**という．

■ 母集団の分布のタイプが正規分布であるとわかっている場合

平均が θ，分散が 3^2 の正規分布において，確率変数 X が x という値をとる確率密度は

$$f(x\,;\,\theta)=\frac{1}{3\sqrt{2\pi}}e^{-\frac{1}{2}\left(\frac{x-\theta}{3}\right)^2}$$

で表されます．

したがって，標本 $\{x_1\ x_2\ \cdots\ x_N\}$ に対して
パラメータ θ の尤度関数 $L(\theta\,;\,x_1,x_2,\cdots,x_N)$ は

$$L(\theta\,;\,x_1,x_2,\cdots,x_N\}$$
$$=f(x_1\,;\,\theta)\cdot f(x_2\,;\,\theta)\cdot\cdots\cdot f(x_N\,;\,\theta)$$
$$=\frac{1}{3\sqrt{2\pi}}e^{-\frac{1}{2}\left(\frac{x_1-\theta}{3}\right)^2}\cdot\frac{1}{3\sqrt{2\pi}}e^{-\frac{1}{2}\left(\frac{x_2-\theta}{3}\right)^2}\cdot\cdots\cdot\frac{1}{3\sqrt{2\pi}}e^{-\frac{1}{2}\left(\frac{x_N-\theta}{3}\right)^2}$$

となります．

やっぱり！

尤度関数とは確率のかけ算なり

例) 母集団の分布のタイプが

$$\text{正規分布 } N(\mu, 3^2)$$

とわかっているとします。未知のパラメータ θ は母平均 μ です。

このとき，標本

$$\{x_1 \ x_2 \ x_3\} = \{5 \ 3 \ 4\}$$

に対するパラメータ μ の尤度関数 $L(\theta; x_1, x_2, x_3)$ は

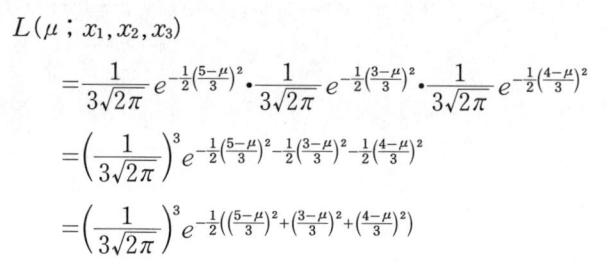

$$\begin{aligned} L(\mu\,&;x_1,x_2,x_3) \\ &= \frac{1}{3\sqrt{2\pi}} e^{-\frac{1}{2}\left(\frac{5-\mu}{3}\right)^2} \cdot \frac{1}{3\sqrt{2\pi}} e^{-\frac{1}{2}\left(\frac{3-\mu}{3}\right)^2} \cdot \frac{1}{3\sqrt{2\pi}} e^{-\frac{1}{2}\left(\frac{4-\mu}{3}\right)^2} \\ &= \left(\frac{1}{3\sqrt{2\pi}}\right)^3 e^{-\frac{1}{2}\left(\frac{5-\mu}{3}\right)^2 - \frac{1}{2}\left(\frac{3-\mu}{3}\right)^2 - \frac{1}{2}\left(\frac{4-\mu}{3}\right)^2} \\ &= \left(\frac{1}{3\sqrt{2\pi}}\right)^3 e^{-\frac{1}{2}\left(\left(\frac{5-\mu}{3}\right)^2 + \left(\frac{3-\mu}{3}\right)^2 + \left(\frac{4-\mu}{3}\right)^2\right)} \end{aligned}$$

となります．

Excel などを利用すると，次のように尤度関数が最大となる μ を探すことができます．

	A	B
1	パラメータ μ	尤度関数 L
2	3.40	0.00198177
3	3.60	0.00204895
4	3.80	0.00209034
5	4.00	0.00210432
6	4.20	0.00209034
7	4.40	0.00204895
8	4.60	0.00198177
9		

■ **これが最尤法です！**

尤度関数は

"母集団の分布のタイプがわかっている"

ときに定義することができました．

したがって，最尤法は次のように定義することができます．

> **最尤法の定義**
>
> 母集団の分布のタイプがわかっているという条件のもとで，
> この母集団からランダムに抽出された標本を
>
> $$\{x_1 \ x_2 \ \cdots \ x_N\}$$
>
> としたとき，尤度関数
>
> $$L(\theta \ ; \ x_1, x_2, \cdots, x_N)$$
>
> を最大にするパラメータ θ を推定する方法を**最尤法**という．

尤度関数は要するに確率のかけ算なんだから……

確率がうまく表現できれば最尤法を利用できます

4章
はじめての**統計的検定**

- Section 4.1　統計的検定とは？──検定のための3つの手順
- Section 4.2　母平均の検定
- Section 4.3　母分散の検定
- Section 4.4　母比率の検定
- Section 4.5　2つの母平均の差の検定
- Section 4.6　対応のある2つの母平均の差の検定
- Section 4.7　2つの母分散の差の検定──等分散性
- Section 4.8　2つの母比率の差の検定
- Section 4.9　相関係数の検定
- Section 4.10　適合度検定
- Section 4.11　独立性の検定
- Section 4.12　外れ値の検定
- Section 4.13　正規性の検定
- Section 4.14　歪度と尖度の検定

Section 4.1
統計的検定とは？──検定のための3つの手順

統計的検定とは，次の3つの手順のことです．

検定の手順1 研究対象としての母集団に対して，仮説 H_0 をたてます．

図 4.1.1 仮説をたてる

検定の手順2 この母集団から標本 $\{x_1\ x_2\ \cdots\ x_N\}$ をランダムに抽出し，これらの値から検定統計量 $T(x_1, x_2, \cdots, x_N)$ を計算します．

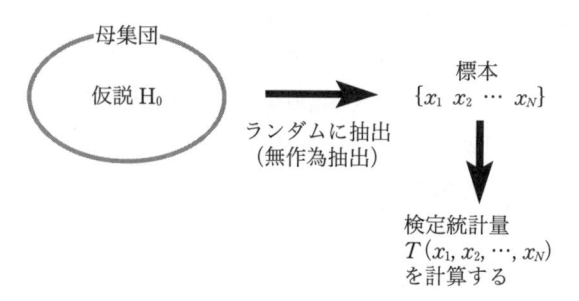

図 4.1.2 標本を抽出して検定統計量を計算する

標本の抽出には"無作為抽出"と"無作為配分"があります

Key Word　統計的検定：statistical test

検定の手順3 検定統計量 $T(x_1, x_2, \cdots, x_N)$ が棄却域に入るとき，仮説 H_0 を棄てます．

ところで，この棄却域は，検定統計量の分布と有意水準によって決まります．

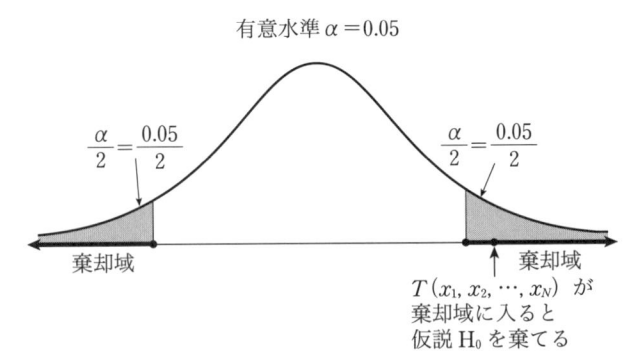

有意水準 $\alpha = 0.05$

$\dfrac{\alpha}{2} = \dfrac{0.05}{2}$

$\dfrac{\alpha}{2} = \dfrac{0.05}{2}$

棄却域

棄却域

$T(x_1, x_2, \cdots, x_N)$ が棄却域に入ると仮説 H_0 を棄てる

図 4.1.3 棄却域と有意水準 α

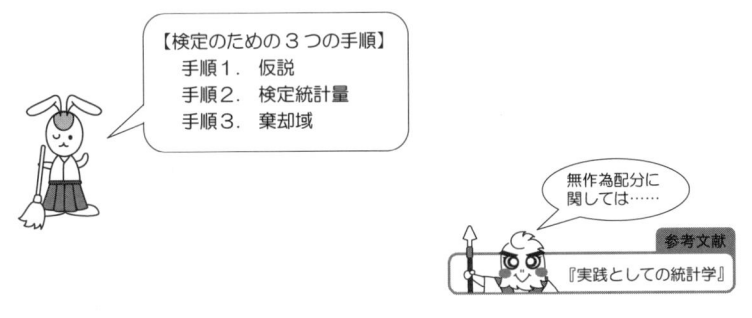

【検定のための３つの手順】
手順１．仮説
手順２．検定統計量
手順３．棄却域

無作為配分に関しては……

参考文献
『実践としての統計学』

有意水準は $\alpha = 0.05$ とするのが一般的です．0.05 のように確率が小さいとは，"めったにないこと"を意味します．したがって，検定統計量 T が棄却域に入るということは

"めったにないことが起きた"

というわけです．

そこで，その原因は最初にたてた仮説 H_0 が間違っていたのでは？と考えるわけですね．

■ 仮説と対立仮説

母集団についての仮定を**仮説** H_0 といい，この仮定と異なる仮説を**対立仮説** H_1 といいます．

たとえば，母集団の母平均 μ が μ_0 であると仮定した場合，仮説は

$$\text{仮説 } H_0 : \text{母平均 } \mu \text{ は } \mu_0 \text{ である} \cdots\cdots \mu = \mu_0$$

となります．この仮説に対して

$$\text{対立仮説は，母平均 } \mu \text{ が } \mu_0 \text{ と異なる}$$

となりますから，次の3通りが考えられます．

その1　対立仮説 H_1：母平均 μ は μ_0 でない　　$\cdots\cdots \mu \neq \mu_0$
その2　対立仮説 H_1：母平均 μ は μ_0 より小さい　$\cdots\cdots \mu < \mu_0$
その3　対立仮説 H_1：母平均 μ は μ_0 より大きい　$\cdots\cdots \mu > \mu_0$

■ 両側検定と片側検定

対立仮説のとり方によって，統計的検定は

両側検定　か　片側検定

の2通りに分かれます．

対立仮説 $H_1 : \mu \neq \mu_0$　$\Longrightarrow$　両側検定
対立仮説 $H_1 : \mu < \mu_0$
対立仮説 $H_1 : \mu > \mu_0$ $\Big\}$　$\Longrightarrow$　片側検定

対立仮説 H_1 をどれにするかは研究内容によって決まります

....

仮説 H_0 が棄てられると対立仮説 H_1 を採択しますが，仮説 H_0 が棄てられないときには仮説 H_0 を積極的に採択するわけではありません．

つまり，仮説 H_0 が棄てられないからといって，仮説 H_0 が正しいと証明されたわけではありません！！

■ **有意水準と棄却域**

検定をおこなうとき，はじめに定めておく確率 α のことを**有意水準**といい，一般には $\alpha=0.05$ とします．

この有意水準 α を与える領域のことを**棄却域**といいます．

棄却域については，次の図を見た方がわかりやすいでしょう．

● 両側検定の場合

$$\begin{cases} \text{仮説 } H_0 & : \mu = \mu_0 \\ \text{対立仮説 } H_1 & : \mu \neq \mu_0 \end{cases} \Rightarrow$$

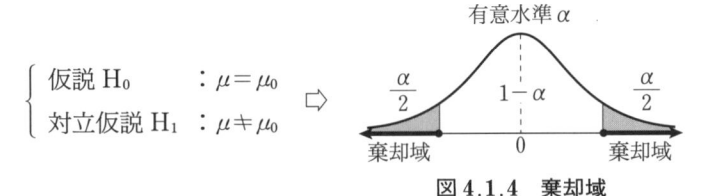

図 4.1.4　棄却域

● 片側検定の場合

$$\begin{cases} \text{仮説 } H_0 & : \mu = \mu_0 \\ \text{対立仮説 } H_1 & : \mu < \mu_0 \end{cases} \Rightarrow$$

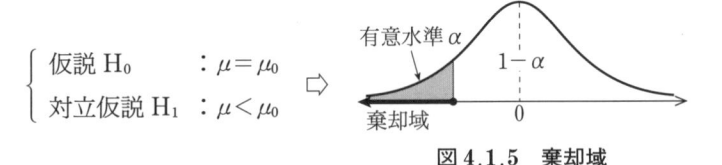

図 4.1.5　棄却域

● 片側検定の場合

$$\begin{cases} \text{仮説 } H_0 & : \mu = \mu_0 \\ \text{対立仮説 } H_1 & : \mu > \mu_0 \end{cases} \Rightarrow$$

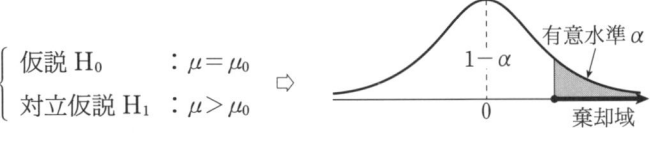

図 4.1.6　棄却域

Key Word　仮説：statistical hypothesis
対立仮説：alternative hypothesis
有意水準：level of significance, significance level
棄却域：critical region

■ 検定統計量と有意確率

検定統計量の外側の確率を，その検定統計量の

有意確率

といいます．

確率とはつまり面積じゃな

● 両側検定の場合

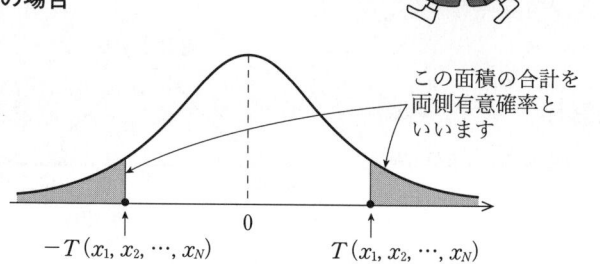

この面積の合計を両側有意確率といいます

$-T(x_1, x_2, \cdots, x_N)$　　$T(x_1, x_2, \cdots, x_N)$

図 4.1.7　検定統計量と両側有意確率

● 片側検定の場合

この面積を片側有意確率といいます

$T(x_1, x_2, \cdots, x_N)$

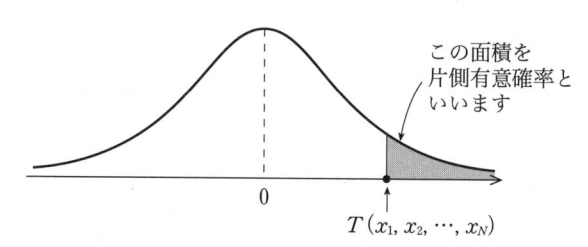

図 4.1.8　検定統計量と片側有意確率

Key Word　有意確率：observed significance level of the test

■ **有意確率と有意水準**

"検定統計量が棄却域に入るとき，仮説 H_0 を棄てる"
このことは，次のことと同じです！

"有意確率≦有意水準のとき，仮説 H_0 を棄てる"

● 両側検定の場合

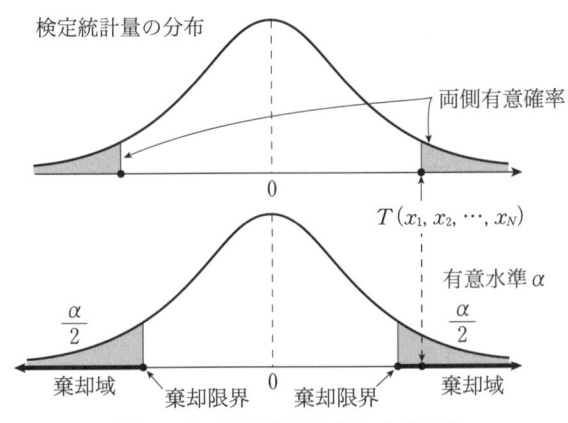

図 4.1.9 両側有意確率と有意水準

● 片側検定の場合

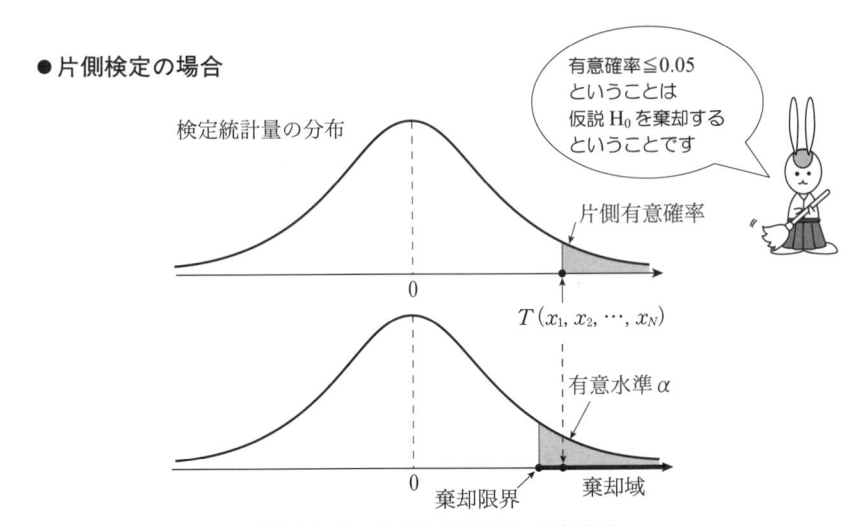

有意確率≦0.05
ということは
仮説 H_0 を棄却する
ということです

図 4.1.10 片側有意確率と有意水準

Section 4.2
母平均の検定

■ **正規母集団の母平均の検定**

検定統計量の公式 　　　　　　　　　　　　　　　　　　　母平均の検定

標本 $\{x_1\ x_2\ \cdots\ x_N\}$ による母平均 μ の検定統計量

$$T(\bar{x}, s^2, N) = \frac{\bar{x} - \mu_0}{\sqrt{\dfrac{s^2}{N}}}$$

は自由度 $N-1$ の t 分布に従う．

ただし，$\bar{x}$：標本平均，s^2：標本分散，N：データ数

(1) 両側検定

$$\begin{cases} 仮説\ \mathrm{H}_0 &: \mu = \mu_0 \\ 対立仮説\ \mathrm{H}_1 &: \mu \neq \mu_0 \end{cases}$$

$T(\bar{x}, s^2, N)$ が棄却域に入るとき，有意水準 α で仮説 H_0 を棄てます．

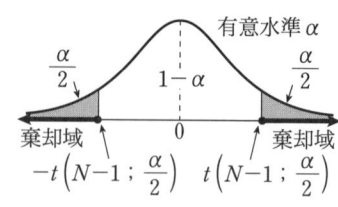

図 4.2.1　棄却域

(2) 片側検定

$$\begin{cases} 仮説\ \mathrm{H}_0 &: \mu = \mu_0 \\ 対立仮説\ \mathrm{H}_1 &: \mu < \mu_0 \end{cases}$$

$T(\bar{x}, s^2, N)$ が棄却域に入るとき，有意水準 α で仮説 H_0 を棄てます．

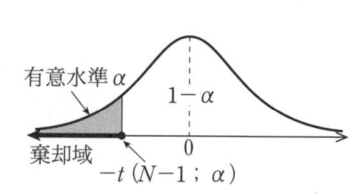

図 4.2.2　棄却域

(3) 片側検定

$$\begin{cases} 仮説\ \mathrm{H}_0 &: \mu = \mu_0 \\ 対立仮説\ \mathrm{H}_1 &: \mu > \mu_0 \end{cases}$$

$T(\bar{x}, s^2, N)$ が棄却域に入るとき，有意水準 α で仮説 H_0 を棄てます．

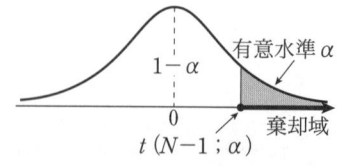

図 4.2.3　棄却域

> **例** 母平均の検定（両側検定）

コンピュータのある部品 M の製品仕様によると，この部品の直径は 15.4 インチとなっています．
最近製造された部品 M からランダムに 9 個取り出したところ，そのデータは
$$\{15.5 \quad 15.7 \quad 15.4 \quad 15.4 \quad 15.6 \quad 15.4 \quad 15.6 \quad 15.5 \quad 15.4\}$$
でした．
この部品 M は仕様どおりに製造されているのでしょうか？

正規母集団 $N(\mu, \sigma^2)$
母平均 $\mu = 15.4$
母分散 $\sigma^2 =$ 未知

ランダムに抽出 → 9 個の標本
$$\begin{pmatrix} 15.5 & 15.7 & 15.4 \\ 15.4 & 15.6 & 15.4 \\ 15.6 & 15.5 & 15.4 \end{pmatrix}$$

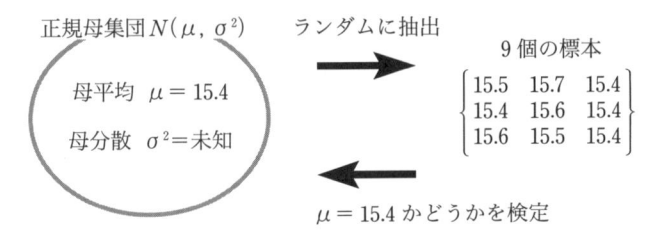

$\mu = 15.4$ かどうかを検定

図 4.2.4 母平均 μ の検定

検定の手順 1 母集団はコンピュータの部品 M の直径です．
母集団に仮説 H_0 と対立仮説 H_1 をたてます．

仮説 H_0：母平均 $\mu = 15.4$ インチ

この仮説 H_0 に対して，部品 M の直径は

"15.4 インチより
大きくてもいけないし，小さくてもいけない"

ので

対立仮説 H_1：母平均 $\mu \neq 15.4$ インチ

となります．

> これは両側検定でござる

検定の手順2 次に，検定統計量 $T(\bar{x}, s^2, N)$ を計算します．

そのために，

$$標本平均\ \bar{x}\quad と\quad 標本分散\ s^2$$

を，次のように求めておきます．

表 4.2.1 部品の直径

No.	x	x^2
1	15.5	240.25
2	15.7	246.49
3	15.4	237.16
4	15.4	237.16
5	15.6	243.36
6	15.4	237.16
7	15.6	243.36
8	15.5	240.25
9	15.4	237.16
合計	139.5	2162.35

標本平均 $\bar{x} = \dfrac{139.5}{9} = 15.5$

標本分散 $s^2 = \dfrac{9 \times 2162.35 - 139.5^2}{9 \times (9-1)}$

$\qquad\qquad = 0.0125$

したがって，

検定統計量 $T(\bar{x}, s^2, N)$ は

$$T(\bar{x}, s^2, N) = \frac{\bar{x} - \mu_0}{\sqrt{\dfrac{s^2}{N}}} = \frac{15.5 - 15.4}{\sqrt{\dfrac{0.0125}{9}}}$$

$\qquad\qquad = 2.683$

となりました．

検定の手順3 この検定統計量 $T(\bar{x}, s^2, N)$ は，自由度（9−1）の t 分布に従うので，有意水準 $\alpha = 0.05$ の棄却域は次のようになります．

棄却限界
$= t(9-1; 0.025)$
$= 2.306$

有意水準 $\alpha = 0.05$

$\dfrac{\alpha}{2} = 0.025$ 　　　 $\dfrac{\alpha}{2} = 0.025$

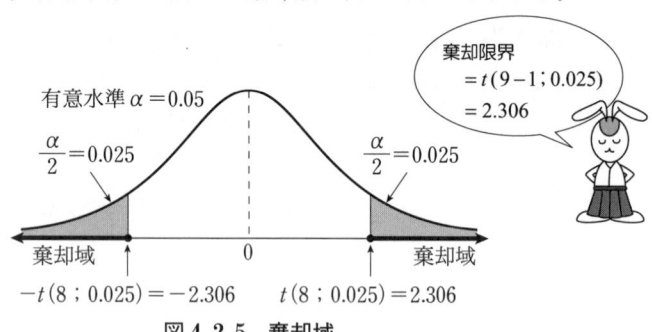

棄却域　　　　0　　　　棄却域
$-t(8; 0.025) = -2.306$ 　 $t(8; 0.025) = 2.306$

図 4.2.5 棄却域

よって，検定統計量 $T(\bar{x}, s^2, N) = 2.683$ は棄却域に入るので，有意水準 5% で仮説 H_0 は棄てられます．

したがって，母平均は 15.4 インチではないことがわかりました．

このことは，最近製造された部品 M は仕様どおりになっていないということを意味しています．

ところで，両側有意確率と有意水準の関係は？

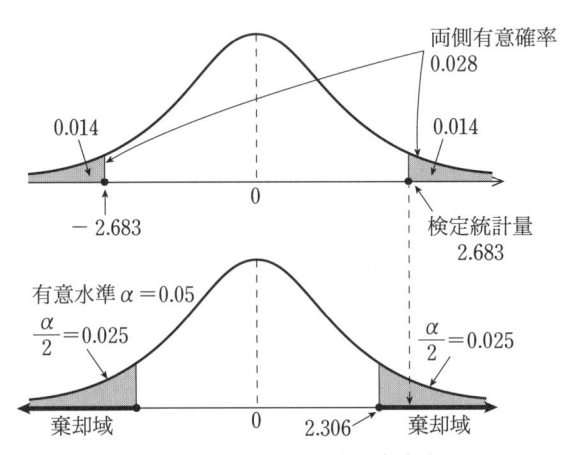

図 4.2.6　両側有意確率と有意水準

つまり，

$$\text{両側有意確率 } 0.028 \leq \text{有意水準 } 0.05$$

なので，検定統計量 $T(\bar{x}, s^2, N) = 2.683$ は棄却域に入ります．

したがって，仮説 H_0 は棄てられます．

> **例** 母平均の検定（片側検定）
>
> N 園芸では，新しい有機肥料 J 型を開発しました．そこで，この新しい肥料をほどこした 6 カ所の畑で収穫したジャガイモの収穫量を測定したところ，単位面積当たり
> $$\{42.9\,\text{kg}\quad 43.7\,\text{kg}\quad 41.2\,\text{kg}\quad 40.8\,\text{kg}\quad 41.3\,\text{kg}\quad 44.2\,\text{kg}\}$$
> でした．
> 今までの肥料による単位面積当たりの平均収穫量は 41.4 kg です．この新しい肥料 J 型は，今までの肥料よりすぐれているといえるのでしょうか？

検定の手順 1 母集団に仮説 H_0 と対立仮説 H_1 をたてます．

$$\text{仮説 } H_0 : \text{母平均 } \mu = 41.4\,\text{kg}$$

今までの肥料の平均収穫量 41.4 kg に対して，新しい肥料 J 型は，よりすぐれているといいたいので，対立仮説は

$$\text{対立仮説 } H_1 : \text{母平均 } \mu > 41.4\,\text{kg}$$

となります．

> これは片側検定

検定の手順 2 検定統計量 $T(\bar{x}, s^2, N)$ を計算します．

そのために，標本平均 $\bar{x}$ と標本分散 s^2 を求めておきます．

表 4.2.2　収穫量

No.	x	x^2
1	42.9	1840.41
2	43.7	1909.69
3	41.2	1697.44
4	40.8	1664.64
5	41.3	1705.69
6	44.2	1953.64
合計	254.1	10771.51

標本平均 $\bar{x} = \dfrac{254.1}{6} = 42.35$

標本分散 $s^2 = \dfrac{6 \times 10771.51 - 254.1^2}{6 \times (6-1)}$
$ = 2.075$

したがって，検定統計量 $T(\bar{x},s^2,N)$ は

$$T(\bar{x},s^2,N)=\frac{\bar{x}-\mu_0}{\sqrt{\dfrac{s^2}{N}}}=\frac{42.35-41.4}{\sqrt{\dfrac{2.075}{6}}}=1.6154$$

となりました．

検定の手順3 この検定統計量 $T(\bar{x},s^2,N)$ は，自由度 $(6-1)$ の t 分布に従うので，有意水準 $\alpha=0.05$ の棄却域は次のようになります．

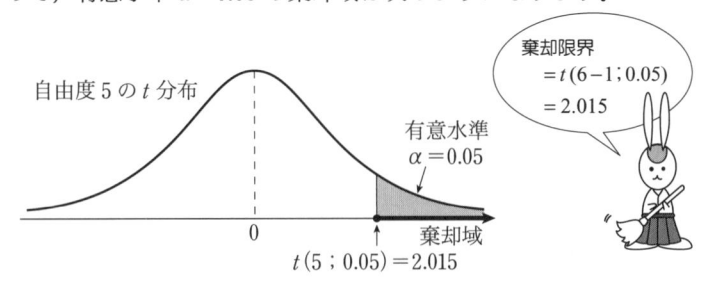

図4.2.7 棄却域

検定統計量 $T(\bar{x},s^2,N)=1.6154$ は棄却域に入らないので，有意水準 5% で仮説 H_0 は棄てられません．

したがって，新しく開発された肥料 J 型は，今までの肥料よりすぐれているとは主張できません．

ところで，このときの検定統計量 1.6154 と片側有意確率 0.0836 は次のようになっています．

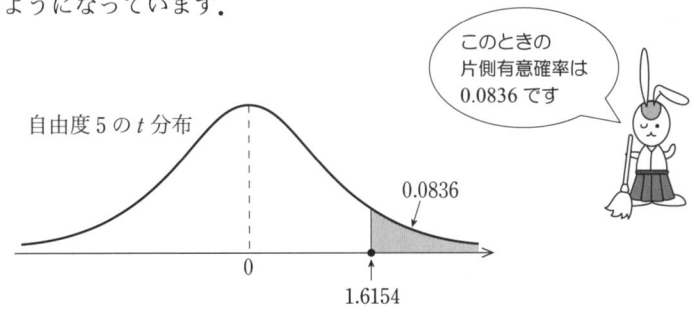

図4.2.8 検定統計量と片側有意確率

理解度チェック　　母平均の検定

【問題】　登山専門店 I 社のパンフレットによると，15 mm ザイルの破断強度は 4500 kg であると書いてあります．そこで，12 本のザイルについて破断強度を調査したところ

$$\begin{Bmatrix} 4480\text{ kg} & 4510\text{ kg} & 4570\text{ kg} & 4360\text{ kg} & 4240\text{ kg} & 4520\text{ kg} \\ 4260\text{ kg} & 4650\text{ kg} & 4380\text{ kg} & 4130\text{ kg} & 4530\text{ kg} & 4290\text{ kg} \end{Bmatrix}$$

という測定結果になりました．

このパンフレットの内容は正しいといっていいのでしょうか？

次の空欄を埋めて，母平均 μ の検定をしてください．

検定の手順1　仮説 H_0 と対立仮説 H_1 をたてます．

　　　　仮説 H_0 　：母平均 $\mu = \boxed{}$

　　　　対立仮説 H_1 ：母平均 $\mu \neq \boxed{}$

> 片側検定の方がいいのでは？
> 母平均：$\mu < \boxed{}$

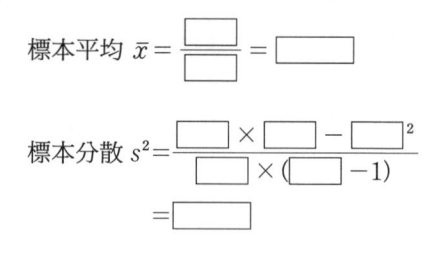

検定の手順2　検定統計量 $T(\bar{x}, s^2, N)$ を計算します．

表 4.2.3　破断強度

No.	x	x^2
1	4480	
2	4510	
3	4570	
4	4360	
5	4240	
6	4520	
7	4260	
8	4650	
9	4380	
10	4130	
11	4530	
12	4290	
合計		

標本平均 $\bar{x} = \dfrac{\boxed{}}{\boxed{}} = \boxed{}$

標本分散 $s^2 = \dfrac{\boxed{} \times \boxed{} - \boxed{}^2}{\boxed{} \times (\boxed{} - 1)}$

　　　　　　$= \boxed{}$

したがって，検定統計量 $T(\bar{x}, s^2, N)$ は……

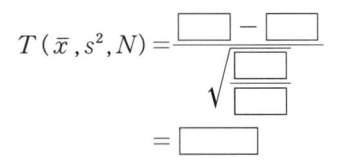

$$T(\bar{x}, s^2, N) = \frac{\boxed{} - \boxed{}}{\sqrt{\dfrac{\boxed{}}{\boxed{}}}} = \boxed{}$$

となります．

検定の手順3 この検定統計量 $T(\bar{x}, s^2, N)$ は自由度 ($\boxed{} - 1$) の t 分布に従うので，有意水準 $\alpha = 0.05$ の棄却域は，次のようになります．

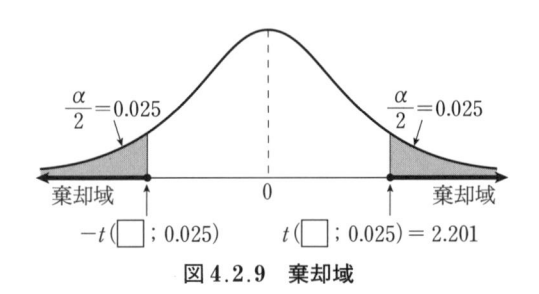

$\dfrac{\alpha}{2} = 0.025$ 　　　　 $\dfrac{\alpha}{2} = 0.025$

棄却域　　　　0　　　　棄却域

$-t(\boxed{}\,; 0.025)$ 　　 $t(\boxed{}\,; 0.025) = 2.201$

図 4.2.9　棄却域

検定統計量 $T(\bar{x}, s^2, N) = \boxed{}$ は棄却域に $\boxed{}$ ので，仮説 H_0 は $\boxed{}$．

Section 4.3
母分散の検定

■ 正規母集団の母分散の検定

> **検定統計量の公式** 　　　　　　　　　　　　　　　　　母分散の検定
>
> 標本 $\{x_1\ x_2\ \cdots\ x_N\}$ による母分散 σ^2 の検定統計量
> $$T(s^2, N) = \frac{(N-1)\,s^2}{\sigma_0^2}$$
> は自由度 $N-1$ のカイ 2 乗分布に従う．ただし，s^2 は標本分散とする．

(1) 両側検定

$$\begin{cases} 仮説\ H_0 & : \sigma^2 = \sigma_0^2 \\ 対立仮説\ H_1 & : \sigma^2 \neq \sigma_0^2 \end{cases}$$

$T(s^2, N)$ が棄却域に入るとき，
有意水準 α で仮説 H_0 を棄てます．

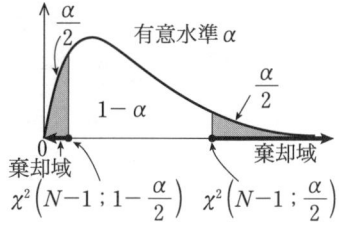

図 4.3.1 棄却域

(2) 片側検定

$$\begin{cases} 仮説\ H_0 & : \sigma^2 = \sigma_0^2 \\ 対立仮説\ H_1 & : \sigma^2 < \sigma_0^2 \end{cases}$$

$T(s^2, N)$ が棄却域に入るとき，
有意水準 α で仮説 H_0 を棄てます．

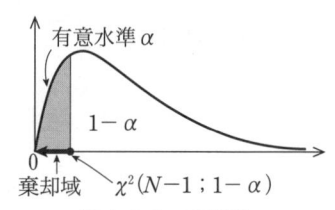

図 4.3.2 棄却域

(3) 片側検定

$$\begin{cases} 仮説\ H_0 & : \sigma^2 = \sigma_0^2 \\ 対立仮説\ H_1 & : \sigma^2 > \sigma_0^2 \end{cases}$$

$T(s^2, N)$ が棄却域に入るとき，
有意水準 α で仮説 H_0 を棄てます．

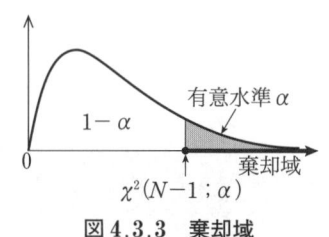

図 4.3.3 棄却域

> **例** 母分散の検定（片側検定）
>
> H製作所で製造中のリベットの直径の分散は0.4^2とバラツキが大きいので，新しい製造方法を導入することになりました．この新しい製造方法で作られたリベットの中からランダムに10個取り出して直径を測定したところ，次の結果になりました．
>
> $$\begin{Bmatrix} 35.2 & 34.5 & 34.9 & 35.2 & 34.8 \\ 35.1 & 34.9 & 35.2 & 34.9 & 34.8 \end{Bmatrix}$$
>
> 新しい製造方法に変更してから，リベットの直径のバラツキは改善されたのでしょうか？

正規母集団 $N(\mu, \sigma^2)$　　ランダムに抽出　　10個の標本

母平均　μ＝未知
母分散　$\sigma^2=0.4^2$

$$\begin{Bmatrix} 35.2 & 34.5 & 34.9 & 35.2 \\ 34.8 & 35.1 & 34.9 & 35.2 \\ 34.9 & 34.8 \end{Bmatrix}$$

$\sigma^2=0.4^2$ かどうかを検定

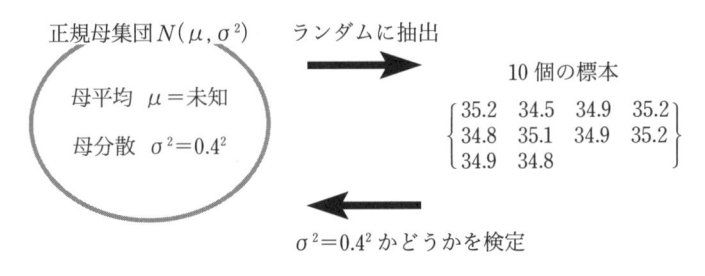

図4.3.4　母分散 σ^2 の検定

検定の手順1　母集団はリベットの直径です．

母集団に仮説 H_0 と対立仮説 H_1 をたてます．

仮説 H_0：母分散 $\sigma^2=0.4^2$

この仮説 H_0 に対して，リベットの直径の分散は

"0.4^2 より小さくなっていなければ改善されたとはいえない"

ので

対立仮説 H_1：母分散 $\sigma^2<0.4^2$

となります．

> これは片側検定でござるな

検定の手順2 検定統計量 $T(s^2, N)$ を計算します．

表 4.3.1 リベットの直径

No.	x	x^2
1	35.2	1239.04
2	34.5	1190.25
3	34.9	1218.01
4	35.2	1239.04
5	34.8	1211.04
6	35.1	1232.01
7	34.9	1218.01
8	35.2	1239.04
9	34.9	1218.01
10	34.8	1211.04
合計	349.5	12215.49

標本平均 $\bar{x} = \dfrac{349.5}{10} = 34.95$

標本分散 $s^2 = \dfrac{10 \times 12215.49 - 349.5^2}{10 \times (10-1)}$

$= 0.05167$

検定統計量 $T(s^2, N)$

$= \dfrac{(N-1)s^2}{\sigma_0^2}$

$= \dfrac{(10-1) \times 0.05167}{0.4^2}$

$= 2.9064$

検定の手順3 この検定統計量 $T(s^2, N)$ は自由度 $(10-1)$ のカイ2乗分布に従うので，有意水準 $\alpha = 0.05$ の棄却域は次のようになります．

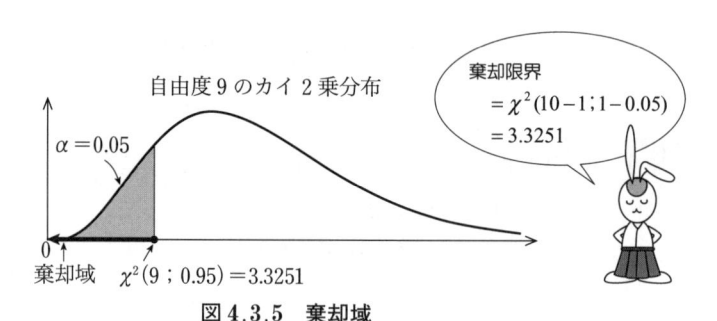

自由度9のカイ2乗分布

$\alpha = 0.05$

棄却域　$\chi^2(9 ; 0.95) = 3.3251$

棄却限界
$= \chi^2(10-1 ; 1-0.05)$
$= 3.3251$

図 4.3.5　棄却域

検定統計量 $T(s^2, N) = 2.9064$ は棄却域に入るので，有意水準 5% で仮説 H_0 は棄てられます．

したがって，新しい製造方法で作られているリベットの直径の分散は 0.4^2 以下になっているので，
"リベットの直径のバラツキは改善されている"
ことがわかりました．

ところで，片側有意確率と有意水準の関係は？

片側有意確率 0.032

検定総計量 2.9064

有意水準 $\alpha = 0.05$

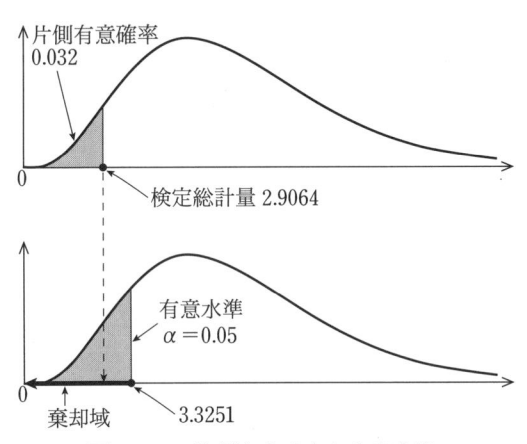

棄却域　3.3251

図 4.3.6　片側有意確率と有意水準

つまり，

片側有意確率 $0.032 \leq$ 有意水準 0.05

なので，検定統計量 $T(s^2, N) = 2.9064$ は棄却域に入ります．
したがって，仮説 H_0 は棄てられますね！

Section 4.4
母比率の検定

■ 2項母集団の母比率 p の検定

検定統計量の公式 　　　　　　　　　　　　　　　　　　　　母比率の検定

データ数 N の標本の標本比率を $\dfrac{m}{N}$ とする．

このとき，母比率 p の検定統計量

$$T(m,N) = \frac{\dfrac{m}{N} - p_0}{\sqrt{\dfrac{p_0(1-p_0)}{N}}}$$

は，標準正規分布 $N(0, 1^2)$ に従う．

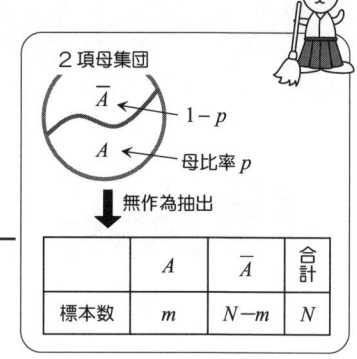

2項母集団

	A	$\overline{A}$	合計
標本数	m	$N-m$	N

(1) 両側検定

$$\begin{cases} \text{仮説 } H_0 & : p = p_0 \\ \text{対立仮説 } H_1 & : p \neq p_0 \end{cases}$$

$T(m, N)$ が棄却域に入るとき，
有意水準 α で仮説 H_0 を棄てます．

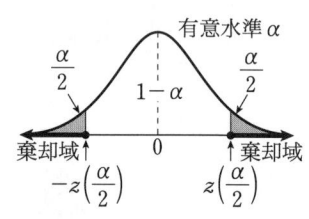

図 4.4.1　棄却域

(2) 片側検定

$$\begin{cases} \text{仮説 } H_0 & : p = p_0 \\ \text{対立仮説 } H_1 & : p < p_0 \end{cases}$$

$T(m, N)$ が棄却域に入るとき，
有意水準 α で仮説 H_0 を棄てます．

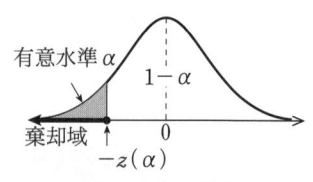

図 4.4.2　棄却域

> **例** 母比率の検定（片側検定）
>
> S大学では，このところ毎年12%以上の1年生が留年しています．
> そこで，教育熱心なM先生は独自の教育指導法を考案し，
> 実践してみました．すると……
> 今年の経営情報学部1年生346人のうち，留年生は29人でした．
> このM先生の新指導法は留年に効果があったのでしょうか？

2項母集団
留年しない学生 $\overline{A}$
$1-p$
留年する学生 A
母比率 p

ランダムに抽出 →

346個の標本

A	$\overline{A}$
29人	317人

← 母比率 $p=0.12$ かどうかを検定

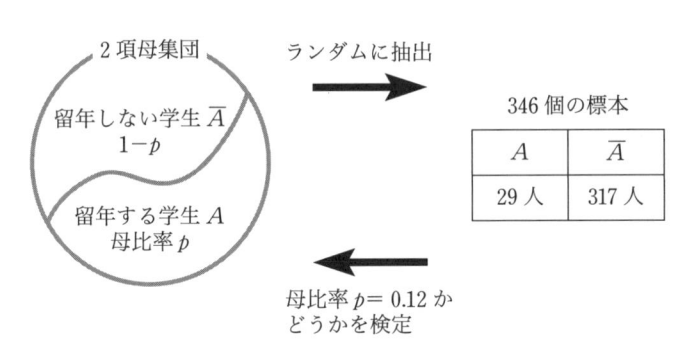

図4.4.3 母比率 p の検定

検定の手順1 母集団はS大学の1年生です．

母集団に仮説 H_0 と対立仮説 H_1 をたてます．

仮説 H_0 ： $p=0.12$

この仮説 H_0 に対し，

"新しい指導法による留年率は12%より小さい"

と主張したいので

対立仮説 H_1：母比率 $p<0.12$

となります．

検定の手順2 検定統計量 $T(m, N)$ を計算します．

表 4.4.1 標本数

留年する学生	留年しない学生	合計
29 人	317 人	346 人

標本比率 $\dfrac{m}{N} = \dfrac{29}{346}$

$= 0.0838$

検定統計量 $T(m, N) = \dfrac{\dfrac{m}{N} - p_0}{\sqrt{\dfrac{p_0(1-p_0)}{N}}}$

$= \dfrac{0.0838 - 0.12}{\sqrt{\dfrac{0.12 \times (1-0.12)}{346}}}$

$= -2.072$

（この標本はランダムに取ってきたのかなあ？）

検定の手順3 この検定統計量 $T(m, N)$ は，標準正規分布に従うので，有意水準 $\alpha = 0.05$ の棄却域は次のようになります．

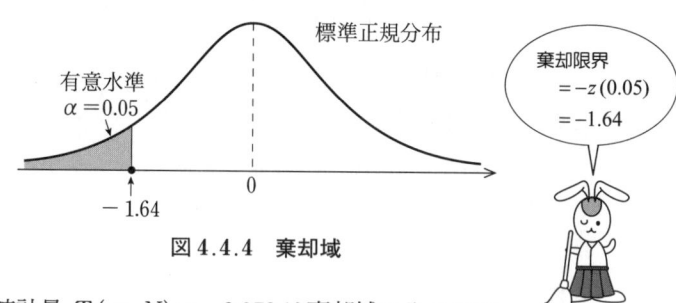

（棄却限界 $= -z(0.05) = -1.64$）

図 4.4.4 棄却域

検定統計量 $T(m, N) = -2.072$ は棄却域に入るので，有意水準 5% で仮説 H_0 は棄てられます．

したがって，母比率 $p<0.12$ となりますから，
"M 先生の考案した新しい指導法は
留年抑制の効果があった"
ようですね．

ところで，片側有意確率と有意水準の関係は？

片側有意確率
0.019

検定統計量
-2.072

有意水準
$\alpha=0.05$

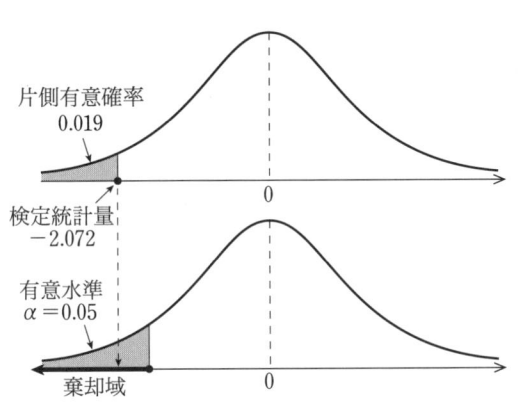

棄却域

図 4.4.5 片側有意確率と有意水準

つまり，
片側有意確率 $0.019 \leqq$ 有意水準 0.05
なので，検定統計量 $T(m, N)=-2.072$ は棄却域に入ります．
したがって，仮説 H_0 は棄てられます！

Section 4.5
2つの母平均の差の検定

■ **2つの母平均の差の検定**——等分散性を仮定する場合

2つの正規母集団 $N(\mu_1, \sigma_1^2)$, $N(\mu_2, \sigma_2^2)$ の母平均の差 $\mu_1 - \mu_2$ を検定するとき，次の3通りの状況が考えられます．

その1　母分散 σ_1^2, σ_2^2 が既知の場合
その2　母分散 σ_1^2, σ_2^2 は未知だが，$\sigma_1^2 = \sigma_2^2$ の場合
その3　母分散 σ_1^2, σ_2^2 が共に未知の場合

$\sigma_1^2 = \sigma_2^2$ を"等分散性"といいます

検定統計量の公式　　　　　　　2つの母平均の差の検定

2つの標本 $\{x_{11}\ x_{12}\ \cdots\ x_{1N_1}\}$, $\{x_{21}\ x_{22}\ \cdots\ x_{2N_2}\}$ による
2つの母平均の差 $\mu_1 - \mu_2$ の検定統計量

$$T(\bar{x}_1, \bar{x}_2, s^2, N_1, N_2) = \frac{\bar{x}_1 - \bar{x}_2}{\sqrt{\left(\dfrac{1}{N_1} + \dfrac{1}{N_2}\right)s^2}}$$

は，自由度 $N_1 + N_2 - 2$ の t 分布に従う．

ただし，
$\begin{cases} \bar{x}_1 : \text{グループ1の標本平均} \\ \bar{x}_2 : \text{グループ2の標本平均} \\ s^2 = \dfrac{(N_1-1)s_1^2 + (N_2-1)s_2^2}{N_1 + N_2 - 2} \\ s_1^2 : \text{グループ1の標本分散} \\ s_2^2 : \text{グループ2の標本分散} \end{cases}$

(1) 両側検定

$$\begin{cases} 仮説\ H_0 & : \mu_1 = \mu_2 \\ 対立仮説\ H_1 & : \mu_1 \neq \mu_2 \end{cases}$$

$T(\bar{x}_1, \bar{x}_2, s^2, N_1, N_2)$ が棄却域に入るとき, 有意水準 α で仮説 H_0 を棄てます.

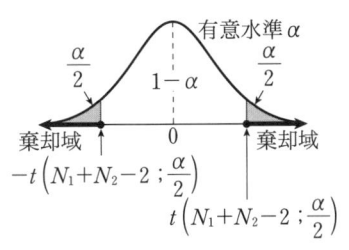

図 4.5.1 棄却域

(2) 片側検定

$$\begin{cases} 仮説\ H_0 & : \mu_1 = \mu_2 \\ 対立仮説\ H_1 & : \mu_1 < \mu_2 \end{cases}$$

$T(\bar{x}_1, \bar{x}_2, s^2, N_1, N_2)$ が棄却域に入るとき, 有意水準 α で仮説 H_0 を棄てます.

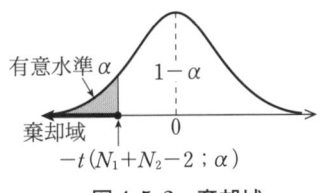

図 4.5.2 棄却域

(3) 片側検定

$$\begin{cases} 仮説\ H_0 & : \mu_1 = \mu_2 \\ 対立仮説\ H_1 & : \mu_1 > \mu_2 \end{cases}$$

$T(\bar{x}_1, \bar{x}_2, s^2, N_1, N_2)$ が棄却域に入るとき, 有意水準 α で仮説 H_0 を棄てます.

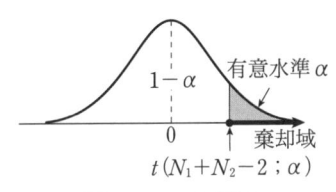

図 4.5.3 棄却域

$t(N_1 + N_2 - 2 ; \alpha)$ は自由度 $(N_1 + N_2 - 2)$ の t 分布の $100 \cdot \alpha$% 点です

効果サイズを計算しよう

Key Word 等分散性：homogeneity, homoscedasticity

例 2つの母平均の差の検定（両側検定）

次のデータは利根川水系と信濃川水系に生息しているイワナの体長を測定した結果です．

表 4.5.1　2つの水系のイワナの体長

利根川水系の体長(mm)
165　130　182　178　194　206
160　122　212　165　247　195

信濃川水系の体長(mm)
180　180　235　270　240　285
164　152

利根川水系と信濃川水系とでは，
イワナの体長に差があるのでしょうか？

利根川水系のイワナ　　　　　　　　信濃川水系のイワナ

正規母集団
母平均　μ_1
母分散　$\sigma_1^2=$未知

正規母集団
母平均　μ_2
母分散　$\sigma_2^2=$未知

$\sigma_1^2 = \sigma_2^2$ と仮定します
仮説 $H_0 : \mu_1 = \mu_2$

12個の標本
$\begin{Bmatrix} 165 & 130 & 182 & 178 \\ 194 & 206 & 160 & 122 \\ 212 & 165 & 247 & 195 \end{Bmatrix}$

8個の標本
$\begin{Bmatrix} 180 & 180 & 235 & 270 \\ 240 & 285 & 164 & 152 \end{Bmatrix}$

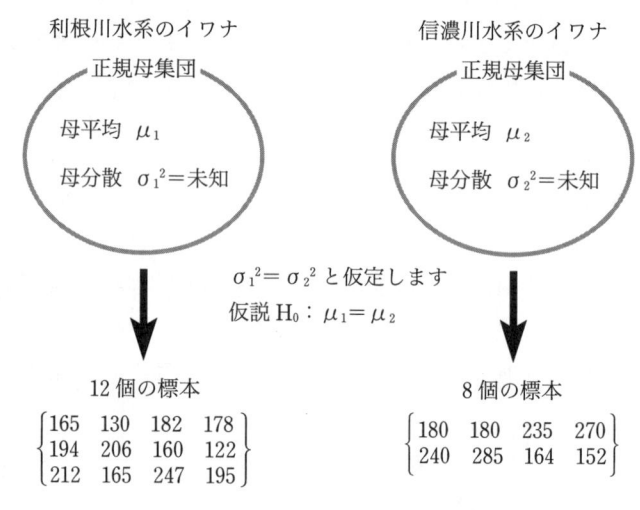

図 4.5.4　2つの母平均の差の検定（両側検定）

> この2つのグループを見ると体長のバラツキにかなりの差があるようだけど……

検定の手順1 母集団に仮説 H_0 と対立仮説 H_1 をたてます．

$$仮説\ H_0 : \mu_1 = \mu_2$$

この仮説 H_0 に対し，

"利根川水系と信濃川水系の
　　イワナの体長は等しくない"

というのが対立仮説ですから

$$対立仮説\ H_1 : \mu_1 \neq \mu_2$$

となります．

検定の手順2 検定統計量 $T(\bar{x}_1, \bar{x}_2, s^2, N_1, N_2)$ を計算します．

表 4.5.2　2つの水系のイワナの体長

(a)　利根川水系のグループ

No.	x_1	x_1^2
1	165	27225
2	130	16900
3	182	33124
4	178	31684
5	194	37636
6	206	42436
7	160	25600
8	122	14884
9	212	44944
10	165	27225
11	247	61009
12	195	38025
合計	2156	400692

(b)　信濃川水系のグループ

No.	x_2	x_2^2
1	180	32400
2	180	32400
3	235	55225
4	270	72900
5	240	57600
6	285	81225
7	164	26896
8	152	23104
合計	1706	381750

"2つの母分散の差の検定"をおこなうと有意な差ではないことがわかります

だから等分散性を仮定できるわけじゃな

> 前のページの続きです

利根川水系のグループ

標本平均
$$\bar{x}_1 = \frac{2156}{12} = 179.67$$

標本分散
$$s_1^2 = \frac{12 \times 400692 - 2156^2}{12 \times (12-1)}$$
$$= 1211.8788$$

信濃川水系のグループ

標本平均
$$\bar{x}_2 = \frac{1706}{8} = 213.25$$

標本分散
$$s_2^2 = \frac{8 \times 381750 - 1706^2}{8 \times (8-1)}$$
$$= 2563.6429$$

共通の分散 $s^2 = \dfrac{(12-1) \times 1211.8788 + (8-1) \times 2563.6429}{12+8-2}$

$\hspace{4em} = 1737.5648$

したがって，検定統計量は次のようになります．

$$T(\bar{x}_1, \bar{x}_2, s^2, N_1, N_2) = \frac{\bar{x}_1 - \bar{x}_2}{\sqrt{\left(\dfrac{1}{N_1} + \dfrac{1}{N_2}\right)s^2}}$$

$$= \frac{179.67 - 213.25}{\sqrt{\left(\dfrac{1}{12} + \dfrac{1}{8}\right) \times 1737.5648}}$$

$$= -1.765$$

検定の手順3 この検定統計量 $T(\bar{x}_1, \bar{x}_2, s^2, N_1, N_2)$ は，自由度 $(12+8-2)$ の t 分布に従うので，有意水準 $\alpha = 0.05$ の棄却域は次のようになります．

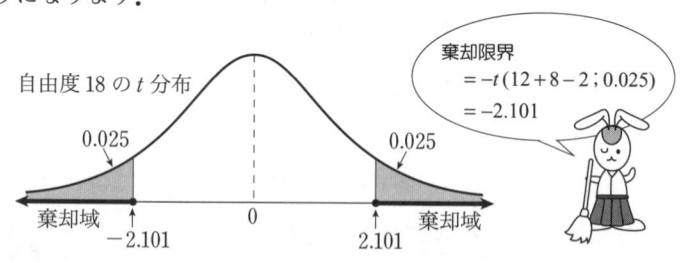

> 棄却限界
> $= -t(12+8-2 ; 0.025)$
> $= -2.101$

自由度18の t 分布
0.025　　　　0.025
棄却域　　　　　棄却域
-2.101　0　2.101

図 4.5.5　棄却域

検定統計量 $T(\bar{x}_1, \bar{x}_2, s^2, N_1, N_2) = -1.765$ は棄却域に入らないので，有意水準 5% で仮説 H_0 は棄てられません．

したがって，利根川水系に生息するイワナと信濃川水系に生息するイワナの平均体長に差があるとはいえません．

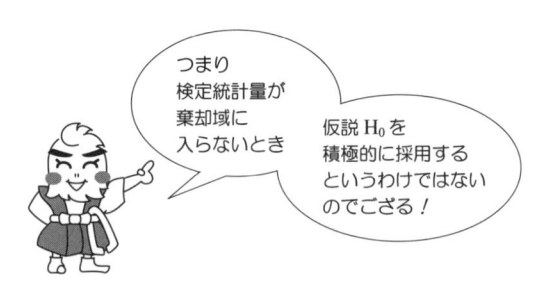

> つまり検定統計量が棄却域に入らないとき

> 仮説 H_0 を積極的に採用するというわけではないのでござる！

ところで，両側有意確率と有意水準の関係は？

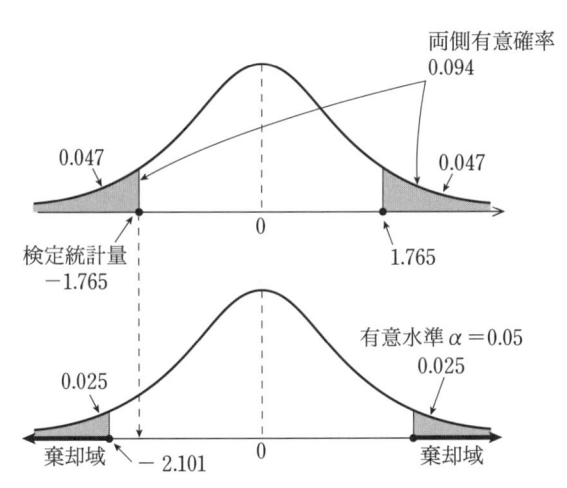

図 4.5.6　両側有意確率と有意水準

つまり，

$$\text{両側有意確率 } 0.094 > \text{有意水準 } 0.05$$

なので，検定統計量 -1.765 は棄却域に入りません．

したがって，有意水準 5% で仮説 H_0 は棄てられません．

> **例** 2つの母平均の差の検定（片側検定）

イワナは冷水域の方が大きく育つという情報が入ってきました．そこで，利根川水系と信濃川水系に生息しているイワナの体長を測定したところ，次のデータを得ました．

表 4.5.3 2つの水系のイワナの体長

利根川水系の体長(mm)						信濃川水系の体長(mm)				
165	130	182	178	194	206	180	180	235	270	240	285
160	122	212	165	247	195	164	152			

冷水域を好むイワナにとっては，信濃川水系の方が大きくなるのでしょうか？
差の検定をしましょう．

「冷水域とは新しい情報でござる！」
「この情報を利用せねば！」

利根川水系のイワナ
正規母集団
母平均 μ_1
母分散 $\sigma_1^2 =$ 未知

信濃川水系のイワナ
正規母集団
母平均 μ_2
母分散 $\sigma_2^2 =$ 未知

$\sigma_1^2 = \sigma_2^2$ と仮定します
仮説 $H_0: \mu_1 = \mu_2$

12個の標本
$\begin{Bmatrix} 165 & 130 & 182 & 178 \\ 194 & 206 & 160 & 122 \\ 212 & 165 & 247 & 195 \end{Bmatrix}$

8個の標本
$\begin{Bmatrix} 180 & 180 & 235 & 270 \\ 240 & 285 & 164 & 152 \end{Bmatrix}$

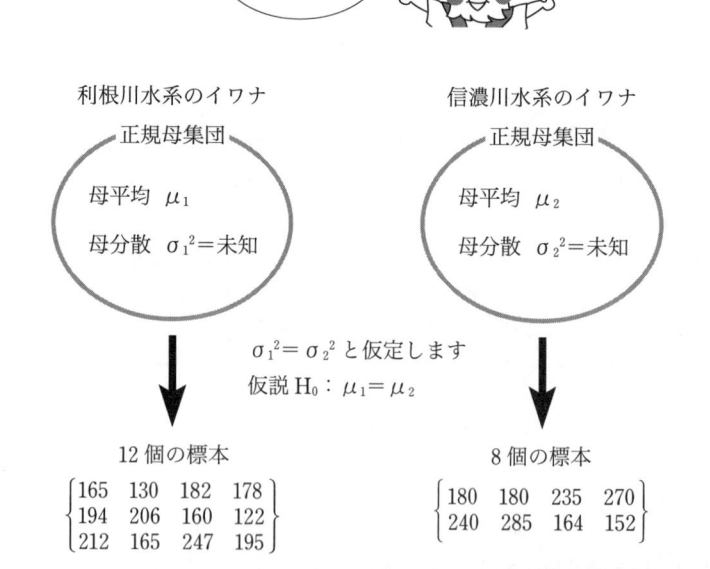

図 4.5.7　2つの母平均の差の検定（片側検定）

検定の手順1 母集団に仮説 H_0 と対立仮説 H_1 をたてます．

$$仮説\ H_0: \mu_1 = \mu_2$$

この仮説 H_0 に対し

"イワナは冷水域の方が大きい"

という情報があります．ということは

"利根川水系のイワナの体長＜信濃川水系のイワナの体長"

と予測されそうですね．

したがって，この場合の対立仮説は

$$対立仮説\ H_1: \mu_1 < \mu_2$$

となります．

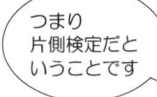

> つまり片側検定だということです

検定の手順2 検定統計量 $T(\bar{x}_1, \bar{x}_2, s^2, N_1, N_2)$ を計算しますが，片側検定の検定統計量は両側検定のときと同じなので

$$T(\bar{x}_1, \bar{x}_2, s^2, N_1, N_2) = -1.765$$

です．

検定の手順3 この検定統計量 $T(\bar{x}_1, \bar{x}_2, s^2, N_1, N_2)$ は，自由度 $(12+8-2)$ の t 分布に従いますから，有意水準 $\alpha=0.05$ の棄却域は次のようになります．

> 棄却限界
> $= -t(12+8-2 ; 0.05)$
> $= -1.734$

自由度18の t 分布
有意水準 $\alpha=0.05$
棄却域
-1.734

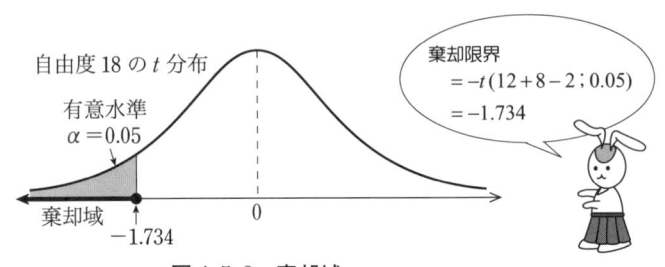

図 4.5.8 棄却域

検定統計量 $T(\bar{x}_1, \bar{x}_2, s^2, N_1, N_2) = -1.765$ は棄却域に入るので，有意水準 5% で仮説 H_0 は棄てられます．

したがって，信濃川水系に生息するイワナの体長は，利根川水系に生息するイワナの体長より大きいことがわかりました．

両側か片側か
それが問題だ！

ところで，片側有意確率と有意水準の関係は？

片側有意確率
0.047

検定統計量
-1.765

有意水準
$\alpha = 0.05$

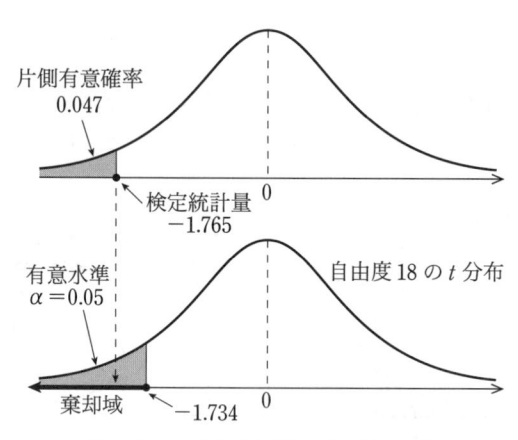

自由度 18 の t 分布

棄却域　-1.734

図 4.5.9　片側有意確率と有意水準

つまり，

片側有意確率 $0.047 \leq$ 有意水準 0.05

なので，仮説 H_0 は棄てられます．

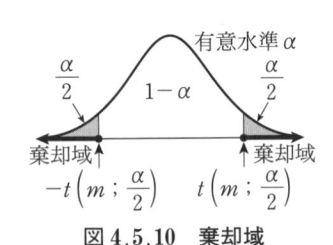

■ 2つの母平均の差の検定──等分散性を仮定しない場合

検定統計量の公式　　　　　　　　　　　　　　　ウェルチの検定

2つの標本 $\{x_{11}\ x_{12}\ \cdots\ x_{1N_1}\}$, $\{x_{21}\ x_{22}\ \cdots\ x_{2N_2}\}$ による
2つの母平均の差 $\mu_1-\mu_2$ の検定統計量

$$T(\bar{x}_1,\bar{x}_2,s_1{}^2,s_2{}^2,N_1,N_2)=\frac{\bar{x}_1-\bar{x}_2}{\sqrt{\dfrac{s_1{}^2}{N_1}+\dfrac{s_2{}^2}{N_2}}}$$

は，自由度 m の t 分布に従う．

ただし，
$\bar{x}_1,\ s_1{}^2$：グループ1の標本平均，標本分散
$\bar{x}_2,\ s_2{}^2$：グループ2の標本平均，標本分散
自由度 m は

$$m=\frac{\left(\dfrac{s_1{}^2}{N_1}+\dfrac{s_2{}^2}{N_2}\right)^2}{\dfrac{s_1{}^4}{N_1{}^2(N_1-1)}+\dfrac{s_2{}^4}{N_2{}^2(N_2-1)}}$$

で近似する．m が整数値でないときは，そのもっとも近い整数値を m とする．

(1) 両側検定

仮説 H_0　　：$\mu_1=\mu_2$
対立仮説 H_1　：$\mu_1\neq\mu_2$

$T(\bar{x}_1,\bar{x}_2,s_1{}^2,s_2{}^2,N_1,N_2)$ が
棄却域に入るとき，
有意水準 α で仮説 H_0 を棄てます．

図4.5.10　棄却域

Key Word　　ウェルチの検定：Welch test

> **例** ウェルチの検定

次の表は利根川水系と信濃川水系に生息しているイワナの体長を測定した結果です．

表 4.5.4　2 つの水系のイワナの体長

利根川水系の体長(mm)
165　130　182　178　194　206
160　122　212　165　247　195

信濃川水系の体長(mm)
180　180　235　270　240　285
164　152

利根川水系と信濃川水系とでは，イワナの体長に差があるのでしょうか？
ここでは，等分散性を仮定しないで，ウェルチの検定をしてみましょう．

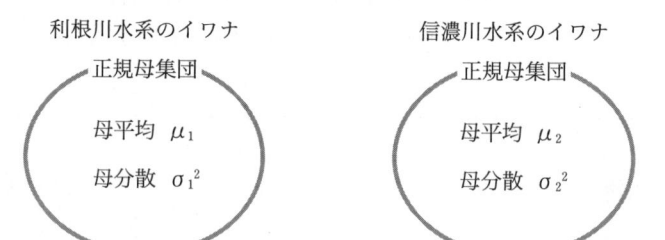

利根川水系のイワナ
正規母集団
母平均 μ_1
母分散 σ_1^2

信濃川水系のイワナ
正規母集団
母平均 μ_2
母分散 σ_2^2

$\sigma_1^2 = \sigma_2^2$ を仮定しない
仮説 $H_0 : \mu_1 = \mu_2$

図 4.5.11　ウェルチの検定

検定の手順 1　母集団に仮説 H_0 と対立仮説 H_1 をたてます．

仮説 H_0 ：$\mu_1 = \mu_2$
対立仮説 H_1 ：$\mu_1 \neq \mu_2$

検定の手順2 検定統計量 $T(\bar{x}_1, \bar{x}_2, s_1{}^2, s_2{}^2, N_1, N_2)$ を計算します．

　　標本平均 $\bar{x}_1 = 179.67$　　　　標本平均 $\bar{x}_2 = 213.25$
　　標本分散 $s_1{}^2 = 1211.8788$　　標本分散 $s_2{}^2 = 2563.6429$

　検定統計量 $T(\bar{x}_1, \bar{x}_2, s_1{}^2, s_2{}^2, N_1, N_2)$ は……

$$T(\bar{x}_1, \bar{x}_2, s_1{}^2, s_2{}^2, N_1, N_2) = \frac{179.67 - 213.25}{\sqrt{\dfrac{1211.8788}{12} + \dfrac{2563.6429}{8}}} = -1.636$$

　自由度 m は……

$$m = \frac{\left(\dfrac{1211.8788}{12} + \dfrac{2563.6429}{8}\right)^2}{\dfrac{1211.8788^2}{12^2 \times (12-1)} + \dfrac{2563.6429^2}{8^2 \times (8-1)}} = 11.388$$

検定の手順3 この検定統計量 $T(\bar{x}_1, \bar{x}_2, s_1{}^2, s_2{}^2, N_1, N_2)$ は，自由度 11 の t 分布に従うので，有意水準 $\alpha = 0.05$ の棄却域は次のようになります．

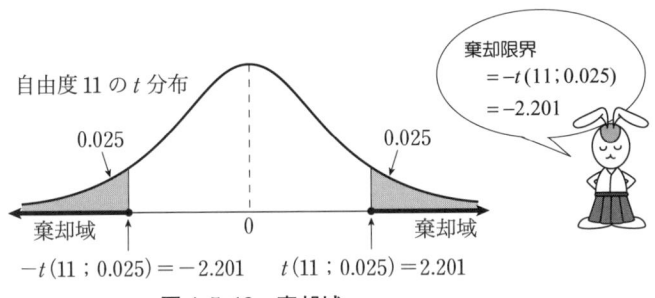

　　　　　自由度 11 の t 分布
　　　　0.025　　　　　0.025
　棄却域　　　0　　　棄却域
　　$-t(11 ; 0.025) = -2.201$　　$t(11 ; 0.025) = 2.201$

棄却限界
$= -t(11 ; 0.025)$
$= -2.201$

図 4.5.12　棄却域

　検定統計量 $T(\bar{x}_1, \bar{x}_2, s_1{}^2, s_2{}^2, N_1, N_2) = -1.636$ は棄却域に入らないので，有意水準 5% で仮説 H_0 は棄てられません．

　したがって，利根川水系に生息するイワナと信濃川水系に生息するイワナの平均体長に差があるとはいえません．

理解度チェック　2つの母平均の差の検定

【問題】次のデータは，糖尿病の女性と男性の被験者15人ずつに対して，総コレステロール値を測定した結果です．

表4.5.5　糖尿病患者の総コレステロール値

女性				
292	351	284	278	322
295	282	317	305	296
267	272	343	298	275

男性				
265	272	248	276	284
258	289	307	284	273
301	268	293	284	318

次の空欄を埋めて，2つの母平均の差の検定をしてください．

検定の手順1 仮説 H_0 と対立仮説 H_1 をたてます．

$$仮説\ H_0 : \mu_1 = \mu_2 \quad 対立仮説\ H_1 : \mu_1 \neq \mu_2$$

検定の手順2 検定統計量 $T(\bar{x}_1, \bar{x}_2, s^2, N_1, N_2)$ を計算します．

表4.5.6　総コレステロール値

(a) 女性のグループ

No.	x_1	x_1^2
1	292	
2	351	
3	284	
4	278	
5	322	
6	295	
7	282	
8	317	
9	305	
10	296	
11	267	
12	272	
13	343	
14	298	
15	275	
合計		

(b) 男性のグループ

No.	x_2	x_2^2
1	265	
2	272	
3	248	
4	276	
5	284	
6	258	
7	289	
8	307	
9	284	
10	273	
11	301	
12	268	
13	293	
14	284	
15	318	
合計		

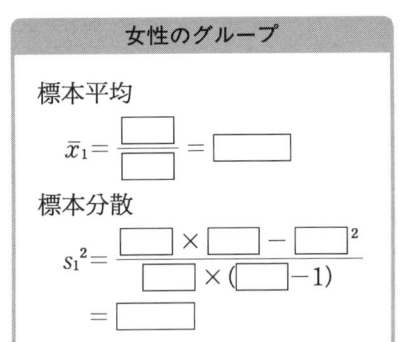

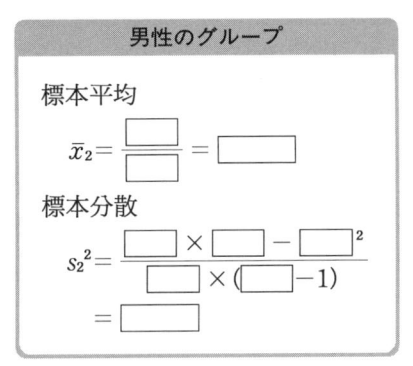

女性のグループ	男性のグループ
標本平均 $\bar{x}_1 = \dfrac{\boxed{}}{\boxed{}} = \boxed{}$	標本平均 $\bar{x}_2 = \dfrac{\boxed{}}{\boxed{}} = \boxed{}$
標本分散 $s_1^2 = \dfrac{\boxed{} \times \boxed{} - \boxed{}^2}{\boxed{} \times (\boxed{} - 1)}$ $= \boxed{}$	標本分散 $s_2^2 = \dfrac{\boxed{} \times \boxed{} - \boxed{}^2}{\boxed{} \times (\boxed{} - 1)}$ $= \boxed{}$

共通の分散 $s^2 = \dfrac{(\boxed{} - 1) \times \boxed{} + (\boxed{} - 1) \times \boxed{}}{\boxed{} + \boxed{} - 2} = \boxed{}$

検定統計量 $T(\bar{x}_1, \bar{x}_2, s^2, N_1, N_2)$

$$= \dfrac{\boxed{} - \boxed{}}{\sqrt{\left(\dfrac{1}{\boxed{}} + \dfrac{1}{\boxed{}}\right) \times \boxed{}}} = \boxed{}$$

検定の手順3 この検定統計量 $T(\bar{x}_1, \bar{x}_2, s^2, N_1, N_2)$ は，
自由度 $(\boxed{} + \boxed{} - 2)$ の t 分布に従うので，
有意水準 $\alpha = 0.05$ の棄却域は次のようになります．

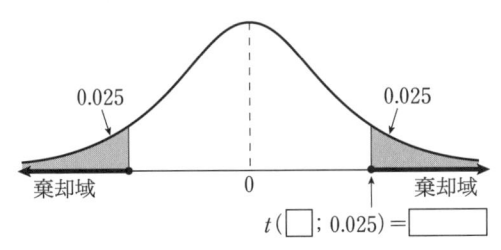

0.025　0.025
棄却域　0　棄却域
$t(\boxed{}; 0.025) = \boxed{}$

図 4.5.13　棄却域

検定統計量 $\boxed{}$ は棄却域に $\boxed{}$ ので，
仮説 H_0 は $\boxed{}$．

Section 4.6
対応のある2つの母平均の差の検定

例 対応のある2つの母平均の差の検定

次のデータは，10人の被験者に対しておこなった予測式電子体温計と水銀体温計による測定結果です．

表4.6.1　2種類の体温計による測定結果

No.	予測式電子体温計	水銀体温計	差
1	37.1	36.8	0.3
2	36.2	36.6	−0.4
3	36.6	36.5	0.1
4	37.4	37.0	0.4
5	36.8	36.0	0.8
6	36.7	36.5	0.2
7	36.9	36.6	0.3
8	37.4	37.1	0.3
9	36.6	36.4	0.2
10	36.7	36.7	0.0

予測式電子体温計は水銀体温計に比べて，少し高めの体温測定になるといわれています．
2種類の体温計による測定値に差があるといえるのでしょうか？

このデータの場合

　　　　予測式電子体温計のグループ　と　水銀体温計のグループ

が2つの母集団となりますが，対応関係があるので，その差

　　　　　　差＝予測式電子体温計−水銀体温計

をとれば，1つの母集団と考えられます．

したがって，この差に対して母平均の検定をすればよいことに気がつきますね．

検定の手順1 母集団に仮説 H_0 と対立仮説 H_1 をたてます．

$$仮説 H_0 : \mu_1 - \mu_2 = 0$$

この仮説 H_0 に対し，

"水銀体温計よりも予測式電子体温計の方が高めに測定される"

といわれているので，対立仮説 H_1 は

$$対立仮説 H_1 : \mu_1 - \mu_2 > 0$$

となります．

検定の手順2 検定統計量 $T(\bar{x}, s^2, N)$ を計算します．

表4.6.2 2種類の体温計による測定結果

No.	x_1	x_2	$x = x_1 - x_2$	x^2
1	37.1	36.8	0.3	0.09
2	36.2	36.6	-0.4	0.16
3	36.6	36.5	0.1	0.01
4	37.4	37.0	0.4	0.16
5	36.8	36.0	0.8	0.64
6	36.7	36.5	0.2	0.04
7	36.9	36.6	0.3	0.09
8	37.4	37.1	0.3	0.09
9	36.6	36.4	0.2	0.04
10	36.7	36.7	0.0	0.00
		合計	2.2	1.32

標本平均 $\bar{x} = \dfrac{2.2}{10} = 0.22$

標本分散 $s^2 = \dfrac{10 \times 1.32 - 2.2^2}{10 \times (10-1)} = 0.0929$

検定統計量 $T(\bar{x}, s^2, N) \dfrac{\bar{x} - \mu_0}{\sqrt{\dfrac{s^2}{N}}} = \dfrac{0.22 - 0}{\sqrt{\dfrac{0.0929}{10}}} = 2.283$

$\mu = \mu_1 - \mu_2$
$\mu_0 = 0$

146ページの公式を思い出すべし！

Section 4.6 対応のある2つの母平均の差の検定

検定の手順3 この検定統計量 $T(\bar{x}, s^2, N)$ は，自由度 (10−1) の t 分布に従うので，有意水準 $\alpha=0.05$ の棄却域は次のようになります．

自由度9の t 分布

有意水準 $\alpha=0.05$

棄却域

$t(9\,;\,0.05)=1.833$

棄却限界
$=t(10-1\,;\,0.05)$
$=1.833$

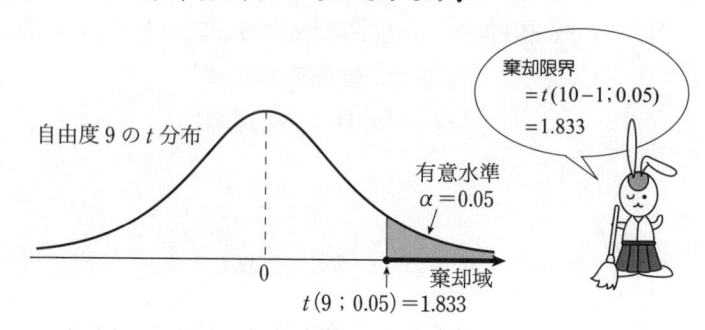

図 4.6.1　棄却域

検定統計量 $T(\bar{x}, s^2, N)=2.283$ は棄却域に入るので，有意水準 5% で仮説 H_0 は棄てられます．

したがって，予測式電子体温計は水銀体温計よりも測定値が高めに出ることがわかりました．

理解度チェック　対応のある2つの母平均の差の検定

【問題】　リンゴダイエットをする前と後の体重を測定した結果です．

表4.6.3　ダイエット前後の体重

No.	ダイエット前	ダイエット後
1	53.0	51.2
2	50.2	48.7
3	59.4	53.5
4	61.9	56.1
5	58.5	52.4
6	56.4	52.9
7	53.4	53.3

次の空欄を埋めて，対応のある2つの母平均の差の検定をしてください．

検定の手順1　仮説 H_0 と対立仮説 H_1 をたてます．

仮説 $H_0: \mu_1 - \mu_2 = 0$　　対立仮説 $H_1: \mu_1 - \mu_2 \neq 0$

検定の手順2　検定統計量 $T(\bar{x}, s^2, N)$ を計算します．

表4.6.4　体重の差

No.	x	x^2
1	1.8	
2	1.5	
3	5.9	
4	5.8	
5	6.1	
6	3.5	
7	0.1	
合計		

標本平均 $\bar{x} = \dfrac{\boxed{}}{\boxed{}} = \boxed{}$

標本分散 $s^2 = \dfrac{\boxed{} \times \boxed{} - \boxed{}^2}{\boxed{} \times (\boxed{} - 1)} = \boxed{}$

検定統計量 $T(\bar{x}, s^2, N)$

$= \dfrac{\boxed{} - \boxed{}}{\sqrt{\dfrac{\boxed{}}{\boxed{}}}} = \boxed{}$

検定の手順3　この検定統計量は，自由度（$\boxed{} - 1$）の t 分布に従うので，有意水準を $\alpha = 0.05$ とすると，$t(\boxed{}; 0.025) = \boxed{}$ となります．よって，検定統計量 $\boxed{}$ は棄却域に $\boxed{}$ ので仮説 H_0 は $\boxed{}$．

Section 4.7
2つの母分散の差の検定――等分散性

■ 2つの正規母集団の母分散の差の検定

検定統計量の公式 ── 2つの母分散の差の検定

2つの標本 $\{x_{11}\ x_{12}\ \cdots\ x_{1N_1}\}$, $\{x_{21}\ x_{22}\ \cdots\ x_{2N_2}\}$ による
2つの母分散の差の検定統計量

$$T(s_1{}^2, s_2{}^2) = \frac{s_1{}^2}{s_2{}^2}$$

は,自由度 (N_1-1, N_2-1) の F 分布に従う.

ただし,$\begin{cases} s_1{}^2 : \text{グループ1の標本分散} \\ s_2{}^2 : \text{グループ2の標本分散} \end{cases}$

(1) **両側検定**

$\begin{cases} \text{仮説 } H_0 & : \sigma_1{}^2 = \sigma_2{}^2 \\ \text{対立仮説 } H_1 & : \sigma_1{}^2 \neq \sigma_2{}^2 \end{cases}$

$T(s_1{}^2, s_2{}^2)$ が棄却域に入るとき,
有意水準 α で仮説 H_0 を棄てます.

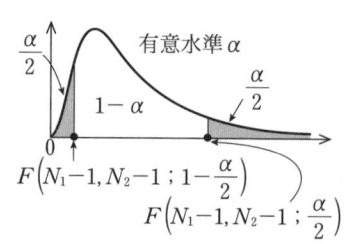

図4.7.1 棄却域

(2) **片側検定**

$\begin{cases} \text{仮説 } H_0 & : \sigma_1{}^2 = \sigma_2{}^2 \\ \text{対立仮説 } H_1 & : \sigma_1{}^2 > \sigma_2{}^2 \end{cases}$

$T(s_1{}^2, s_2{}^2)$ が棄却域に入るとき,
有意水準 α で仮説 H_0 を棄てます.

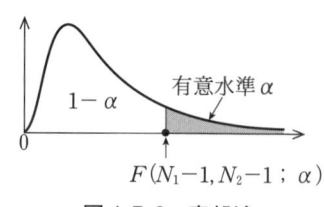

図4.7.2 棄却域

例 2つの母分散の差の検定

次のデータは，利根川水系と信濃川水系に生息しているイワナの体長を測定した結果です．

表 4.7.1　2つの水系のイワナの体長

利根川水系の体長(mm)
165　130　182　178　194　206
160　122　212　165　247　195

信濃川水系の体長(mm)
180　180　235　270　240　285
164　152

利根川水系と信濃川水系とでは，イワナの体長のバラツキに差があるのでしょうか？
2つの母分散の差の検定をしてください．

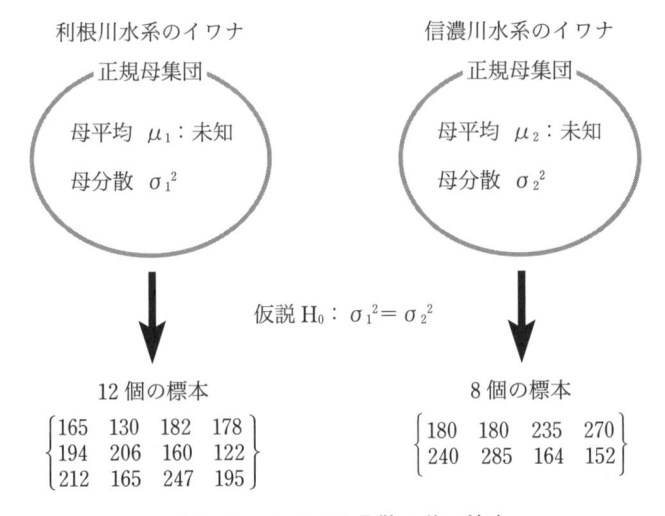

利根川水系のイワナ
正規母集団
母平均 μ_1：未知
母分散 σ_1^2

信濃川水系のイワナ
正規母集団
母平均 μ_2：未知
母分散 σ_2^2

仮説 H_0：$\sigma_1^2 = \sigma_2^2$

12個の標本
$\begin{Bmatrix} 165 & 130 & 182 & 178 \\ 194 & 206 & 160 & 122 \\ 212 & 165 & 247 & 195 \end{Bmatrix}$

8個の標本
$\begin{Bmatrix} 180 & 180 & 235 & 270 \\ 240 & 285 & 164 & 152 \end{Bmatrix}$

図 4.7.3　2つの母分散の差の検定

> この検定のことを"等分散性の検定"ともいうでござる

> 等分散性の検定にはほかにルビーンの検定というものもあります

検定の手順1 母集団に仮説 H_0 と対立仮説 H_1 をたてます．

$$仮説\ H_0\ :\ \sigma_1^2 = \sigma_2^2$$
$$対立仮説\ H_1\ :\ \sigma_1^2 \neq \sigma_2^2$$

検定の手順2 検定統計量 $T(s_1^2, s_2^2)$ を計算します．

表4.7.2　2つの水系のイワナの体長

(a)　利根川水系のグループ

No.	x_1	x_1^2
1	165	27225
2	130	16900
3	182	33124
4	178	31684
5	194	37636
6	206	42436
7	160	25600
8	122	14884
9	212	44944
10	165	27225
11	247	61009
12	195	38025
合計	2156	400692

(b)　信濃川水系のグループ

No.	x_2	x_2^2
1	180	32400
2	180	32400
3	235	55225
4	270	72900
5	240	57600
6	285	81225
7	164	26896
8	152	23104
合計	1706	381750

利根川水系のグループ

標本分散
$$s_1^2 = \frac{12 \times 400692 - 2156^2}{12 \times (12-1)}$$
$$= 1211.8788$$

信濃川水系のグループ

標本分散
$$s_2^2 = \frac{8 \times 381750 - 1706^2}{8 \times (8-1)}$$
$$= 2563.6429$$

したがって，検定統計量は
$$T(s_1{}^2, s_2{}^2) = \frac{s_1{}^2}{s_2{}^2} = \frac{1211.8788}{2563.6429} = 0.4727$$
となります．

検定の手順3 この検定統計量 $T(s_1{}^2, s_2{}^2)$ は，自由度 $(12-1, 8-1)$ の F 分布に従うので，有意水準 $\alpha = 0.05$ の棄却域は次のようになります．

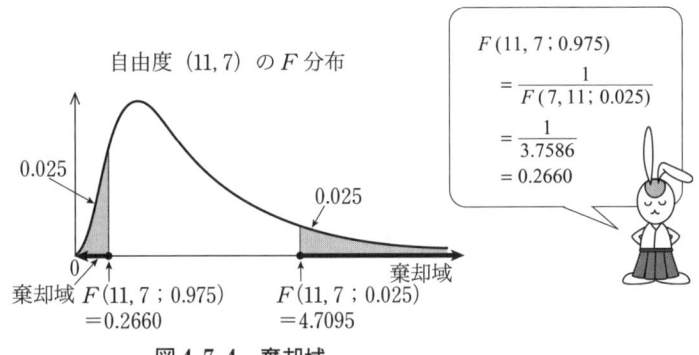

自由度 $(11, 7)$ の F 分布

0.025　　0.025

棄却域　$F(11, 7 ; 0.975)$　　$F(11, 7 ; 0.025)$　棄却域
　　　　　$= 0.2660$　　　　　$= 4.7095$

$F(11, 7 ; 0.975)$
$= \dfrac{1}{F(7, 11 ; 0.025)}$
$= \dfrac{1}{3.7586}$
$= 0.2660$

図 4.7.4　棄却域

検定統計量 $T(s_1{}^2, s_2{}^2) = 0.4727$ は棄却域に入らないので，有意水準 5% で仮説 H_0 は棄てられません．

したがって，2 つの母分散は異なるとはいえません．

利根川水系のイワナと信濃川水系のイワナの体長の母分散は等しいと仮定してよさそうですね．

棄却域の計算は Excel の関数を使うと簡単じゃよ

F 検定のときは FINV
t 検定のときは TINV
を使うべし！

理解度チェック ▶ 2つの母分散の差の検定

【問題】 次のデータは，証券Aと証券Bの投資収益率です．
証券Bより証券Aの方がリスクが大きいといわれています．
2つの証券の投資収益率の分散に差があるでしょうか？

表4.7.3 2つの証券の投資収益率

No.	証券Aの投資収益率	証券Bの投資収益率
1	−2.8	−6.3
2	−14.8	−8.5
3	−9.3	−2.4
4	2.7	4.9
5	−19.8	−11.6
6	−15.2	−2.7
7	21.4	10.3
8	14.2	6.9
9	−10.8	1.5
10	−4.5	−3.6

分散の大きい証券の方がリスクが大きいと考えられます

これは片側検定でござる

次の空欄を埋めて，2つの母分散の差の検定をしてください．

検定の手順1 仮説 H_0 と対立仮説 H_1 をたてます．

証券Aの投資収益率の母分散 σ_1^2
証券Bの投資収益率の母分散 σ_2^2

仮説 H_0 ： $\sigma_1^2 = \sigma_2^2$
対立仮説 H_1 ： $\sigma_1^2 > \sigma_2^2$

検定の手順2 検定統計量 $T(s_1^2, s_2^2)$ を計算します．

表4.7.4 2つの証券の投資収益率

(a) 証券Aのグループ

No.	x_1	x_1^2
1	-2.8	
2	-14.8	
3	-9.3	
4	2.7	
5	-19.8	
6	-15.2	
7	21.4	
8	14.2	
9	-10.8	
10	-4.5	
合計		

(b) 証券Bのグループ

No.	x_2	x_2^2
1	-6.3	
2	-8.5	
3	-2.4	
4	4.9	
5	-11.6	
6	-2.7	
7	10.3	
8	6.9	
9	1.5	
10	-3.6	
合計		

標本分散 $s_1^2 = \dfrac{\boxed{} \times \boxed{} - (\boxed{})^2}{\boxed{} \times (\boxed{} - 1)}$ 　　標本分散 $s_2^2 = \dfrac{\boxed{} \times \boxed{} - (\boxed{})^2}{\boxed{} \times (\boxed{} - 1)}$

$= \boxed{}$ 　　　　　　　　　　$= \boxed{}$

検定統計量 $T(s_1^2, s_2^2) = \dfrac{s_1^2}{s_2^2} = \dfrac{\boxed{}}{\boxed{}} = \boxed{}$

検定の手順3 この検定統計量 $T(s_1^2, s_2^2)$ は自由度 $(\boxed{}-1, \boxed{}-1)$ の F 分布に従うので，有意水準 $\alpha = 0.05$ の棄却域は次のようになります．

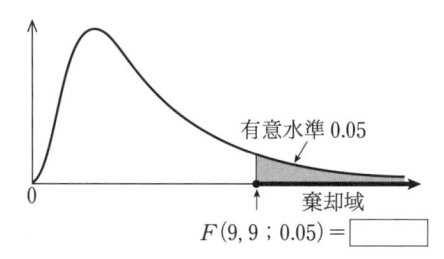

有意水準 0.05

棄却域

$F(9, 9 ; 0.05) = \boxed{}$

図4.7.5　棄却域

検定統計量 $T(s_1^2, s_2^2) = \boxed{}$ は棄却域に $\boxed{}$ ので，仮説 H_0 は $\boxed{}$ ．

Section 4.7　2つの母分散の差の検定

Section 4.8
2つの母比率の差の検定

■ 2つの母比率の差の検定

検定統計量の公式　　　　　　　　　　　2つの母比率の差の検定

2つの標本の標本比率を $\dfrac{m_1}{N_1}$, $\dfrac{m_2}{N_2}$ とする.

このとき, 2つの母比率の差 $p_1 - p_2$ の検定統計量

$$T(m_1, m_2, N_1, N_2) = \dfrac{\dfrac{m_1}{N_1} - \dfrac{m_2}{N_2}}{\sqrt{p^*(1-p^*)\left(\dfrac{1}{N_1} + \dfrac{1}{N_2}\right)}}$$

は, 標準正規分布 $N(0, 1^2)$ に従う.

ただし, 共通の比率 $p^* = \dfrac{m_1 + m_2}{N_1 + N_2}$

(1) 両側検定

$\begin{cases} 仮説\ H_0 & : p_1 - p_2 = 0 \\ 対立仮説\ H_1 & : p_1 - p_2 \neq 0 \end{cases}$

$T(m_1, m_2, N_1, N_2)$ が棄却域に入るとき, 有意水準 α で仮説 H_0 を棄てます.

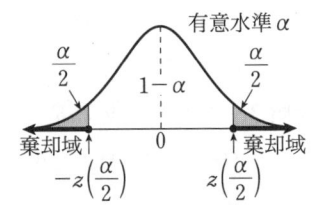

図 4.8.1　棄却域

(2) 片側検定

$\begin{cases} 仮説\ H_0 & : p_1 - p_2 = 0 \\ 対立仮説\ H_1 & : p_1 - p_2 < 0 \end{cases}$

$T(m_1, m_2, N_1, N_2)$ が棄却域に入るとき, 有意水準 α で仮説 H_0 を棄てます.

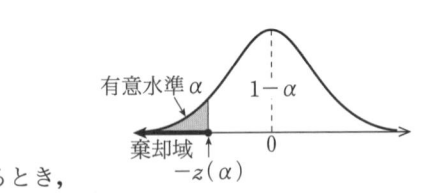

図 4.8.2　棄却域

例　2つの母比率の差の検定

NHKのあるドラマに対する視聴率を調査したところ，次のような結果を得ました．

表4.8.1　あるドラマの視聴率

(a)　関東の視聴者のグループ

ドラマを見ている	ドラマを見ていない	合計
469人	731人	1200人

(b)　関西の視聴者のグループ

ドラマを見ている	ドラマを見ていない	合計
308人	592人	900人

関東と関西では，このドラマに対する視聴率に差があるのでしょうか？

関東のグループ
2項母集団
　見ていない $\overline{A}$
　$1-p_1$
　見ている A
　母比率 p_1

関西のグループ
2項母集団
　見ていない $\overline{A}$
　$1-p_2$
　見ている A
　母比率 p_2

仮説 $H_0 : p_1 = p_2$

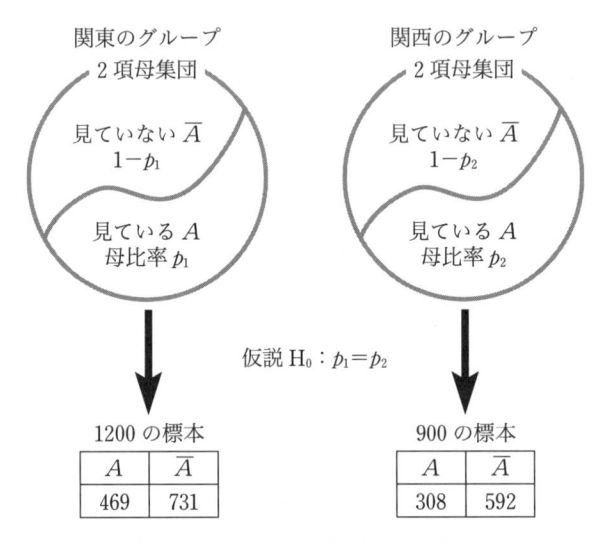

1200の標本

A	$\overline{A}$
469	731

900の標本

A	$\overline{A}$
308	592

図4.8.3　2つの母比率の差の検定

検定の手順1　母集団に仮説 H_0 と対立仮説 H_1 をたてます．

　　　　　仮説 H_0　　：$p_1 = p_2$
　　　　　対立仮説 H_1　：$p_1 \neq p_2$

検定の手順2 検定統計量 $T(m_1, m_2, N_1, N_2)$ を計算します．

標本比率 $\dfrac{m_1}{N_1} = \dfrac{469}{1200} = 0.3908$ 標本比率 $\dfrac{m_2}{N_2} = \dfrac{308}{900} = 0.3422$

共通の比率 $p^* = \dfrac{m_1 + m_2}{N_1 + N_2} = \dfrac{469 + 308}{1200 + 900} = 0.37$

$$検定統計量\ T = \dfrac{\dfrac{m_1}{N_1} - \dfrac{m_2}{N_2}}{\sqrt{p^*(1-p^*)\left(\dfrac{1}{N_1} + \dfrac{1}{N_2}\right)}}$$

$$= \dfrac{0.3908 - 0.3422}{\sqrt{0.37 \times (1-0.37) \times \left(\dfrac{1}{1200} + \dfrac{1}{900}\right)}} = 2.283$$

検定の手順3 この検定統計量 $T(m_1, m_2, N_1, N_2)$ は，標準正規分布に従うので，有意水準 $\alpha = 0.05$ の棄却域は次のようになります．

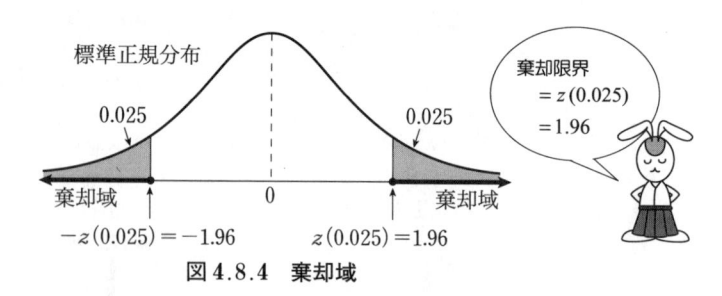

図 4.8.4 棄却域

検定統計量 $T(m_1, m_2, N_1, N_2) = 2.283$ は棄却域に入るので，仮説 H_0 は棄てられます．

したがって，関東と関西とではその番組に対する視聴率に差があることがわかりました．

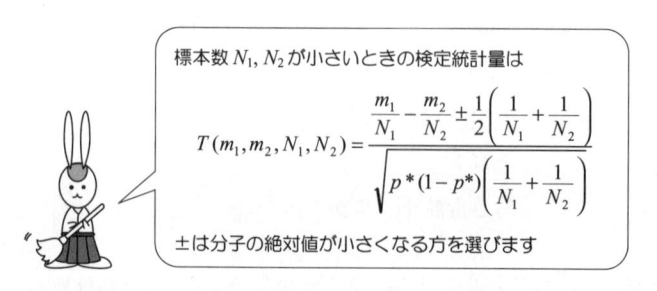

標本数 N_1, N_2 が小さいときの検定統計量は

$$T(m_1, m_2, N_1, N_2) = \dfrac{\dfrac{m_1}{N_1} - \dfrac{m_2}{N_2} \pm \dfrac{1}{2}\left(\dfrac{1}{N_1} + \dfrac{1}{N_2}\right)}{\sqrt{p^*(1-p^*)\left(\dfrac{1}{N_1} + \dfrac{1}{N_2}\right)}}$$

± は分子の絶対値が小さくなる方を選びます

理解度チェック ▶ 2つの母比率の差の検定

【問題】 次のデータは，ランダムに選ばれた人に対しておこなった内閣支持率の調査結果です．

女性と男性とでは，内閣支持率に差があるのでしょうか？

表 4.8.2　内閣支持率

性別	支持する	支持しない	合計
女性	175 人	225 人	400 人
男性	184 人	316 人	500 人

次の空欄を埋めて，2つの母比率の差の検定をしてください．

検定の手順1 仮説 H_0 と対立仮説 H_1 をたてます．

$$仮説\ H_0: p_1 = p_2 \qquad 対立仮説\ H_1: p_1 \neq p_2$$

検定の手順2 検定統計量 $T(m_1, m_2, N_1, N_2)$ を計算します．

標本比率 $\dfrac{m_1}{N_1} = \dfrac{\boxed{}}{\boxed{}} = \boxed{}$　　標本比率 $\dfrac{m_2}{N_2} = \dfrac{\boxed{}}{\boxed{}} = \boxed{}$

共通の比率 $p^* = \dfrac{\boxed{} + \boxed{}}{\boxed{} + \boxed{}} = \boxed{}$

検定統計量 $T(m_1, m_2, N_1, N_2)$

$$= \frac{\boxed{} - \boxed{}}{\sqrt{\boxed{} \times (1 - \boxed{}) \times \left(\dfrac{1}{\boxed{}} + \dfrac{1}{\boxed{}}\right)}} = \boxed{}$$

検定の手順3 この検定統計量 $T(m_1, m_2, N_1, N_2)$ は，標準正規分布に従うので，

有意水準を $\alpha = 0.05$ とすると，$z\left(\dfrac{\alpha}{2}\right) = \boxed{}$．

検定統計量 $\boxed{}$ は棄却域に $\boxed{}$ ので，

仮説 H_0 は $\boxed{}$．

Section 4.9
相関係数の検定

■ 無相関の検定

検定統計量の公式 　　　　　　　　　　　　　　　　　無相関の検定

データ数 N の標本相関係数が r のとき，
無相関の検定統計量

$$T(r,N) = \frac{r\sqrt{N-2}}{\sqrt{1-r^2}}$$

は，自由度 $N-2$ の t 分布に従う．

(1) 両側検定

$$\begin{cases} 仮説\ H_0 & : 2 つの変量\ x\ と\ y\ は無相関である \\ 対立仮説\ H_1 & : 2 つの変量\ x\ と\ y\ は相関がある \end{cases}$$

$T(r,N)$ が棄却域に入るとき，
有意水準 α で仮説 H_0 を棄てます．

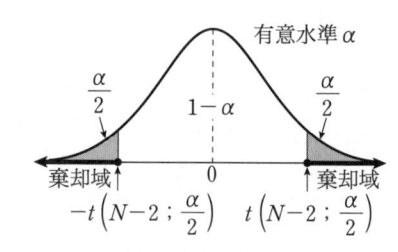

図 4.9.1　棄却域

母相関係数を ρ とすれば
$\begin{cases} 仮説\ H_0 & : \rho = 0 \\ 対立仮説\ H_1 & : \rho \neq 0 \end{cases}$

ρ：ローと読むのじゃ

例　無相関の検定

次のデータは，9つの市における大気汚染と水質汚濁の発生件数を調査した結果です．

表 4.9.1　大気汚染と水質汚濁

No.	市名	大気汚染	水質汚濁
1	A市	113	31
2	B市	64	5
3	C市	16	2
4	D市	45	17
5	E市	28	18
6	F市	19	2
7	G市	30	9
8	H市	82	25
9	I市	76	13

こんなふうに散布図を描いておくべし！

検定の手順1　母集団に仮説 H_0 と対立仮説 H_1 をたてます．

　　　　仮説 H_0　　：大気汚染と水質汚濁は無相関である
　　　　対立仮説 H_1：大気汚染と水質汚濁は相関がある

効果サイズを計算しましょう

Section 4.9　相関係数の検定

検定の手順 2 検定統計量 $T(r, N)$ を計算します．

標本相関係数 r を計算するために，次のような表を用意します．

表 4.9.2 大気汚染と水質汚濁

No.	x	y	x^2	y^2	xy
1	113	31	12769	961	3503
2	64	5	4096	25	320
3	16	2	256	4	32
4	45	17	2025	289	765
5	28	18	784	324	504
6	19	2	361	4	38
7	30	9	900	81	270
8	82	25	6724	625	2050
9	76	13	5776	169	988
合計	473	122	33691	2482	8470
	↑	↑	↑	↑	↑
	$\sum_{i=1}^{N} x_i$	$\sum_{i=1}^{N} y_i$	$\sum_{i=1}^{N} x_i^2$	$\sum_{i=1}^{N} y_i^2$	$\sum_{i=1}^{N} x_i y_i$

$$r = \frac{N\left(\sum_{i=1}^{N} x_i y_i\right) - \left(\sum_{i=1}^{N} x_i\right)\left(\sum_{i=1}^{N} y_i\right)}{\sqrt{N\left(\sum_{i=1}^{N} x_i^2\right) - \left(\sum_{i=1}^{N} x_i\right)^2} \sqrt{N\left(\sum_{i=1}^{N} y_i^2\right) - \left(\sum_{i=1}^{N} y_i\right)^2}}$$

$$= \frac{9 \times 8470 - 473 \times 122}{\sqrt{9 \times 33691 - 473^2} \sqrt{9 \times 2482 - 122^2}}$$

$$= 0.761$$

したがって，検定統計量 $T(r, N)$ は

$$T(r, N) = \frac{r\sqrt{N-2}}{\sqrt{1-r^2}}$$

$$= \frac{0.761 \times \sqrt{9-2}}{\sqrt{1-0.761^2}}$$

$$= 3.1035$$

となります．

相関係数の公式は 48 ページにござる！

手順3 この検定統計量 $T(r, N)$ は，
自由度 $(9-2)$ の t 分布に従うので，
有意水準 $\alpha=0.05$ の棄却域は次のようになります．

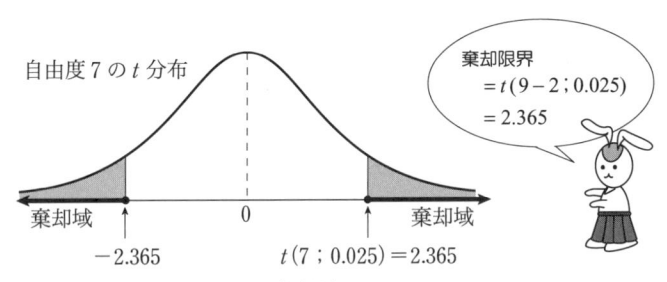

自由度 7 の t 分布

棄却限界
$= t(9-2\,;\,0.025)$
$= 2.365$

棄却域　-2.365　　0　　$t(7\,;\,0.025)=2.365$　棄却域

図 4.9.2　棄却域

検定統計量 $T(r, N) = 3.1035$ は棄却域に入るので，
有意水準 5% で仮説 H_0 は棄てられます．

したがって，大気汚染と水質汚濁の間には相関があることがわかりました．

2つの母相関係数の差の検定統計量は，標準正規分布で近似されます．

$$検定統計量\ T = \frac{z_1 - z_2}{\sqrt{\dfrac{1}{N_1 - 3} + \dfrac{1}{N_2 - 3}}}$$

ただし，$z_1 = \dfrac{1}{2} \log \dfrac{1 + r_1}{1 - r_1},\ z_2 = \dfrac{1}{2} \log \dfrac{1 + r_2}{1 - r_2}$

■ 母相関係数の検定

> **検定統計量の公式**　　　　　　　　　　　　　母相関係数の検定
>
> データ数 N の標本相関係数を r とすると，
> 母相関係数 ρ の検定統計量
> $$T(r) = \sqrt{N-3}\left(\frac{1}{2}\log\frac{1+r}{1-r} - \frac{1}{2}\log\frac{1+\rho_0}{1-\rho_0}\right)$$
> は，標準正規分布 $N(0, 1^2)$ で近似される．

(1) 両側検定

$\begin{cases} 仮説\ H_0 & : \rho = \rho_0 \\ 対立仮説\ H_1 & : \rho \neq \rho_0 \end{cases}$

$T(r)$ が棄却域に入るとき，
有意水準 α で仮説 H_0 を棄てます．

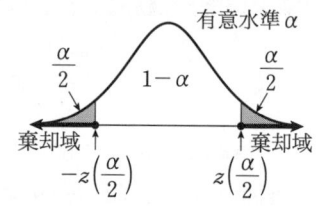

図 4.9.3　棄却域

(2) 片側検定

$\begin{cases} 仮説\ H_0 & : \rho = \rho_0 \\ 対立仮説\ H_1 & : \rho < \rho_0 \end{cases}$

$T(r)$ が棄却域に入るとき，
有意水準 α で仮説 H_0 を棄てます．

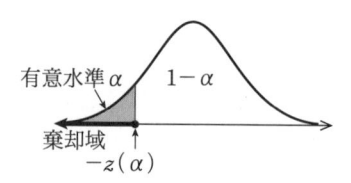

図 4.9.4　棄却域

(3) 片側検定

$\begin{cases} 仮説\ H_0 & : \rho = \rho_0 \\ 対立仮説\ H_1 & : \rho > \rho_0 \end{cases}$

$T(r)$ が棄却域に入るとき，
有意水準 α で仮説 H_0 を棄てます．

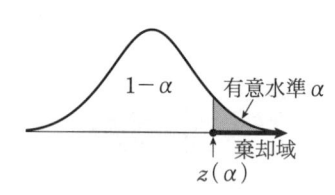

図 4.9.5　棄却域

理解度チェック ▶▶▶ 母相関係数の検定

【問題】 次のデータは，12 カ国でカロリー摂取量とエイズの患者数について調査した結果です．母相関係数 $\rho_0 = -0.3$ の検定をしてください．

表 4.9.3　12 カ国のカロリーとエイズ

No.	カロリー x	エイズ y	x^2	y^2	xy
1	2750	249			
2	2956	713			
3	2675	1136			
4	3198	575			
5	1816	5654			
6	2233	2107			
7	2375	915			
8	2288	4193			
9	1932	7225			
10	2036	3730			
11	2183	472			
12	2882	291			
合計					

検定の手順1 仮説 H_0 と対立仮説 H_1 をたてます．

$$\text{仮説 } H_0 : \rho = -0.3 \quad \text{対立仮説 } H_1 : \rho \neq -0.3$$

検定の手順2 検定統計量 $T(r)$ を計算します．

$$r = \frac{\boxed{} \times \boxed{} - \boxed{} \times \boxed{}}{\sqrt{\boxed{} \times \boxed{} - \boxed{}^2} \sqrt{\boxed{} \times \boxed{} - \boxed{}^2}} = \boxed{}$$

$$T(r) = \sqrt{\boxed{} - 3} \left(\frac{1}{2} \log \frac{1 + \boxed{}}{1 - \boxed{}} - \frac{1}{2} \log \frac{1 + \boxed{}}{1 - \boxed{}} \right) = \boxed{}$$

検定の手順3 この検定統計量 $T(r)$ は，標準正規分布で近似されるので，

$-z(0.025) = \boxed{}$.

検定統計量 $\boxed{}$ は棄却域に $\boxed{}$ ので，

仮説 H_0 は $\boxed{}$.

Section 4.10
適合度検定

■ 適合度検定

母集団が n 個のカテゴリに分類されているとします。

このとき，

"各カテゴリにおける比率が $p_1, p_2, \cdots, p_n$ かどうか"

を検定するのが，**適合度検定**です。

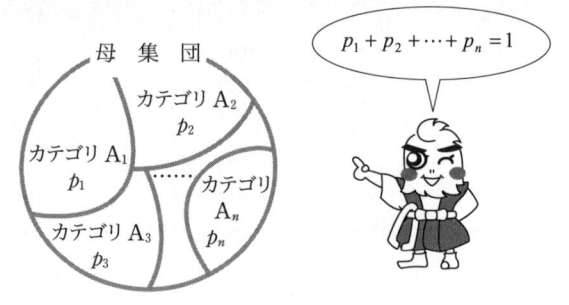

図4.10.1 適合度検定

N 個の標本を取り出したとき，それぞれのカテゴリに属するデータ数のことを**実測度数**，または**観測度数**といいます。データ数 N に比率をかけ算した値を**期待度数**といいます。

そこで，次のような実測度数と期待度数の表を用意します。

表4.10.1 適合度検定のための表

カテゴリ	A_1	A_2	$\cdots$	A_n	合計
実測度数	f_1	f_2	$\cdots$	f_n	N
期待度数	Np_1	Np_2	$\cdots$	Np_n	N

このとき期待度数の条件が付きます

期待度数 $Np_i \geq 5$

検定統計量の公式　　　　　　　　　　　　　　　　　適合度検定

適合度検定の検定統計量

$$T(f_i, N) = \frac{(f_1 - Np_1)^2}{Np_1} + \frac{(f_2 - Np_2)^2}{Np_2} + \cdots + \frac{(f_n - Np_n)^2}{Np_n}$$

は，自由度 $n-1$ のカイ2乗分布に従う．

このとき，仮説 H_0 は次のようになります．

　　　　仮説 H_0：n 個のカテゴリの比率は $p_1, p_2, \cdots, p_n$ である

そこで，検定統計量 $T(f_i, N)$ が棄却域に入るとき，有意水準 α で仮説 H_0 は棄てられます．

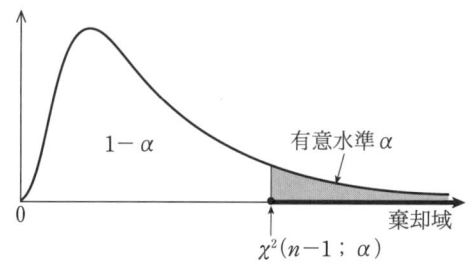

図 4.10.2　自由度 $n-1$ のカイ2乗分布と棄却域

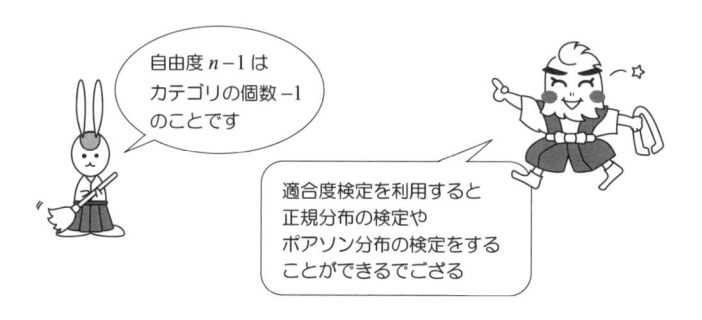

自由度 $n-1$ は
カテゴリの個数 -1
のことです

適合度検定を利用すると
正規分布の検定や
ポアソン分布の検定をする
ことができるでござる

Key Word　　適合度検定：test of goodness of fit

> **例** 適合度検定
>
> 日本人の血液型の比は
> $$A型：B型：O型：AB型 = 4:2:3:1$$
> といわれています．
> そこで，150人の日本人をランダムに選び，血液型のアンケート調査をしたところ，次のような調査結果を得ました．
>
> 表 4.10.2　日本人の血液型
>
> | 血液型 | A型 | B型 | O型 | AB型 | 合計 |
> |---|---|---|---|---|---|
> | 人数 | 57人 | 33人 | 46人 | 14人 | 150人 |
>
> 日本人の血液型の比は，
> $$A型：B型：O型：AB型 = 4:2:3:1$$
> といっていいでしょうか？

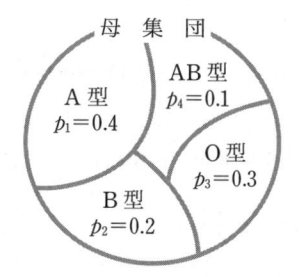

図 4.10.3　日本人の血液型の比

検定の手順1　母集団に仮説 H_0 をたてます．

　　仮説 H_0：日本人の血液型の比は
$$p_1 = 0.4, \quad p_2 = 0.2, \quad p_3 = 0.3, \quad p_4 = 0.1$$
　　である．

検定の手順2 検定統計量 $T(f_i, N)$ を計算します．

表 4.10.3 日本人の血液型の比率

血液型	比率 p_i	実測度数 f_i	期待度数 Np_i	$f_i - Np_i$	$(f_i - Np_i)^2$	$\dfrac{(f_i - Np_i)^2}{Np_i}$
A型	0.4	57	60	-3	9	0.15
B型	0.2	33	30	3	9	0.30
O型	0.3	46	45	1	1	0.0222
AB型	0.1	14	15	-1	1	0.0667
合計 N	1	150	150			0.5389

$$\begin{aligned} 検定統計量\ T(f_i, N) &= \frac{(f_1 - Np_1)^2}{Np_1} + \frac{(f_2 - Np_2)^2}{Np_2} + \frac{(f_3 - Np_3)^2}{Np_3} + \frac{(f_4 - Np_4)^2}{Np_4} \\ &= 0.5389 \end{aligned}$$

検定の手順3 この検定統計量 $T(f_i, N)$ は自由度 $(4-1)$ のカイ2乗分布に従うので，有意水準 $\alpha = 0.05$ の棄却域は次のようになります．

棄却限界
$= \chi^2(4-1\,;\,0.05)$
$= 7.81473$

自由度3のカイ2乗分布

有意水準 $\alpha = 0.05$

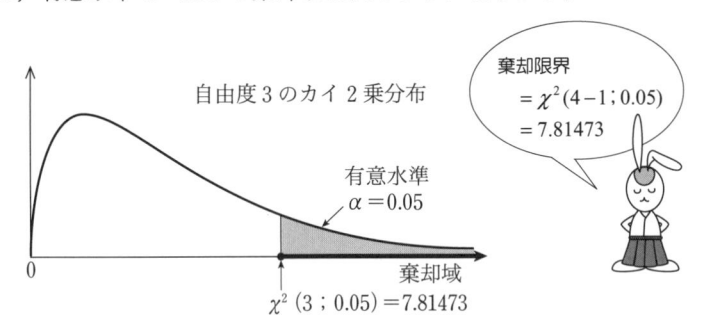

棄却域

$\chi^2(3\,;\,0.05) = 7.81473$

図 4.10.4 棄却域

検定統計量 $T(f_i, N) = 0.5389$ は棄却域に入らないので，仮説 H_0 は棄てられません．

したがって，日本人の血液型の比は

A型：B型：O型：AB型 $= 4 : 2 : 3 : 1$

でないとはいえません．

| 理解度チェック | ▶ 適合度検定 |

【問題】 サヤエンドウ豆の 4 種類の比は

$$\text{黄色丸型：黄色角型：緑色丸型：緑色角型} = 9:3:3:1$$

といわれています．

そこで，200 本のサヤエンドウ豆をランダムに取り出し，4 種類の比を調査したところ，次のような結果を得ました．

表 4.10.4　4 種類のサヤエンドウ豆

サヤエンドウ豆	黄色丸型	黄色角型	緑色丸型	緑色角形
度数	105 本	38 本	41 本	16 本

次の空欄を埋めて，適合度検定をしてください．

検定の手順 1 仮説 H_0 をたてます．

$$\text{仮説 } H_0: p_1 = \frac{9}{16},\ p_2 = \frac{3}{16},\ p_3 = \frac{3}{16},\ p_4 = \frac{1}{16}$$

検定の手順 2 検定統計量 $T(f_i, N)$ を計算します．

表 4.10.5　4 種類のサヤエンドウ豆の比率

エンドウ	比率 p_i	実測度数 f_i	期待度数 Np_i	$f_i - Np_i$	$(f_i - Np_i)^2$	$\dfrac{(f_i - Np_i)^2}{Np_i}$
黄丸	0.5625	105				
黄角	0.1875	38				
緑丸	0.1875	41				
緑角	0.0625	16				
合計 N	1	200				

検定統計量 $T(f_i, N) = \boxed{}$

検定の手順3 この検定統計量 $T(f_i, N)$ は，自由度（☐ -1）のカイ2乗分布に従うので，有意水準 $\alpha = 0.05$ の棄却域は次のようになります．

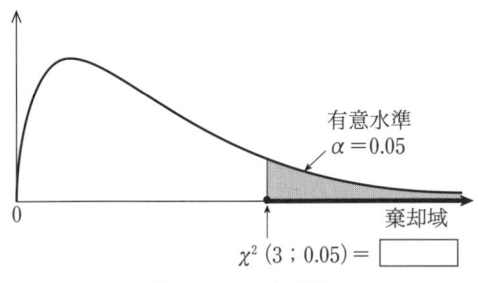

有意水準 $\alpha = 0.05$

棄却域

$\chi^2(3 ; 0.05) = $ ☐

図 4.10.5 棄却域

検定統計量 $T(f_i, N) = $ ☐ は棄却域に ☐ ので，仮説 H_0 は ☐ ．

実測度数が 10 倍になったとすると……

個数

	観測度数 N	期待度数 N	残差
16.00	16	12.5	3.5
38.00	38	37.5	.5
41.00	41	37.5	3.5
105.00	105	112.5	-7.5
合計	200		

個数

	観測度数 N	期待度数 N	残差
160.00	160	125.0	35.0
380.00	380	375.0	5.0
410.00	410	375.0	35.0
1050.00	1050	1125.0	-75.0
合計	2000		

↓ 検定統計量

	個数
カイ2乗	1.813
自由度	3
漸近有意確率	.612

↓ 検定統計量

	個数
カイ2乗	18.133
自由度	3
漸近有意確率	.000

なっ，なんと検定統計量も10倍でござる！

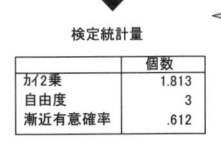

Section 4.11
独立性の検定

2つの属性 A と B が独立かどうかの検定をしましょう．

母集団が2つの属性 A と B によって，次のように $m \times n$ 個のセルに分類されているとします．

表 4.11.1　母集団と2つの属性 A, B

属性A ＼ 属性B	B_1	B_2	$\cdots$	B_n
A_1			$\cdots$	
A_2			$\cdots$	
$\vdots$	$\vdots$	$\vdots$	$\ddots$	$\vdots$
A_m			$\cdots$	

> 2×2クロス集計表の場合は237ページも見るでござる

この母集団から N 個の標本をランダムに抽出したところ，それぞれのセルに属するデータ数 f_{ij} が，次のようになったとします．

表 4.11.2　$m \times n$ クロス集計表とデータ数

属性A ＼ 属性B	B_1	B_2	$\cdots$	B_n	合計
A_1	f_{11}	f_{12}	$\cdots$	f_{1n}	f_{1B}
A_2	f_{21}	f_{22}	$\cdots$	f_{2n}	f_{2B}
$\vdots$	$\vdots$	$\vdots$	$\ddots$	$\vdots$	$\vdots$
A_m	f_{m1}	f_{m2}	$\cdots$	f_{mn}	f_{mB}
合計	f_{A1}	f_{A2}	$\cdots$	f_{An}	N

検定統計量の公式 — 独立性の検定

独立性の検定統計量
$$T(f_{ij}, N) = \sum_{i=1}^{m}\sum_{j=1}^{n} \frac{(Nf_{ij} - f_{iB}f_{Aj})^2}{Nf_{iB}f_{Aj}}$$
は，自由度 $(m-1)(n-1)$ のカイ2乗分布に従う．

仮説 H_0 と対立仮説 H_1 は，次のようになります．

$\begin{cases} 仮説\ H_0 &: 2 つの属性\ A と B は独立である \\ 対立仮説\ H_1 &: 2 つの属性\ A と B の間には関連がある \end{cases}$

このとき，棄却域は次のようになります．

● 自由度 1 の場合

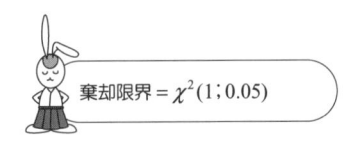

棄却限界 $= \chi^2(1\,;\,0.05)$

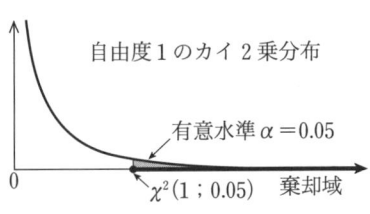

自由度 1 のカイ 2 乗分布
有意水準 $\alpha = 0.05$
$\chi^2(1\,;\,0.05)$　棄却域

図 4.11.1　棄却域

● 自由度 2 の場合

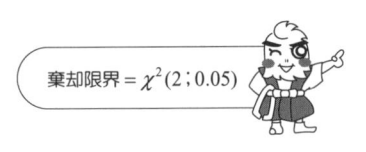

棄却限界 $= \chi^2(2\,;\,0.05)$

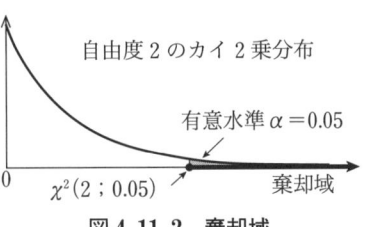

自由度 2 のカイ 2 乗分布
有意水準 $\alpha = 0.05$
$\chi^2(2\,;\,0.05)$　棄却域

図 4.11.2　棄却域

● 自由度 3 以上の場合

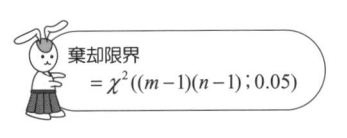

棄却限界
$= \chi^2((m-1)(n-1)\,;\,0.05)$

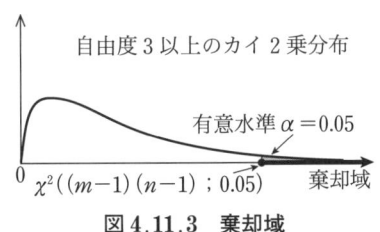

自由度 3 以上のカイ 2 乗分布
有意水準 $\alpha = 0.05$
$\chi^2((m-1)(n-1)\,;\,0.05)$　棄却域

図 4.11.3　棄却域

> **例** 独立性の検定
>
> 日本人とフランス人について血液型のアンケート調査をしたところ，次のような調査結果になりました．
>
> 表 4.11.3　日本人とフランス人の血液型
>
> | 国＼血液型 | A型 | B型 | O型 | AB型 | 合計 |
> |---|---|---|---|---|---|
> | 日本人 | 57人 | 33人 | 46人 | 14人 | 150人 |
> | フランス人 | 89人 | 24人 | 75人 | 12人 | 200人 |
>
> "国"という属性と"血液型"という属性の間に関連があるかどうか，独立性の検定をしましょう．

検定の手順1 母集団に仮説 H_0 と対立仮説 H_1 をたてます．

　　仮説 H_0　　：国と血液型は独立である

　　対立仮説 H_1：国と血液型の間には関連がある

検定の手順2 検定統計量 $T(f_{ij}, N)$ を計算します．

　計算その1　横の行の合計 f_{iB} と，縦の列の合計 f_{Aj} を計算します．

表 4.11.4　日本人とフランス人の血液型

	A型	B型	O型	AB型	合計
日本人	57	33	46	14	$f_{1B}=150$
フランス人	89	24	75	12	$f_{2B}=200$
合計	$f_{A1}=146$	$f_{A2}=57$	$f_{A3}=121$	$f_{A4}=26$	$N=350$

> 57+33+46+14=150
> + 89
> ―――
> 146

Key Word　独立性の検定：test of independence

計算その2　各セルの $\dfrac{(Nf_{ij}-f_{iB}f_{Aj})^2}{Nf_{iB}f_{Aj}}$ を計算します．

表4.11.5　各セルの計算式

	A型	B型	O型	AB型
日本人	$\dfrac{(350\times57-150\times146)^2}{350\times150\times146}$	$\dfrac{(350\times33-150\times57)^2}{350\times150\times57}$	$\dfrac{(350\times46-150\times121)^2}{350\times150\times121}$	$\dfrac{(350\times14-150\times26)^2}{350\times150\times26}$
フランス人	$\dfrac{(350\times89-200\times146)^2}{350\times200\times146}$	$\dfrac{(350\times24-200\times57)^2}{350\times200\times57}$	$\dfrac{(350\times75-200\times121)^2}{350\times200\times121}$	$\dfrac{(350\times12-200\times26)^2}{350\times200\times26}$

表4.11.6　各セルの計算結果

	A型	B型	O型	AB型
日本人	0.496086	3.007519	0.661551	0.732601
フランス人	0.372065	2.255639	0.496163	0.549451

計算その3　検定統計量 $T(f_{ij}, N)$ を計算します．

$$T(f_{ij}, N) = 0.496086 + 3.007519 + 0.661551 + 0.732601$$
$$+ 0.372065 + 2.255639 + 0.496163 + 0.549451$$
$$= 8.5711$$

検定の手順3　この検定統計量 $T(f_{ij}, N)$ は，自由度 $(2-1)(4-1)$ のカイ2乗分布に従うので，棄却域は次のようになります．

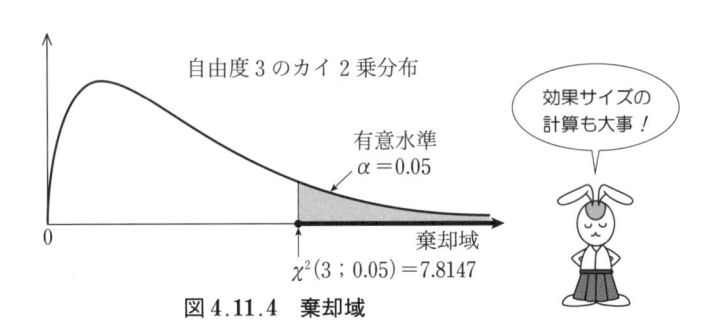

自由度3のカイ2乗分布

有意水準 $\alpha = 0.05$

棄却域

$\chi^2(3\,;\,0.05) = 7.8147$

図4.11.4　棄却域

効果サイズの計算も大事！

検定統計量 8.5711 は棄却域に入るので，仮説 H_0 は棄てられます．したがって，国と血液型の間には関連があります．

Section 4.11　独立性の検定

理解度チェック ▶ 独立性の検定

【問題】 次のデータは，高段者剣道七段・八段の選手権大会と低段者剣道三段・四段の選手権大会において，打突部位の本数を調査した結果です．

表 4.11.7 剣道の段位と打突部位

		打突部位			
		面	小手	胴	突き
段位	七段・八段	17本	19本	1本	2本
	三段・四段	21本	12本	9本	5本

段位と打突部位という2つの属性の間に関連があるかどうか，独立性の検定をしてください．

検定の手順1 仮説 H_0 と対立仮説 H_1 をたてます．

　　　仮説 H_0　　：段位と打突部位は _____

　　　対立仮説 H_1：段位と打突部位の間には _____

検定の手順2 検定統計量 $T(f_{ij}, N)$ を計算します．

計算その1 セルの合計を計算します．

表 4.11.8 剣道の段位と打突部位

	面	小手	胴	突き	合計
七段・八段	17	19	1	2	
三段・四段	21	12	9	5	
合計					

計算その2　各セルの $\dfrac{(Nf_{ij}-f_{iB}f_{Aj})^2}{Nf_{iB}f_{Aj}}$ を計算します．

表 4.11.9　剣道の段位と打突部位

	面	小手	胴	突き
七段・八段				
三段・四段				

計算その3　検定統計量 $T(f_{ij},N)$ を計算します．

$$T(f_{ij},N) = \boxed{} + \boxed{} + \boxed{} + \boxed{}$$
$$+ \boxed{} + \boxed{} + \boxed{} + \boxed{}$$
$$= \boxed{}$$

検定の手順3　この検定統計量 $T(f_{ij},N)$ は自由度 $(\boxed{}-1)(\boxed{}-1)$ のカイ2乗分布に従うので，有意水準 $\alpha=0.05$ の棄却域は次のようになります．

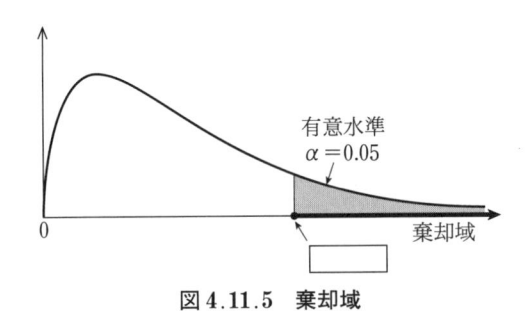

図 4.11.5　棄却域

よって，検定統計量 $\boxed{}$ は棄却域に $\boxed{}$ ので，仮説 H_0 は $\boxed{}$ ．

したがって，段位と打突部位の間に関連が $\boxed{}$ ．

Section 4.11　独立性の検定

Section 4.12
外れ値の検定

標本を抽出したとき，その中に

"非常に飛び離れた値のデータ"

が含まれていることがあります．

このようなとき，そのデータを分析から取り除いてよいのでしょうか？

■ グラブス・スミルノフの外れ値の検定

そこで，

"非常に飛び離れた値のデータを取り除いてしまってよいかどうか"

の検定をしましょう．

このような検定を

外れ値の検定

といいます．

外れ値の検定には，いろいろな方法が知られていますが，ここでは，グラブス・スミルノフの外れ値の検定を取り上げます．

検定統計量の公式　　　　グラブス・スミルノフの外れ値の検定

正規母集団から抽出した標本 $\{x_1 \; x_2 \; \cdots \; x_N\}$ において，データ x_k だけが非常に飛び離れているとする．
この外れ値の検定統計量 $T(x_k)$ は，

$$x_k \text{ が最大値の場合}\cdots\cdots T(x_k) = \frac{x_k - \bar{x}}{s}$$

$$x_k \text{ が最小値の場合}\cdots\cdots T(x_k) = \frac{\bar{x} - x_k}{s}$$

となる．ただし，s^2 は標本分散とする．
この棄却域はグラブス・スミルノフの数表より求める．

(1) 片側検定

$$\begin{cases} 仮説\ H_0 &: x_k\ は外れ値ではない \\ 対立仮説\ H_1 &: x_k\ は外れ値である \end{cases}$$

検定統計量 $T(x_k)$ が棄却域に入るとき，有意水準 $\alpha=0.05$ で仮説 H_0 を棄てます．

図中：$1-\alpha$，有意水準 α，$G_N(\alpha)$，棄却域
この値はグラブス・スミルノフの数表より求める

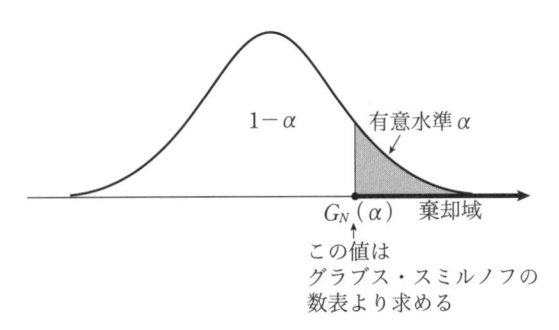

図 4.12.1　グラブス・スミルノフの外れ値の検定の棄却域

外れ値の検定をくり返すときは多重比較に注意しましょう

巻末にあるグラブス・スミルノフの数表を見るべし！

Key Word　外れ値：outliers, outlying value

> **例** グラブス・スミルノフの外れ値の検定
>
> 次のデータは，貧血症のネズミ 8 匹に対しておこなった
> 血液 100 ml 中のヘモグロビンの量です．
> $$\{3.4\ \ 3.5\ \ 3.3\ \ 2.2\ \ 3.3\ \ 3.4\ \ 3.6\ \ 3.2\}$$
> この標本の中で，$x_4=2.2$ が他のデータよりかなり小さくなっています．
> この $x_4=2.2$ のデータは外れ値なのでしょうか？
> グラブス・スミルノフの外れ値の検定をしましょう．

手順 1 母集団に仮説 H_0 と対立仮説 H_1 をたてます．

　　　仮説 H_0　　：$x_4=2.2$ のデータは外れ値ではない

　　　対立仮説 H_1　：$x_4=2.2$ のデータは外れ値である

手順 2 検定統計量 $T(x_k)$ を計算します．

表 4.12.1　ヘモグロビンの量

No.	x	x^2
1	3.4	11.56
2	3.5	12.25
3	3.3	10.89
4	2.2	4.84
5	3.3	10.89
6	3.4	11.56
7	3.6	12.96
8	3.2	10.24
合計	25.9	85.19

標本平均 $\bar{x}=\dfrac{25.9}{8}=3.2375$

標本分散 $s^2=\dfrac{8\times 85.19-25.9^2}{8\times(8-1)}$

　　　　　$=0.19125$

検定統計量 $T(x_k)=\dfrac{3.2375-2.2}{\sqrt{0.19125}}$

　　　　　　　　$=2.3724$

手順 3 グラブス・スミルノフの数表から，

$G_8(0.05)=2.032$ となります．

　検定統計量 2.3724 は棄却域に入るので，$x_4=2.2$ は外れ値と考えられます．

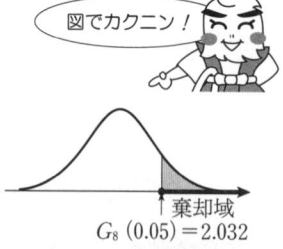

図 4.12.2　棄却域 ($G_8(0.05)=2.032$)

理解度チェック　　グラブス・スミルノフの外れ値の検定

【問題】　マンガンの融点を7回測定したところ，次の結果を得ました．
　　　　{1276　1265　1302　1283　1271　1269　1285}
　この標本の中で，$x_3=1302$ だけが大きく飛び離れたデータのように見えます．
　次の空欄を埋めて，グラブス・スミルノフの外れ値の検定をしてください．

検定の手順1　仮説 H_0 と対立仮説 H_1 をたてます．
　　　仮説 H_0　　：$x_3=1302$ のデータは外れ値ではない
　　　対立仮説 H_1　：$x_3=1302$ のデータは外れ値である

検定の手順2　検定統計量 $T(x_k)$ を計算します．

表4.12.2　融点

No.	x	x^2
1	1276	1628176
2	1265	1600225
3	1302	1695204
4	1283	1646089
5	1271	1615441
6	1269	1610361
7	1285	1651225
合計	8951	11446721

標本平均 $\bar{x} = \dfrac{\boxed{}}{\boxed{}} = \boxed{}$

標本分散 $s^2 = \dfrac{\boxed{} \times \boxed{} - \boxed{}^2}{\boxed{} \times (\boxed{} - 1)}$

$= \boxed{}$

検定統計量 $T(x_k) = \dfrac{\boxed{} - \boxed{}}{\sqrt{\boxed{}}}$

$= \boxed{}$

検定の手順3　グラブス・スミルノフの数表から，$G_\square(0.05) = \boxed{}$ となります．
　　　検定統計量 $\boxed{}$ は棄却域に $\boxed{}$ ので，
　　　仮説 H_0 は $\boxed{}$．

Section 4.13
正規性の検定

統計的検定では，母集団に"正規性"を仮定します．
この母集団の正規性をチェックする方法に

$\begin{cases} コルモゴロフ・スミルノフの検定 \\ 正規 Q\text{-}Q プロット \end{cases}$

などがあります．

つまり
正規母集団
じゃな

統計用ソフト SPSS を利用すると，次のように出力されるので，カンタンに正規性の検定をすることができます．

■ コルモゴロフ・スミルノフの検定

	Kolmogorov-Smirnov		
	統計量	自由度	有意確率.
身長	.084	60	.200

有意確率 0.200 ＞ 有意水準 0.05 なので，正規性が成り立っていると仮定できます．

■ 正規 Q-Q プロット

次の図のように，データが直線上に並んでいるときは，正規性が成り立っていると仮定できます．

身長の正規Q－Qプロット

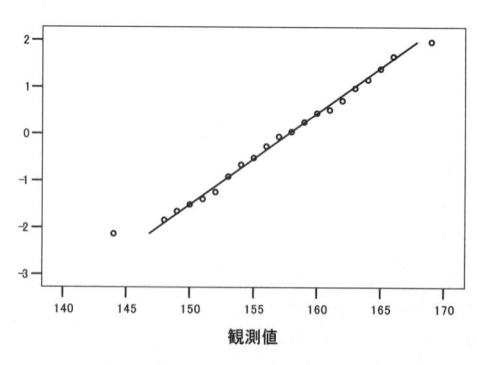

Section 4.14
歪度と尖度の検定

次のように統計量と標準誤差の表が得られたときは，
95％信頼区間の公式を利用して，歪度や尖度の検定をすることができます．

表 4.14.1　SPSS による歪度と尖度

		統計量	標準誤差
身長	歪度	－.048	.309
	尖度	－.059	.608

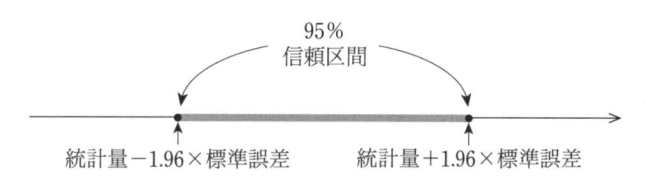

図 4.14.1　95％信頼区間の公式

■ 歪度の 95％信頼区間

$$(-0.048 - 1.96 \times 0.309,\ -0.048 + 1.96 \times 0.309)$$

この信頼区間に 0 が含まれたときは

仮説 H_0：歪度 $= 0$

を棄却できません．

■ 尖度の 95％信頼区間

$$(-0.059 - 1.96 \times 0.608,\ -0.059 + 1.96 \times 0.608)$$

この信頼区間に 0 が含まれたときは

仮説 H_0：尖度 $= 0$

を棄却できません．

> この検定は
> 正規母集団のチェックに
> 利用します

■ 効果サイズの公式

① 平均の差の検定

$$r=\sqrt{\frac{t^2}{t^2+N_1+N_2-2}}$$

② 対応のある平均の差の検定

$$r=\sqrt{\frac{t^2}{t^2+N-1}}$$

③ 相関係数の検定

$$r=r$$

④ 独立性の検定

$$\varphi=\sqrt{\frac{\chi^2}{N}}$$

⑤ ウィルコクスンの順位和検定

$$r=\frac{z}{\sqrt{N_1+N_2}}$$

⑥ ウィルコクスンの符号付順位検定

$$r=\frac{z}{\sqrt{2\times N}}$$

5章 はじめてのノンパラメトリック検定

Section 5.1　ノンパラメトリック検定とは？
Section 5.2　ウィルコクスンの順位和検定
Section 5.3　マン・ホイットニーの検定
Section 5.4　符号検定
Section 5.5　スピアマンの順位相関係数による検定
Section 5.6　ケンドールの順位相関係数による検定
Section 5.7　その他のノンパラメトリック検定

Section 5.1
ノンパラメトリック検定とは？

ノンパラメトリック検定とは
　　　　"母集団の分布に関する情報なしに検定をする方法"
と考えられています．つまり，母集団は正規分布に従っているという前提なしで検定しようというわけです．
　別の表現では
　　　　"母平均や母分散といったパラメータを利用しない検定"
といういい方もあります．
　4章の統計的検定では
　　　　"母集団の分布は正規分布と仮定する"
ことにより，2つの母平均の差の検定などをおこないました．

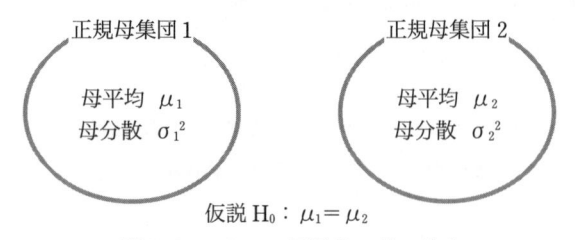

正規母集団1
母平均 μ_1
母分散 σ_1^2

正規母集団2
母平均 μ_2
母分散 σ_2^2

仮説 $H_0 : \mu_1 = \mu_2$

図 5.1.1　2つの母平均の差の検定

　でも，正規母集団という前提なしで，検定統計量や棄却域をうまく定義できるのでしょうか？
　ところで，ノンパラメトリック検定は実にさまざまな手法が開発されており，その1つひとつに
　　　　　　　　　○○○○の検定
といった按配に，その手法を考え出した人の名前が付いています．

Key Word　ノンパラメトリック検定：nonparametric test

5章　はじめてのノンパラメトリック検定

■ ノンパラメトリック検定の手順

ノンパラメトリック検定における検定の手順は，どうなっているのでしょうか？

実は，4 章の統計的検定の
"検定のための 3 つの手順"
とまったく同じです．

検定の手順 1　母集団に仮説 H_0 をたてる．

検定の手順 2　検定統計量を計算する．

検定の手順 3　検定統計量が棄却域に入るとき，
仮説 H_0 を棄てる．

検定の手順 3'　有意確率 ≦ 有意水準のとき，
仮説 H_0 を棄てる．

（検定統計量の分布はどこから導き出されるの？）

■ パラメトリック検定とノンパラメトリック検定の対応

パラメトリック検定とノンパラメトリック検定の間には，次のような対応関係があります．

$$2\text{つの母平均の差の検定} \iff \begin{cases} \text{ウィルコクスンの順位和検定} \\ \text{マン・ホイットニーの検定} \end{cases}$$

$$\text{対応のある 2 つの母平均の差の検定} \iff \begin{cases} \text{符号検定} \\ \text{ウィルコクスンの符号付順位検定} \end{cases}$$

$$1\text{元配置の分散分析} \iff \text{クラスカル・ウォリスの検定}$$

$$\text{反復測定による分散分析} \iff \text{フリードマンの検定}$$

Section 5.1　ノンパラメトリック検定とは？

Section 5.2
ウィルコクスンの順位和検定

　ウィルコクスンの順位和検定は，2つのグループ G_1，G_2 に対し
　　　"2つのグループの分布の位置にズレがあるかどうか？"
を検定する方法です．
　分布の位置とは，中央値を意味します．
　データの測定値を順位に置き換え，その順位和を検定統計量とするので，順位和検定という名前が付いています．

> ウィルコクスンの順位和検定は2つの分布の形が同じであるときに有効です

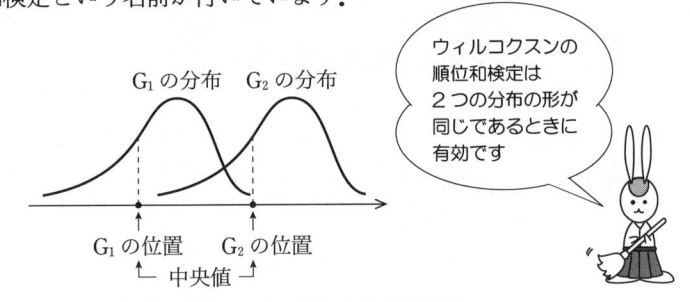

図 5.2.1　2つの分布の位置にズレがあるかどうか？

　データは，次のように与えられているとします．

表 5.2.1　データの型（$N_1 \leq N_2$）

グループ G_1

No.	データ
1	x_{11}
2	x_{12}
⋮	⋮
N_1	x_{1N_1}

グループ G_2

No.	データ
1	x_{21}
2	x_{22}
⋮	⋮
N_2	x_{2N_2}

Key Word　ウィルコクスンの順位和検定：Wilcoxon rank sum test

このとき，2つのグループのデータを次のように1つにして，x_{ij} の小さい方から順位 r_{ij} を付けます．

$$\{x_{11} \ x_{12} \ \cdots \ x_{1N_1} \ x_{21} \ x_{22} \ \cdots \ x_{2N_2}\}$$
$$\Downarrow \text{順位付け}$$
$$r_{11} \ r_{12} \ \cdots \ r_{1N_1} \ r_{21} \ r_{22} \ \cdots \ r_{2N_2}$$

すると，次のような順位表が出来上がります．

表 5.2.2　順位表

グループ G_1

No.	データ	順位
1	x_{11}	r_{11}
2	x_{12}	r_{12}
$\vdots$	$\vdots$	$\vdots$
N_1	x_{1N_1}	r_{1N_1}
合計		W

グループ G_2

No.	データ	順位
1	x_{21}	r_{21}
2	x_{22}	r_{22}
$\vdots$	$\vdots$	$\vdots$
N_2	x_{2N_2}	r_{2N_2}

検定統計量の公式　　　　　　　　　　　　**ウィルコクスンの順位和検定**

ウィルコクスンの順位和検定の検定統計量 W は，
グループ G_1 の順位和 $W = r_{11} + r_{12} + \cdots + r_{1N_1}$ とする．

グループ G_2 の順位和
$r_{21} + r_{22} + \cdots + r_{2N_2}$
でも同じ結論を得ます

同順位があるときは
計算が複雑に
なってしまうので

SPSSのような
統計解析ソフトを
使うと便利です

(1) 両側検定

$$\begin{cases} 仮説\ H_0 & : 2つのグループ\ G_1,\ G_2\ の分布の位置は同じ \\ 対立仮説\ H_1 & : グループ\ G_1\ の分布の位置は，グループ\ G_2\ の \\ & \quad 分布の位置より左または右にズレている \end{cases}$$

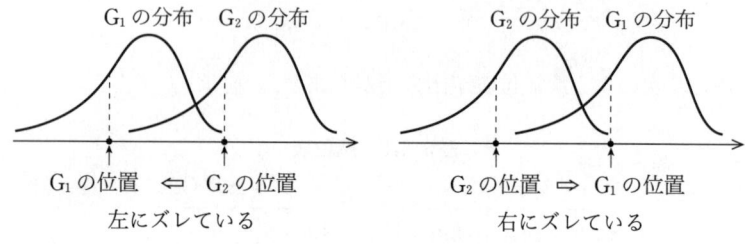

図 5.2.2　2つの分布の位置のズレ

● 検定統計量と棄却域

検定統計量 W が

$$W \leq \underline{w}_{N_1,N_2} \quad または \quad W \geq \overline{w}_{N_1,N_2}$$

のとき，有意水準 α で仮説 H_0 を棄てます．

ただし，$\underline{w}_{N_1,N_2}$，$\overline{w}_{N_1,N_2}$ はウィルコクスンの数表で与えられています．

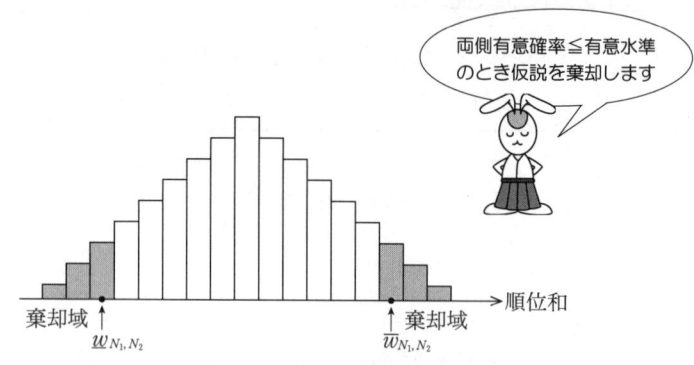

図 5.2.3　順位和の分布と両側検定の棄却域

(2) 片側検定

$\begin{cases} 仮説\ H_0\quad :2つのグループ\ G_1,\ G_2\ の分布の位置は同じ \\ 対立仮説\ H_1:グループ\ G_1の分布の位置は，グループ\ G_2\ の \\ \qquad\qquad\qquad 分布の位置より左にズレている \end{cases}$

G_1 の分布　　G_2 の分布

G_1 の位置　⇐　G_2 の位置
左にズレている

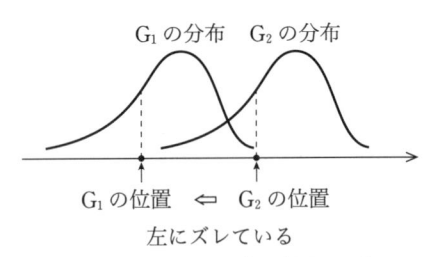

図 5.2.4　2 つの分布の位置のズレ

●検定統計量と棄却域

検定統計量 W が

$$W \leq \underline{w}_{N_1, N_2}$$

のとき，有意水準 α で仮説 H_0 を棄てます．

ただし，$\underline{w}_{N_1, N_2}$ はウィルコクスンの数表で与えられています．

> 片側有意確率≦有意水準のとき仮説を棄却するでござる

棄却域　　$\underline{w}_{N_1, N_2}$　　　　　　　　　　順位和

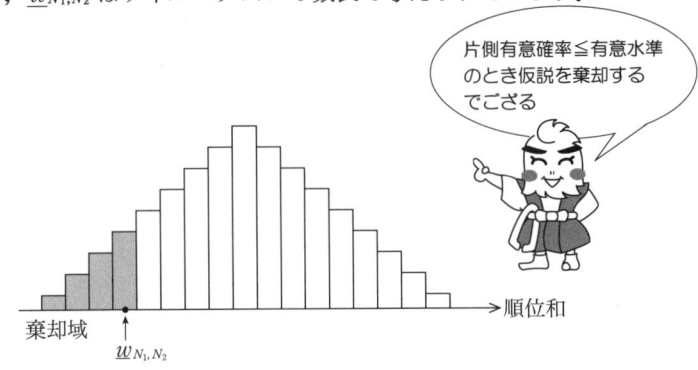

図 5.2.5　順位和の分布と片側検定の棄却域

(3) 片側検定

$\begin{cases} 仮説 H_0 & : 2つのグループ G_1, G_2 の分布の位置は同じ \\ 対立仮説 H_1 : グループ G_1 の分布の位置は, グループ G_2 の \\ \qquad 分布の位置より右にズレている \end{cases}$

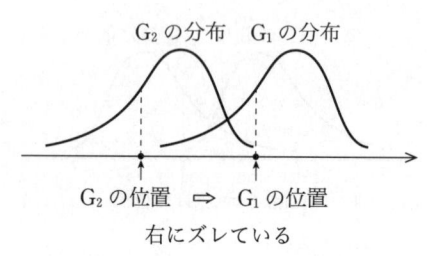

図 5.2.6　2つの分布の位置のズレ

● 検定統計量と棄却域

検定統計量 W が

$$W \geq \overline{w}_{N_1, N_2}$$

のとき，有意水準 α で仮説 H_0 を棄てます．

ただし，$\overline{w}_{N_1, N_2}$ はウィルコクスンの数表で与えられています．

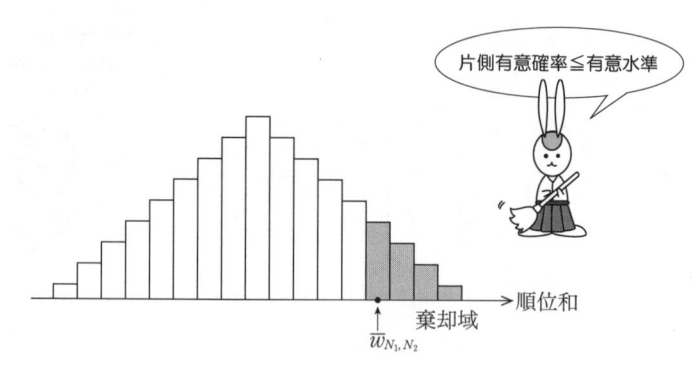

図 5.2.7　順位和の分布と片側検定の棄却域

> **例** ウィルコクスンの順位和検定

次のデータは，ある病気の被験者 4 名と健康な被験者 5 名に対し赤血球の数を測定した結果です．
この病気の人は健康な人に比べて赤血球の数が少ないといわれています．ウィルコクスンの順位和検定をしましょう．

表 5.2.3　2 つのグループの赤血球の数

病気のグループ

No.	赤血球の数
1	4.86
2	4.72
3	5.17
4	4.62

健康なグループ

No.	赤血球の数
1	5.01
2	4.94
3	5.23
4	5.18
5	5.29

片側検定でござる

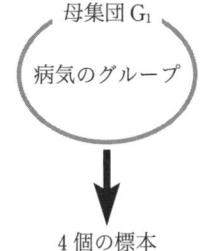

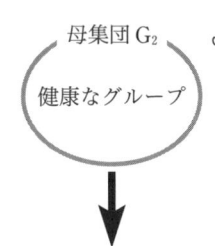

母集団 G_1
病気のグループ

母集団 G_2
健康なグループ

4 個の標本
{4.86　4.72　5.17　4.62}

5 個の標本
{5.01　4.94　5.23　5.18　5.29}

図 5.2.8　2 つのグループの赤血球の数

検定の手順 1　母集団に仮説 H_0 と対立仮説 H_1 をたてます．

　　仮説 H_0　　：グループ G_1 と G_2 の分布の位置は同じである
　　対立仮説 H_0：グループ G_1 の分布の位置はグループ G_2 の
　　　　　　　　　分布の位置より左にズレている

検定の手順2 検定統計量 W を計算します．

2つのグループのデータを大きさの順に並べ，順位を付けます．

表 5.2.4　大きさの順に並べる

グループ	G_1	G_1	G_1	G_2	G_2	G_1	G_2	G_2	G_2
データ	4.62	4.72	4.86	4.94	5.01	5.17	5.18	5.23	5.29
順位	1位	2位	3位	4位	5位	6位	7位	8位	9位

⇩

表 5.2.5　G_1 と G_2 の順位表

	グループ G_1				グループ G_2			
データ	4.86	4.72	5.17	4.62	5.01	4.94	5.23	5.18	5.29
順位	3位	2位	6位	1位	5位	4位	8位	7位	9位

したがって，検定統計量 W は

$$W = 3+2+6+1$$
$$= 12$$

となります．

検定の手順3 ウィルコクスンの順位和検定の数表で $\underline{w}_{N_1,N_2}$ の値を求めます．

$$N_1 = 4, \quad N_2 = 5$$

なので

$$\underline{w}_{4,5} = 12$$

となります．よって

$$検定統計量\ W = 12 \leq \underline{w}_{4,5} = 12$$

なので，有意水準 $\alpha = 0.05$ で仮説 H_0 は棄てられます．

したがって，この病気の人は

"健康な人に比べて赤血球の数が少ない"

ことがわかりました．

■ 片側検定の場合の棄却域の求め方

ウィルコクスンの順位和検定の数表（両側検定）は次のようになっています．

表 5.2.6　ウィルコクスンの順位和検定の数表（両側検定）

N_1	N_2	α					
		0.10		0.05		0.01	
		$\underline{w}$	$\overline{w}$	$\underline{w}$	$\overline{w}$	$\underline{w}$	$\overline{w}$
4	4	11	25	10	26	—	
	5	12	28	11	29	—	
	6	13	31	12	32	10	34
	7	14	34	13	35	10	38
	⋮	⋮	⋮	⋮	⋮	⋮	⋮

そこで，片側検定をしたい場合，$\alpha=0.10$ のところを見ます．

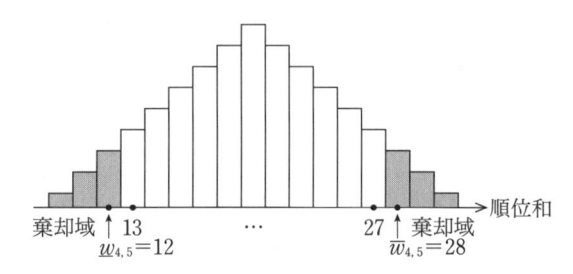

図 5.2.9　順位和の分布と両側検定の棄却域

棄却域 ↑ 13　　　　　　　　27 ↑ 棄却域
　$\underline{w}_{4,5}=12$　　　　　　　　　$\overline{w}_{4,5}=28$

そして，有意水準 $\alpha=0.05$ なので，左側だけを見ます．

棄却域 ↑ 13
　$\underline{w}_{4,5}=12$

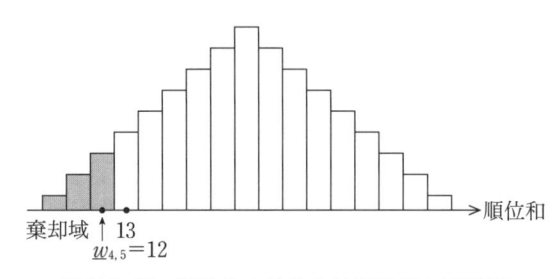

図 5.2.10　順位和の分布と片側検定の棄却域

■ 順位和の分布

ところで，ウィルコクスンの順位和検定の棄却限界

$$\underline{w}_{4,5}=12$$

は，どのようにして求められているのでしょうか？

そのためには

"順位和の分布を調べる"

必要があります．

表5.2.3のデータは全部で9個あります．このうち，グループG_1のデータは

4個

ですから，グループG_1の順位和は

1位から9位までの4つの順位の合計

つまり

■ + ■ + ■ + ■

のようになります．

この順位和の最小値と最大値は

最小値$=1+2+3+4=10$　　最大値$=6+7+8+9=30$

ですから，順位和の分布は次のようになりますね！

表5.2.7　順位和の分布

順位和	10	11	12	13	14	15	16	17	18	19	20
通り	1	1	2	3	5	6	8	9	11	11	12
確率	0.008	0.008	0.016	0.024	0.04	0.048	0.063	0.071	0.087	0.087	0.095
順位和	21	22	23	24	25	26	27	28	29	30	
通り	11	11	9	8	6	5	3	2	1	1	
確率	0.087	0.087	0.071	0.063	0.048	0.04	0.024	0.016	0.008	0.008	

たとえば，$W=12$の場合，順位和が12になる組合せは

$1+2+3+6$　と　$1+2+4+5$

の2通りなので，順位和Wが12になる確率は

$$\frac{2}{126} ≒ 0.016$$

となります．

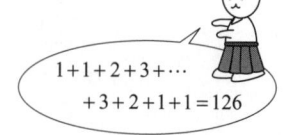

$1+1+2+3+\cdots$
$+3+2+1+1=126$

この順位和の確率分布のグラフは，次のようになります．

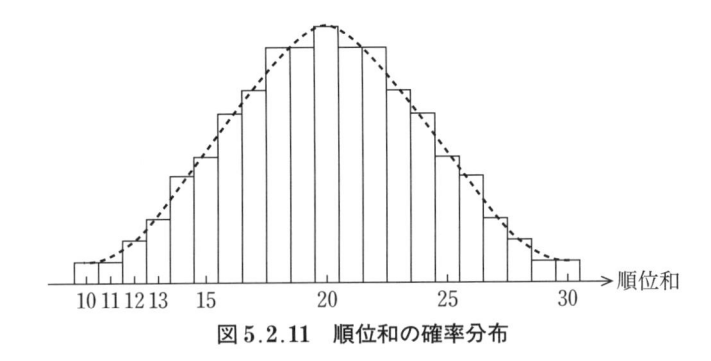

図 5.2.11 順位和の確率分布

したがって，順位和 W の有意確率は

$W=10$ のとき，有意確率 $=0.008$

$W=11$ のとき，有意確率 $=0.008+0.008=0.016$

$W=\boxed{12}$ のとき，有意確率 $=0.008+0.008+0.016=\boxed{0.032}$

$W=\boxed{13}$ のとき，有意確率 $=0.008+0.008+0.016+0.024=\boxed{0.056}$

⋮   ⋮

となります．つまり，有意水準 α が 0.05 のときの $\underline{w}_{4,5}$ は……？

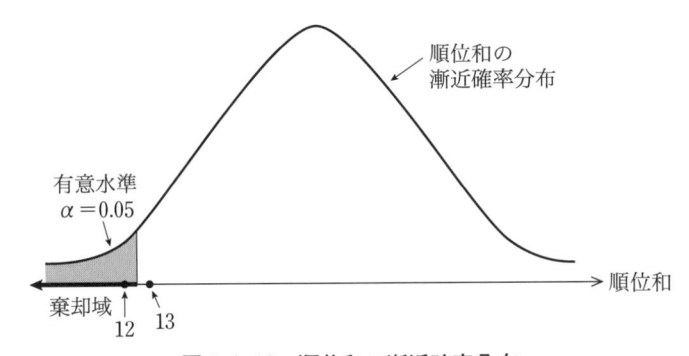

図 5.2.12 順位和の漸近確率分布

この図からもわかるように，
順位和の棄却限界は

$$\underline{w}_{4,5}=12$$

ですね！

> 連続だと棄却限界は 12 と 13 の間じゃな！

Section 5.2 ウィルコクスンの順位和検定

理解度チェック　ウィルコクソンの順位和検定

【問題】　次のデータは，コンパニオンとウェイトレスの時給について調査した結果です．

表5.2.8　2つのグループの時給

コンパニオンのグループ

No.	時給(円)
1	1400
2	1500
3	2200
4	2000
5	2500
6	2300
7	1600

ウェイトレスのグループ

No.	時給(円)
1	850
2	1000
3	1100
4	950
5	1200
6	900
7	1050
8	800

2つのグループの時給に差がありますか？

次の空欄を埋めて，ウィルコクソンの順位和検定をおこなってください．

検定の手順1　母集団に，仮説 H_0 という対立仮説 H_1 をたてます．

　　　仮説 H_0　　：2つのグループの時給は同じ

　　　対立仮説 H_1：2つのグループの時給は異なる

検定の手順2　検定統計量 W を計算します．

$W = \boxed{9} + \boxed{10} + \boxed{13} + \boxed{12} + \boxed{15} + \boxed{14} + \boxed{11} = \boxed{84}$

検定の手順3　有意水準 $\alpha=0.05$ の棄却域は

　　　　　　$\underline{w}_{7,8} = \boxed{39}$　　　$\overline{w}_{7,8} = \boxed{73}$

　　なので，検定統計量 $W = \boxed{84}$ は棄却域に $\boxed{入る}$ ．

　　したがって，仮説 H_0 は $\boxed{棄却される}$ ．

★ SPSS による 2 つの母平均の差の検定

このデータの SPSS による出力結果は，次のようになります．

		等分散性のための Levene の検定		2 つの母平均の差の検定		
		F 値	有意確率	t 値	自由度	有意確率（両側）
時給	等分散を仮定する。	16.214	.001	−5.929	13	.000
	等分散を仮定しない。			−5.586	7.007	.001

★ SPSS によるウィルコクスンの順位和検定

このデータの SPSS による出力結果は，次のようになります．

順位

	グループ	N	平均ランク	順位和
時給	ウェイトレス	8	4.50	36.00
	コンパニオン	7	12.00	84.00
	合計	15		

検定統計量

	時給
Mann-Whitney の U	.000
Wilcoxon の W	36.000
Z	−3.240
漸近有意確率（両側）	.001
正確有意確率 [2x(片側有意確率)]	.000

効果サイズを計算しよう

有意確率を比べてみるとノンパラメトリック検定の結果は正規母集団の場合とあまり変わりません

Section 5.3
マン・ホイットニーの検定

マン・ホイットニーの検定も，2つのグループの分布の位置にズレがあるかどうかの検定です．

データは，次のように与えられているとします．

表5.3.1　データの型

グループ G_1		グループ G_2	
No.	データ	No.	データ
1	x_{11}	1	x_{21}
2	x_{12}	2	x_{22}
⋮	⋮	⋮	⋮
N_1	x_{1N_1}	N_2	x_{2N_2}

検定統計量の公式 　　　　　　　　　マン・ホイットニーの検定

マン・ホイットニーの検定統計量 M は，
x_{1i} と x_{2j} のすべての組合せ（x_{1i} x_{2j}）に対して

$$M = x_{1i} > x_{2j} \text{ となる組合せ}（x_{1i}\ x_{2j}）\text{の総数}$$

とする．

ところで，ウィルコクスンの順位和の小さい方を W とするとマン・ホイットニーの検定統計量 M との間に

$$M = W - \frac{1}{2}N(N+1)$$

という関係式が成立します．

ウィルコクスンとマン・ホイットニーの2つの検定は本質的に同じものと考えられています．

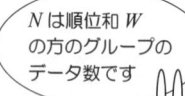

> N は順位和 W の方のグループのデータ数です

Key Word　マン・ホイットニーの検定：Mann-Whitney test

> **例** マン・ホイットニーの検定

次のデータは，ウィルコクスンの順位和検定で用いたデータと同じです．
マン・ホイットニーの検定統計量 M を求めましょう．

表5.3.2 2つのグループの赤血球の数

グループ G_1

No.	データ
1	$x_{11}=4.86$
2	$x_{12}=4.72$
3	$x_{13}=5.17$
4	$x_{14}=4.62$

グループ G_2

No.	データ
1	$x_{21}=5.01$
2	$x_{22}=4.94$
3	$x_{23}=5.23$
4	$x_{24}=5.18$
5	$x_{25}=5.29$

x_{1i} と x_{2j} のすべての組合せに対して，大小関係を比較すると……

1. $x_{11}=4.86$ のとき　$x_{11}>x_{2j}$　となる $(x_{11}\ x_{2j})$ の組合せ数は 0 個
2. $x_{12}=4.72$ のとき　$x_{12}>x_{2j}$　となる $(x_{12}\ x_{2j})$ の組合せ数は 0 個
3. $x_{13}=5.17$ のとき　$x_{13}>x_{2j}$　となる $(x_{13}\ x_{2j})$ の組合せは
　　　　　　　　　　　　　　　　　　　　$(x_{13}\ x_{21})$，$(x_{13}\ x_{22})$ の 2 個
4. $x_{14}=4.62$ のとき　$x_{14}>x_{2j}$　となる $(x_{14}\ x_{2j})$ の組合せ数は 0 個

したがって，マン・ホイットニーの検定統計量 M は
$$M=0+0+2+0=2$$
となりました．

ところで，このデータのウィルコクスンの順位和 W は $W=12$ だったので
$$M=W-\frac{1}{2}N(N+1)$$
$$2=12-\frac{1}{2}\times 4\times(4+1)$$

が成り立っていますね！

Section 5.4
符号検定

符号検定は，対応関係のある2つのグループに対してその2つのグループ間に差があるかどうかを検定します．

データは，次のように与えられているとします．

表 5.4.1 データの型

No.	グループ G_1 データ	グループ G_2 データ
1	x_{11}	x_{21}
2	x_{12}	x_{22}
⋮	⋮	⋮
N	x_{1N}	x_{2N}

"ウィルコクスンの符号付順位検定"というのもあるぞ

検定統計量の公式　　　　　　　　　　　符号検定

符号検定の検定統計量 S は，各 (x_{1i}, x_{2i}) に対して

$$x_{1i} > x_{2i} \text{ となる組 } (x_{1i}, x_{2i}) \text{ の総数}$$

とする．

(1) 両側検定

$\begin{cases} \text{仮説 } H_0 & : \text{グループ } G_1 \text{ と } G_2 \text{ の分布の位置は同じ} \\ \text{対立仮説 } H_1 & : \text{グループ } G_1 \text{ と } G_2 \text{ の分布の位置はズレている} \end{cases}$

● **検定統計量と棄却域**

検定統計量 S が $S \leq r_\alpha$ または $N - r_\alpha \leq S$ のとき，仮説 H_0 を棄てます．

ただし，r_α は符号検定の数表から与えられます．

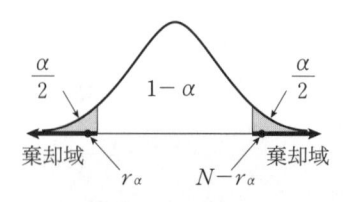

図 5.4.1 棄却域

(2) 片側検定

$$\begin{cases} 仮説\ H_0 &: グループ\ G_1\ と\ G_2\ の分布の位置は同じ \\ 対立仮説\ H_1 &: グループ\ G_1\ の分布の位置は，グループ\ G_2\ の \\ & \quad 分布の位置より左にズレている \end{cases}$$

● 検定統計量と棄却域

検定統計量 S が $S \leq r_{S\alpha}$ のとき，仮説 H_0 を棄てます。

ただし，$r_{S\alpha}$ は符号検定の数表から与えられます。

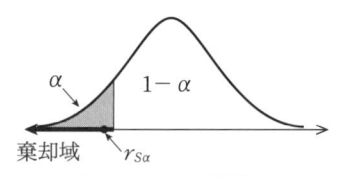

図 5.4.2　棄却域

(3) 片側検定

$$\begin{cases} 仮説\ H_0 &: グループ\ G_1\ と\ G_2\ の分布の位置は同じ \\ 対立仮説\ H_1 &: グループ\ G_1\ の分布の位置は，グループ\ G_2\ の \\ & \quad 分布の位置より右にズレている \end{cases}$$

● 検定統計量と棄却域

検定統計量 S が $S \geq r_{L\alpha}$ のとき，仮説 H_0 を棄てます。

ただし，$r_{L\alpha}$ は符号検定の数表から与えられます。

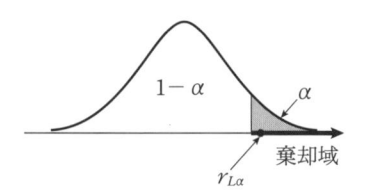

図 5.4.3　棄却域

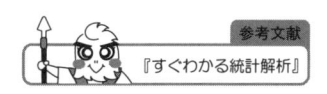

参考文献
『すぐわかる統計解析』

Key Word　符号検定：sign test

例　符号検定

次のデータは，片頭痛の女性患者 14 名に 2 種類の頭痛薬 A と B を投与したとき，頭痛がおさまるまでの時間を測定したものです．

表5.4.2　頭痛がおさまるまでの時間

No.	頭痛薬 A	頭痛薬 B	
1	28 分	32 分	
2	25 分	30 分	
3	29 分	31 分	
4	28 分	27 分	← 28＞27
5	30 分	35 分	
6	20 分	25 分	
7	31 分	40 分	
8	27 分	30 分	
9	24 分	45 分	
10	26 分	28 分	
11	35 分	32 分	← 35＞32
12	23 分	30 分	
13	27 分	30 分	
14	32 分	38 分	

検定の手順1　母集団に仮説 H_0 と対立仮説 H_1 をたてます．

　　仮説 H_0　　：頭痛薬 A と頭痛薬 B の頭痛がおさまるまでの時間は同じ

　　対立仮説 H_1：頭痛薬 A と頭痛薬 B の頭痛がおさまるまでの時間にズレがある

手順2 検定統計量 S を計算します。

$x_{1i} > x_{2i}$ となる組は

$$(28, 27) \quad (35, 32)$$

の2組なので

$$S = 2$$

となります。

手順3 符号検定の数表から r_α を求めます。

$$N = 14, \quad \alpha = 0.05$$

なので

$$r_\alpha = 3$$

となります。

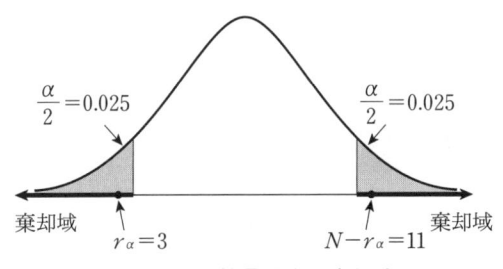

図5.4.4 符号検定の棄却域

検定統計量 $S = 2 \leq r_\alpha = 3$ なので，仮説 H_0 は棄てられます。

したがって，頭痛薬 A と頭痛薬 B とでは頭痛がおさまるまでの時間にズレがあることがわかりました。

Section 5.5
スピアマンの順位相関係数による検定

対応関係のある2つの変量 A, B に対し，
$$\text{スピアマンの順位相関係数 } r_S$$
を用いて，2変量 A, B に相関があるかどうかを検定します．

データは，次のように与えられているとします．

表 5.5.1　データの型

No.	変量 A	変量 B
1	a_1	b_1
2	a_2	b_2
⋮	⋮	⋮
N	a_N	b_N

検定統計量の公式　　　　スピアマンの順位相関係数による検定

スピアマンの順位相関係数 r_S
$$r_S = 1 - \frac{6\sum_{i=1}^{N}(a_i - b_i)^2}{N(N^2-1)}$$
を検定統計量とする．

---

(1)　両側検定

$$\begin{cases} \text{仮説 } H_0 \quad : 2\text{変量 } A \text{ と } B \text{ に相関はない} \\ \text{対立仮説 } H_1 : 2\text{変量 } A \text{ と } B \text{ に相関がある} \end{cases}$$

● 検定統計量と棄却域

検定統計量 $|r_S|$ がスピアマンの順位相関検定の数表の値以上のとき，仮説 H_0 を棄てます．

ところで……

2×2クロス集計表の場合，独立性の検定は次のようになります．

表5.5.2　2×2クロス集計表

A \ B	B_1	B_2	合計
A_1	f_{11}	f_{12}	$f_{11}+f_{12}$
A_2	f_{21}	f_{22}	$f_{21}+f_{22}$
合計	$f_{11}+f_{21}$	$f_{12}+f_{22}$	N

独立性の検定の検定統計量 $T(f_{ij}, N)$

$$T(f_{ij},N)=\frac{N(f_{11}f_{22}-f_{12}f_{21})^2}{(f_{11}+f_{12})(f_{21}+f_{22})(f_{11}+f_{21})(f_{12}+f_{22})}$$

は，自由度1のカイ2乗分布に従う．

イェーツの補正をおこなうときは

$$T(f_{ij},N)=\frac{N\left(|f_{11}f_{22}-f_{12}f_{21}|-\frac{N}{2}\right)^2}{(f_{11}+f_{12})(f_{21}+f_{22})(f_{11}+f_{21})(f_{12}+f_{22})}$$

を検定統計量として用います．

フィッシャーの直接法のときは

$$片側有意確率=\frac{(f_{11}+f_{12})!(f_{21}+f_{22})!(f_{11}+f_{21})!(f_{12}+f_{22})!}{N!\,f_{11}!\,f_{12}!\,f_{21}!\,f_{22}!}$$

と有意水準 $\alpha=0.05$ を比べます．ただし，$f_{11}=0$ の場合です．

Key Word　フィッシャーの直接法：Fisher's exact test

例　スピアマンの順位相関係数による検定

T大学附属小学校において，10人の子供に分数の計算方法を演繹的方法と帰納的方法の2通りで教えました．
次のデータは，分数計算の試験の成績（10点満点）です．

表 5.5.3　小学生の分数計算の成績

No.	1	2	3	4	5	6	7	8	9	10
A（演繹的方法）	5	8	10	3	4	2	8	9	7	4
B（帰納的方法）	3	8	8	4	5	3	6	10	8	4

検定の手順1　母集団に仮説 H_0 と対立仮説 H_1 をたてます．

　　仮説 H_0　：演繹的方法と帰納的方法による分数計算の
　　　　　　　　教育方法に相関はない

　　対立仮説 H_1：演繹的方法と帰納的方法による分数計算の
　　　　　　　　教育方法に相関がある

検定の手順2　検定統計量 r_s を計算します．

表 5.5.4　小学生の分数計算の成績

No.	A	B	Aの順位	Bの順位	順位の差	差の2乗
1	5	3	6	9.5	−3.5	12.25
2	8	8	3.5	3	0.5	0.25
3	10	8	1	3	−2	4
4	3	4	9	7.5	1.5	2.25
5	4	5	7.5	6	1.5	2.25
6	2	3	10	9.5	0.5	0.25
7	8	6	3.5	5	−1.5	2.25
8	9	10	2	1	1	1
9	7	8	5	3	2	4
10	4	4	7.5	7.5	0	0
					合計	28.5

検定統計量 r_s は

$$r_s = 1 - \frac{6 \times \sum_{i=1}^{N}(a_i - b_i)^2}{N(N^2-1)}$$
$$= 1 - \frac{6 \times 28.5}{10 \times (10^2-1)}$$
$$= 0.827$$

となります．

検定の手順3 スピアマンの順位相関検定の数表から $r_N(\alpha)$ を求めます．
$$N = 10, \quad \alpha = 0.05$$
なので
$$r_N(\alpha) = 0.632$$
となります．

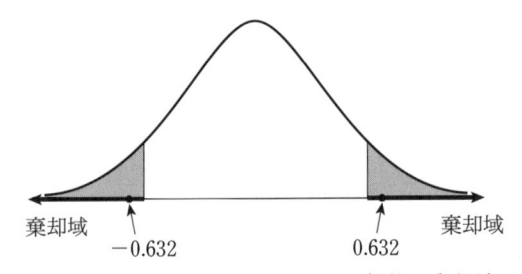

棄却域　−0.632　　0.632　棄却域

図 5.5.1　スピアマンの順位相関係数の棄却域

検定統計量 $|r_s| = 0.827 \geqq r_N(\alpha) = 0.632$ なので，仮説 H_0 は棄てられます．

したがって，演繹的方法と帰納的方法による分数計算の教育方法に相関があることがわかりました．

Section 5.6
ケンドールの順位相関係数による検定

対応関係のある2つの変量 A と B に対し，

ケンドールの順位相関係数 τ

を利用して，2変量 A と B が互いに独立かどうかを検定します．

データは，次のように与えられているとします．

表 5.6.1　データの型

No.	変量 A	変量 B
1	a_1	b_1
2	a_2	b_2
⋮	⋮	⋮
N	a_N	b_N

独立ならば
相関係数 =0
でござるよ

ケンドールの
順位相関係数 τ を
利用するとき
検定統計量は
$$\frac{N(N-1)}{2}\tau$$
となります

| 検定統計量の公式 | ケンドールの順位相関係数による検定 |

2つの組 (a_i, b_i), (a_j, b_j) を取り出したとき
$$a_i < a_j,\ b_i < b_j \quad \text{または} \quad a_i > a_j,\ b_i > b_j$$
のように，順位の大小が一致すれば，この2つの組に+1点を与える．
逆に
$$a_i < a_j,\ b_i > b_j \quad \text{または} \quad a_i > a_j,\ b_i < b_j$$
のように順位の大小が反対になっているときには，
この2つの組に対して−1点を与える．
このとき
$$P = +1\text{点の総数}, \quad Q = -1\text{点の総数}$$
とおけば
$$S = P - Q$$
が検定統計量となる．

(1) 両側検定

$\begin{cases} \text{仮説 } H_0 \quad : 2 \text{つの変量 } A \text{ と } B \text{ は互いに独立である} \\ \text{対立仮説 } H_1 : 2 \text{つの変量 } A \text{ と } B \text{ は関連がある} \end{cases}$

● 検定統計量と棄却域

検定統計量 S がケンドールの順位相関検定の数表の値以上のとき，仮説 H_0 を棄てます．

> **例** ケンドールの順位相関係数による検定

5本の赤ワインに対して、ソムリエU氏とO氏が順位付けをおこないました。2人の判定は一致しているといえるのでしょうか？

表5.6.2　2人のソムリエによる赤ワインの順位付け

赤ワイン	A	B	C	D	E
U氏の順位	5	2	4	1	3
O氏の順位	4	1	5	3	2

検定の手順1 母集団に、仮説 H_0 と対立仮説 H_1 をたてます。

　　仮説 H_0　　：ソムリエU氏とO氏の判定順位は独立である
　　対立仮説 H_1：ソムリエU氏とO氏の判定順位に関連がある

検定の手順2 検定統計量を計算します。

すべての組合せに対し、点数を付けます。

$(A,B)=+1$　$(A,C)=-1$　$(A,D)=+1$　$(A,E)=+1$
$(B,C)=+1$　$(B,D)=-1$　$(B,E)=+1$
$(C,D)=+1$　$(C,E)=+1$
$(D,E)=-1$

よって、$P=7$, $Q=3$ なので

$$S=P-Q$$
$$=7-3$$
$$=4$$

となります。

検定の手順3 ケンドールの順位相関検定の数表から棄却限界を求めます．

$N=5$，$α=0.05$ なので，棄却限界は 8

となります．

したがって，検定統計量 4 は棄却限界より小さいので，仮説 H_0 は棄てられません．

ソムリエといえども赤ワインの評価は難しそうですね！

2人の評価の一致度を調べる方法にコーエンの一致係数 $κ$ があります．

表 5.6.3 コーエンの $κ$ 統計量

		O氏の評価			
		A	B	C	合計
U氏の評価	A	f_{11}	f_{12}	f_{13}	r_1
	B	f_{21}	f_{22}	f_{23}	r_2
	C	f_{31}	f_{32}	f_{31}	r_3
	合計	C_1	C_2	C_3	W

$κ$：カッパでござる！

このとき，コーエンの $κ$ 統計量は

$$κ=\frac{W(f_{11}+f_{22}+f_{33})-(c_1r_1+c_2r_2+c_3r_3)}{W^2-(c_1r_1+c_2r_2+c_3r_3)}$$

と定義します．

Section 5.7 その他のノンパラメトリック検定

■ アンサリー・ブラッドレイ検定

"2つのグループの分布のバラツキに差があるかどうか"を検定するのが，アンサリー・ブラッドレイ検定です．

データは，次のように与えられているとします．

表 5.7.1 データの型

グループ G_1	x_{11}	x_{12}	$\cdots$	x_{1N_1}
グループ G_2	x_{21}	x_{22}	$\cdots$	x_{2N_2}

> アンサリー・ブラッドレイ検定は2つのグループの位置は同じというときに有効です

検定統計量の公式　　アンサリー・ブラッドレイ検定

2つのグループのデータ $\{x_{11}\ x_{12}\ \cdots\ x_{1N_1}\}$ と $\{x_{21}\ x_{22}\ \cdots\ x_{2N_2}\}$ を1つにまとめて，小さいものから順番に並べておく．
そこで，最も小さいものと最も大きいものに，それぞれ1位を付ける．次に，2番目に小さいものと2番目に大きいものに，それぞれ2位を付ける．次々とこの操作を続けると

N_1+N_2 が偶数のときは

　　1位　2位　$\cdots$　$\dfrac{N_1+N_2}{2}$位　$\dfrac{N_1+N_2}{2}$位　$\cdots$　2位　1位

N_1+N_2 が奇数のときは

　　1位　2位　$\cdots$　$\dfrac{N_1+N_2-1}{2}$位　$\dfrac{N_1+N_2-1}{2}$位　$\cdots$　2位　1位

となる．このとき，グループ G_1 の順位和が
アンサリー・ブラッドレイ検定の検定統計量 A となる．

(1) 両側検定

仮説 H_0：2つのグループのバラツキは同じである

●**検定統計量と棄却域**

検定統計量 A が，$A \leq \underline{a}_{N_1,N_2}$ または $\bar{a}_{N_1,N_2} \leq A$ のとき，仮説 H_0 を棄てます．

ただし，$\underline{a}_{N_1,N_2}$，$\bar{a}_{N_1,N_2}$ は，アンサリー・ブラッドレイの数表で与えられます．

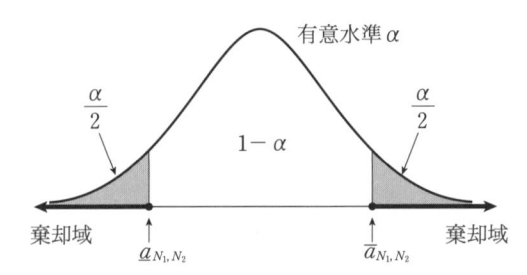

図5.7.1 アンサリー・ブラッドレイ検定の棄却域

アンサリー・ブラッドレイの数表も巻末の付録にあります

この他にも
- ラページ検定
- クラスカル・ウォリスの検定
- フリードマンの検定
- スティール・ドゥワスの多重比較 など

多くのノンパラメトリック検定が開発されているでござる

Key Word アンサリー・ブラッドレイ検定：Ansari-Bradley dispersion test

Section 5.7 その他のノンパラメトリック検定

6章 はじめての回帰分析

- Section 6.1　回帰直線の求め方
- Section 6.2　決定係数
- Section 6.3　回帰の分散分析表

Section 6.1
回帰直線の求め方

次のデータは，大企業 10 社における宣伝広告費と売上高を調査した結果です．

表 6.1.1　宣伝広告費と売上高

No.	会社名	宣伝広告費	売上高
1	A 社	107	286
2	B 社	336	851
3	C 社	233	589
4	D 社	82	389
5	E 社	61	158
6	F 社	378	1037
7	G 社	129	463
8	H 社	313	563
9	I 社	142	372
10	J 社	428	1020

回帰分析とは
2 変量間の
因果関係を調べる
統計処理のこと
でござる

このデータの散布図は，次のようになります．

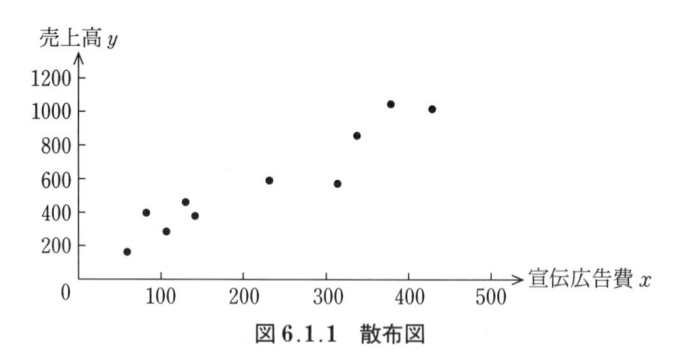

図 6.1.1　散布図

散布図を見ると，各点は右上がりなので宣伝広告費と売上高の間に正の相関があることがわかります．

次に，相関係数を求めてみると……

表 6.1.2　相関係数

	宣伝広告費	売上高
宣伝広告費	1.000	0.945
売上高	0.945	1.000

相関係数は 0.945 なので，強い正の相関があります．

したがって，宣伝広告費と売上高の間には，1 次式の関係がありそうですね．そこで，回帰直線を求めてみましょう．

回帰直線とは，次のような 1 次式

$$Y = a + bx$$

のことです．このとき

y を　従属変数または目的変量

x を　独立変数または説明変量

b を　傾きまたは回帰係数

a を　切片または定数項

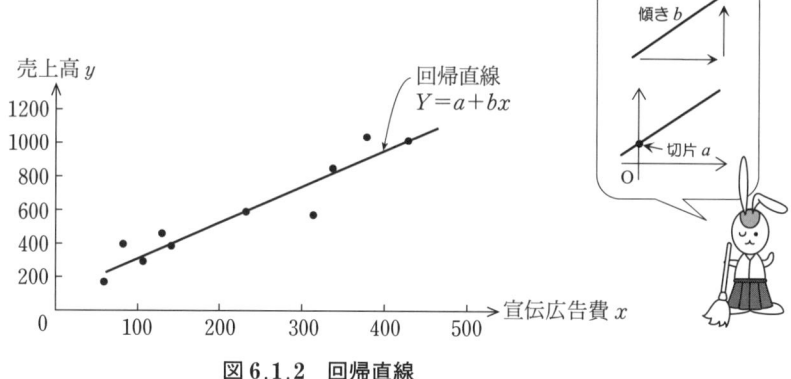

といいます．

図 6.1.2　回帰直線

Key Word　回帰分析：regression analysis　　回帰係数：regression coefficient
回帰直線：regression line

Section 6.1　回帰直線の求め方

ところで，散布図の上には，次のようにいろいろな直線を引くことができます．

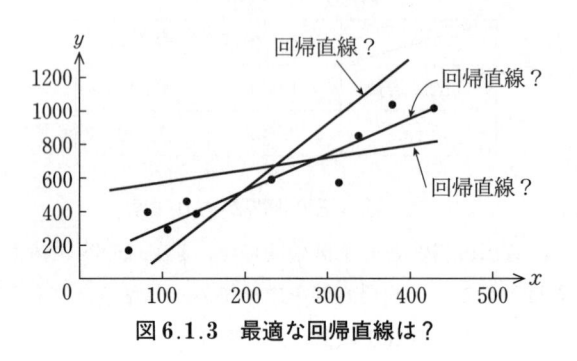

図6.1.3　最適な回帰直線は？

この直線の中で，どの直線が最適な回帰直線なのでしょうか？

回帰直線を求める理由の1つに，

"x から y を予測する"

ということがあります．ということは，最適な回帰直線とは

"最もうまく y を予測できる直線"

のことですね！　次の図を見てみましょう．

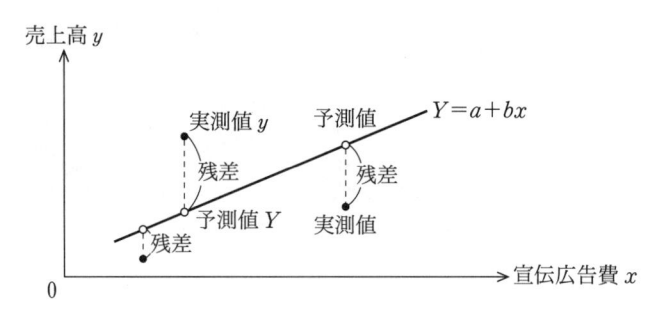

図6.1.4　残差を最小に！

つまり，最適な回帰直線とは

"各点の残差が最小になる直線"

といい換えることができます．

> 実測値と予測値の差を"残差"と呼ぶのじゃ

各点の残差は次のようになります．

表 6.1.3　実測値－予測値＝残差

No.	独立変数 x	実測値 y	予測値 Y	残差　$y-Y$
1	107	286	$a+107b$	$286-(a+107b)$
2	336	851	$a+336b$	$851-(a+336b)$
3	233	589	$a+233b$	$589-(a+233b)$
⋮	⋮	⋮	⋮	⋮
9	142	372	$a+142b$	$372-(a+142b)$
10	428	1020	$a+428b$	$1020-(a+428b)$

これは"最小２乗法"

したがって，残差の 2 乗和

$$Q(a,b)=\{286-(a+107b)\}^2+\{851-(a+336b)\}^2$$
$$+\cdots+\{1020-(a+428b)\}^2$$

が最小となる傾き b と切片 a を求めればよいことがわかりました．

回帰直線の傾きと切片の公式

表 6.1.4　いろいろな統計量

No.	x	y	x^2	xy
1	x_1	y_1	x_1^2	$x_1 y_1$
2	x_2	y_2	x_2^2	$x_2 y_1$
⋮	⋮	⋮	⋮	⋮
N	x_N	y_N	x_N^2	$x_N y_N$
合計	$\sum_{i=1}^{N} x_i$	$\sum_{i=1}^{N} y_i$	$\sum_{i=1}^{N} x_i^2$	$\sum_{i=1}^{N} x_i y_i$

$$\text{傾き }b=\frac{N\left(\sum_{i=1}^{N} x_i y_i\right)-\left(\sum_{i=1}^{N} x_i\right)\left(\sum_{i=1}^{N} y_i\right)}{N\left(\sum_{i=1}^{N} x_i^2\right)-\left(\sum_{i=1}^{N} x_i\right)^2}$$

$$\text{切片 }a=\frac{\left(\sum_{i=1}^{N} x_i^2\right)\left(\sum_{i=1}^{N} y_i\right)-\left(\sum_{i=1}^{N} x_i y_i\right)\left(\sum_{i=1}^{N} x_i\right)}{N\left(\sum_{i=1}^{N} x_i^2\right)-\left(\sum_{i=1}^{N} x_i\right)^2}$$

傾き$b=\dfrac{x と y の共分散}{x の分散}$

> **例** 回帰直線の求め方

表 6.1.1 のデータの回帰直線を求め，宣伝広告費 x が 195 のときの売上高 y を予測してください．

分散共分散行列

	宣伝広告費	売上高
宣伝広告費	17994.767	38590.200
売上高	38590.200	92632.844

はじめに，次のような統計量の表を用意します．

表 6.1.5　いろいろな統計量

No.	x	y	x^2	xy
1	107	286	11449	30602
2	336	851	112896	285936
3	233	589	54289	137237
4	82	389	6724	31898
5	61	158	3721	9638
6	378	1037	142884	391986
7	129	463	16641	59727
8	313	563	97969	176219
9	142	372	20164	52824
10	428	1020	183184	436560
合計	2209	5728	649921	1612627

あとは，回帰直線の公式に代入するだけです．

$$\text{傾き } b = \frac{10 \times 1612627 - 2209 \times 5728}{10 \times 649921 - 2209^2} = 2.145$$

$$\text{切片 } a = \frac{649921 \times 5728 - 1612627 \times 2209}{10 \times 649921 - 2209^2} = 99.075$$

したがって，求める回帰直線の式は……

$$Y = 99.075 + 2.145x$$

宣伝広告費が 195 のときの売上高は

$$Y = 99.075 + 2.145 \times 195 = 517.35$$

と予測されます．

> 傾き b は
> $$b = \frac{共分散}{分散} = \frac{38590.200}{17994.764}$$
> からも計算することができるでござる

理解度チェック ≫ 回帰直線の求め方

【問題】 次のデータは，海水の温度とクルマエビの夜間の活動時間について調査した結果です．

表 6.1.6　海水温度とクルマエビの活動時間

No.	1	2	3	4	5	6	7	8	9	10
海水温度	30.4	27.2	30.9	22.5	19.0	16.4	12.1	12.7	13.7	23.6
活動時間	5.7	6.7	7.6	7.7	6.9	4.6	3.6	6.4	7.5	6.4

次の空欄を埋めて，回帰直線の式を求めてください．

海水の温度を x，夜間の活動時間を y とします．

表 6.1.7　いろいろな統計量

No.	x	y	x^2	xy
1	30.4	5.7		
2	27.2	6.7		
3	30.9	7.6		
4	22.5	7.7		
5	19.0	6.9		
6	16.4	4.6		
7	12.1	3.6		
8	12.7	6.4		
9	13.7	7.5		
10	23.6	6.4		
合計				

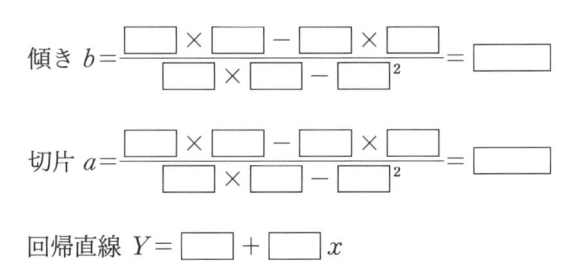

クルマエビが1日中活動する海水温度は何度ですか？

傾き $b = \dfrac{\boxed{} \times \boxed{} - \boxed{} \times \boxed{}}{\boxed{} \times \boxed{} - \boxed{}^2} = \boxed{}$

切片 $a = \dfrac{\boxed{} \times \boxed{} - \boxed{} \times \boxed{}}{\boxed{} \times \boxed{} - \boxed{}^2} = \boxed{}$

回帰直線 $Y = \boxed{} + \boxed{} x$

Section 6.2 決定係数

ところで，252 ページで求めた回帰直線
$$Y = 99.075 + 2.145x$$
は，データによく当てはまっているのでしょうか？

回帰直線の利用方法として

$$\begin{cases} 宣伝広告費\ x\ から，売上高\ y\ を予測する \\ 売上高\ y\ から，宣伝広告費\ x\ を制御する \end{cases}$$

といったことが考えられます．

したがって，正しく予測できるかどうかを知るために

"求めた回帰直線の当てはまりの良さ"

を評価しておく必要があります．

この当てはまりの良さを評価する統計量が

決定係数 R^2

です．

決定係数 R^2 は，次のように定義します．

$$決定係数\ R^2 = \frac{予測値の変動}{実測値の変動} = \frac{S_R}{S_{y^2}}$$

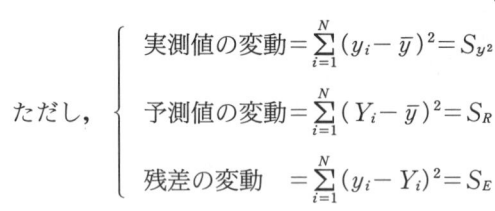

ただし，
$$\begin{cases} 実測値の変動 = \sum_{i=1}^{N}(y_i - \bar{y})^2 = S_{y^2} \\ 予測値の変動 = \sum_{i=1}^{N}(Y_i - \bar{y})^2 = S_R \\ 残差の変動\ \ \ = \sum_{i=1}^{N}(y_i - Y_i)^2 = S_E \end{cases}$$

> データと平均との差の 2 乗和をデータの "変動" というのじゃ

> 単回帰分析の場合には
> (x と y の相関係数)^2 = 決定係数

この 3 つの変動の間には

$$\boxed{実測値の変動} = \boxed{予測値の変動} + \boxed{残差の変動}$$

というカンタンな式が成り立ちます．

この両辺を実測値の変動で割ると

$$1 = \frac{予測値の変動}{実測値の変動} + \frac{残差の変動}{実測値の変動}$$

$$1 = 決定係数 + \frac{残差の変動}{実測値の変動}$$

となります．

$$当てはまりが良い \iff 残差の変動が 0 に近い$$
$$\iff 決定係数が 1 に近い$$

と考えれば

"決定係数 R^2 が 1 に近いほど，
　　求めた回帰直線の当てはまりが良い"

という表現ができそうですね！

ところで，予測値と残差は次のようになっています．

表 6.2.1　実測値－予測値＝残差

No.	x	実測値 y	予測値 Y	残差 $y-Y$
1	107	286	328.59	-42.59
2	336	851	819.80	31.21
3	233	589	598.86	-9.86
4	82	389	274.97	114.04
5	61	158	229.92	-71.92
6	378	1037	909.89	127.12
7	129	463	375.78	87.22
8	313	563	770.46	-207.46
9	142	372	403.67	-31.67
10	428	1020	1017.14	2.87

決定係数の公式

表6.2.2　いろいろな統計量

No.	x	y	y^2	xy
1	x_1	y_1	$y_1{}^2$	$x_1 y_1$
2	x_2	y_2	$y_2{}^2$	$x_2 y_2$
⋮	⋮	⋮	⋮	⋮
N	x_N	y_N	$y_N{}^2$	$x_N y_N$
合計	$\sum_{i=1}^{N} x_i$	$\sum_{i=1}^{N} y_i$	$\sum_{i=1}^{N} y_i{}^2$	$\sum_{i=1}^{N} x_i y_i$

次の S_{y^2}, S_{xy}, S_R を計算する．

$$S_{y^2} = \left(\sum_{i=1}^{N} y_i{}^2\right) - \frac{\left(\sum_{i=1}^{N} y_i\right)^2}{N}$$

$$S_{xy} = \left(\sum_{i=1}^{N} x_i y_i\right) - \frac{\left(\sum_{i=1}^{N} x_i\right)\left(\sum_{i=1}^{N} y_i\right)}{N}$$

$$S_R = b \cdot S_{xy}$$

この値を，決定係数の式に代入する．

$$\text{決定係数 } R^2 = \frac{S_R}{S_{y^2}}$$

Key Word　決定係数：coefficient of determination

> **例** 決定係数の求め方
>
> 252 ページで求めた回帰直線
> $$Y = 99.075 + 2.145x$$
> の決定係数 R^2 は？

はじめに，次のような統計量の表を用意します．

表 6.2.3　いろいろな統計量

No.	x	y	y^2	xy
1	107	286	81796	30602
2	336	851	724201	285936
3	233	589	346921	137237
4	82	389	151321	31898
5	61	158	24964	9638
6	378	1037	1075369	391986
7	129	463	214369	59727
8	313	563	316969	176219
9	142	372	138384	52824
10	428	1020	1040400	436560
合計	2209	5728	4114694	1612627
	↑	↑	↑	↑
	$\sum_{i=1}^{N} x_i$	$\sum_{i=1}^{N} y_i$	$\sum_{i=1}^{N} y_i^2$	$\sum_{i=1}^{N} x_i y_i$

あとは，決定係数の公式に代入するだけです．

$$S_{y^2} = 4114694 - \frac{5728^2}{10} = 833695.6$$

$$S_{xy} = 1612627 - \frac{2209 \times 5728}{10} = 347311.8$$

$$S_R = 2.145 \times 347311.8 = 744983.8$$

したがって，決定係数 R^2 は

$$R^2 = \frac{744983.8}{833695.6} = 0.8936$$

となりました．

> x と y の相関係数 $= 0.945$
>
> 実測値と予測値の相関係数 $= 0.945$
>
> （相関係数）^{2} $= (0.945)^2$ $= 0.893$

Section 6.3
回帰の分散分析表

　求めた回帰直線が予測に役立つかどうかを評価する方法として
"回帰の分散分析表"
もあります．
　この方法は，仮説
仮説 H_0：求めた回帰直線は予測に役立たない
を，次の分散分析表を用いて検定するという手法です．

【検定のための３つの手順】
　手順１．仮説
　手順２．検定統計量・有意確率
　手順３．棄却域・有意水準

分散分析表の公式

表 6.3.1　分散分析表

変動	平方和	自由度	平均平方	F 値
回帰による変動	S_R	1	$V_R = S_R$	$F_0 = \dfrac{V_R}{V_E}$
残差による変動	S_E	$N-2$	$V_E = \dfrac{S_E}{N-2}$	
全　変　動	S_{y^2}			

　　　　　　　　　　　　　　　　　　↑
　　　　　　　　　　　　　　　　検定統計量

N はたしかデータ数だったな

分散分析表の中の F 値が，この仮説の
$$\text{検定統計量 } F_0$$
になっています．

この検定統計量の分布は
$$\text{自由度 } (1, N-2) \text{ の } F \text{ 分布}$$
なので，有意水準 $\alpha=0.05$ の棄却域は次のようになります．

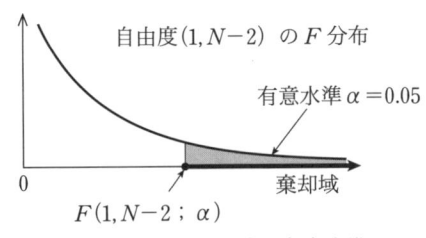

図 6.3.1 棄却域と有意水準

......単回帰分析の場合……

1. この分散分析表による検定は，無相関の検定と一致します．
$$\text{仮説 } H_0: x \text{ と } y \text{ は無相関である}$$

2. データを標準化してから回帰係数を求めると，
その回帰係数は相関係数に一致します．
$$\text{傾き} = \frac{x \text{ と } y \text{ の共分散}}{x \text{ の分散}} = \frac{\text{相関係数}}{1}$$

例　回帰直線の分散分析表

表 6.1.1 のデータの分散分析表を作成し，
252 ページで求めた回帰直線が予測に役立つかどうかを
検定しましょう．

検定の手順1　仮説 H_0 をたてます．

　　　　　仮説 H_0：求めた回帰直線は予測に役立たない

検定の手順2　分散分析表を作成し，検定統計量 F 値を計算します．

　　257 ページから，
　　　　全変動 $S_{y^2} = 833695.6$
　　　　回帰による変動 $S_R = 744983.8$
　となるので，
　　　　残差による変動 $S_E = S_{y^2} - S_R = 88711.8$
　となります．
　　したがって，次の分散分析表を得ます．

表 6.3.2　分散分析表

変動	平方和	自由度	平均平方	F 値
回帰による変動	744983.8	1	744983.8	67.18
残差による変動	88711.8	8	11089.0	
全変動	833695.6			

> SPSS で
> F 値を求めると
> F 値 $= 67.042$
> となるでござる！

検定の手順3 この検定統計量 F 値の分布は，自由度 $(1,8)$ の F 分布なので，有意水準 $\alpha=0.05$ の棄却域は次のようになります．

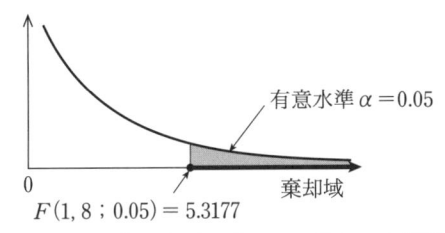

$F(1,8\,;\,0.05)=5.3177$

図 6.3.2 自由度 $(1,8)$ の F 分布の棄却域

検定統計量 67.18 は棄却域に含まれているので，仮説 H_0 は棄却されます．

したがって，求めた回帰直線は予測に役立つことがわかりました．

アイヤしばらく ところで，有意確率と有意水準の関係は？

有意確率 0.000

$F_0=67.18$

有意水準 $\alpha=0.05$

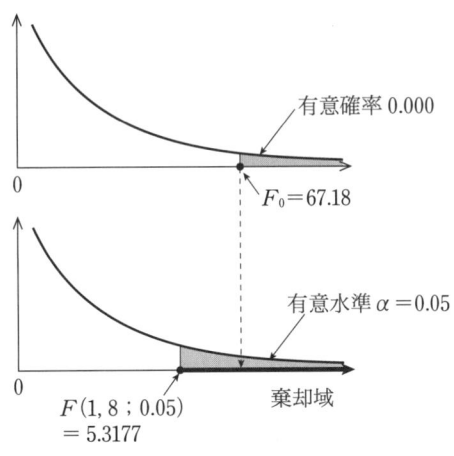

$F(1,8\,;\,0.05)=5.3177$

棄却域

図 6.3.3 有意確率と有意水準

理解度チェック ▶ 回帰分析

【問題】 次のデータは，生命保険会社10社の営業職員数と保険新契約高を調査した結果です．

表 6.3.3 営業職員数と保険新契約高

No.	営業職員	保険新契約高
1	43	157
2	42	158
3	38	154
4	37	148
5	36	143
6	34	135
7	33	124
8	31	116
9	30	109
10	27	105

営業職員数を x，保険新契約高を y として

　　　　回帰直線，　決定係数，　分散分析表

を求めてください．

はじめに，次の統計量を計算します．

表 6.3.4 いろいろな統計量

No.	x	y	x^2	y^2	xy
1	43	157			
2	42	158			
3	38	154			
4	37	148			
5	36	143			
6	34	135			
7	33	124			
8	31	116			
9	30	109			
10	27	105			
合計					

次に，回帰直線の傾き b と切片 a を求めます．

$$傾き\ b = \frac{\boxed{} \times \boxed{} - \boxed{} \times \boxed{}}{\boxed{} \times \boxed{} - \boxed{}^2} = \boxed{}$$

$$切片\ a = \frac{\boxed{} \times \boxed{} - \boxed{} \times \boxed{}}{\boxed{} \times \boxed{} - \boxed{}^2} = \boxed{}$$

次に，決定係数 R^2 を求めます．

$$S_{y^2} = \boxed{} - \frac{\boxed{}^2}{\boxed{}} = \boxed{}$$

$$S_{xy} = \boxed{} - \frac{\boxed{} \times \boxed{}}{\boxed{}} = \boxed{}$$

$$S_R = \boxed{} \times \boxed{} = \boxed{}$$

$$R^2 = \frac{\boxed{}}{\boxed{}} = \boxed{}$$

最後に，分散分析表を作ります．

表 6.3.5　分散分析表

変　動	平方和	自由度	平均平方	F 値
回帰による変動				
残差による変動				
全　変　動				

7章
はじめての**時系列分析**

- Section 7.1　3つの基本時系列
- Section 7.2　3項移動平均
- Section 7.3　指数平滑化
- Section 7.4　自己回帰 AR(1) モデル

Section 7.1
3つの基本時系列

時系列とは
　　　　"時間と共に変化するデータの列"
のことです．

時間を t とすると，時系列データは
$$\{\cdots\ x(t-3)\ x(t-2)\ x(t-1)\ x(t)\}$$
のように表現することができます．

この時系列データから未来を予測する統計手法のことを
　　　　時系列分析
といいます．

> 時間 t のことを
> "時点 t"
> というでござる

時系列データの代表例としては，ニュースでよく目にする
　　　　"平均株価"
ですね．

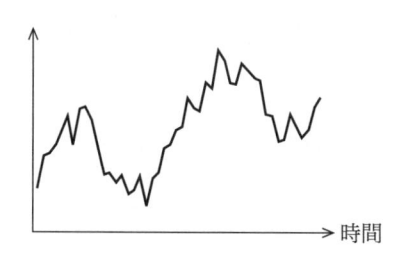

図 7.1.1　平均株価

ところが，この平均株価のような時系列グラフを，
　　　　"人工的に作成する"
ことができます．

Key Word　時系列：time series　　トレンド：trend
　　　　　　　周期変動：cyclic variation　　不規則変動：random variation

次の左側の3つのグラフは数学でよく見かける関数ですが，この3つのグラフを合成すると，
　　"平均株価のようなグラフ"
が出来上がります．

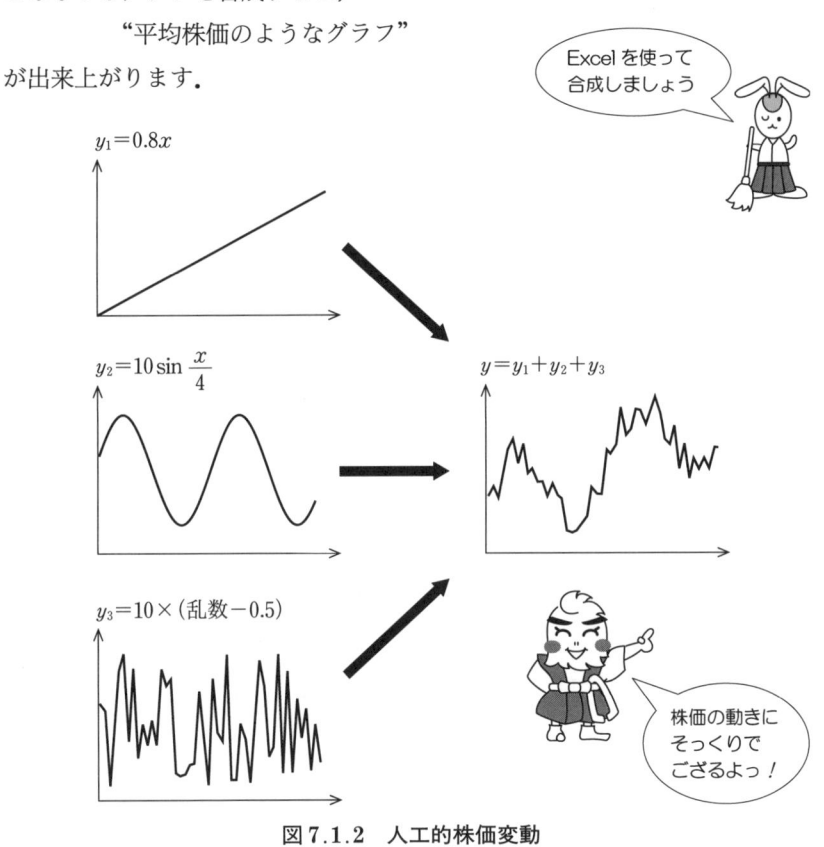

Excelを使って合成しましょう

$y_1 = 0.8x$

$y_2 = 10\sin\dfrac{x}{4}$

$y_3 = 10 \times (乱数 - 0.5)$

$y = y_1 + y_2 + y_3$

株価の動きにそっくりでござるよっ！

図7.1.2　人工的株価変動

この3つの時系列グラフを"基本時系列"といいます．

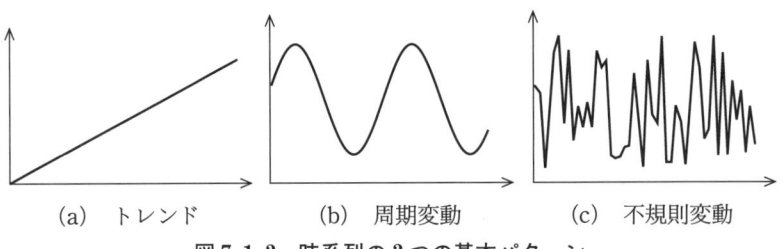

(a)　トレンド　　　(b)　周期変動　　　(c)　不規則変動

図7.1.3　時系列の3つの基本パターン

■ トレンド

次の2つの図を見てみましょう．

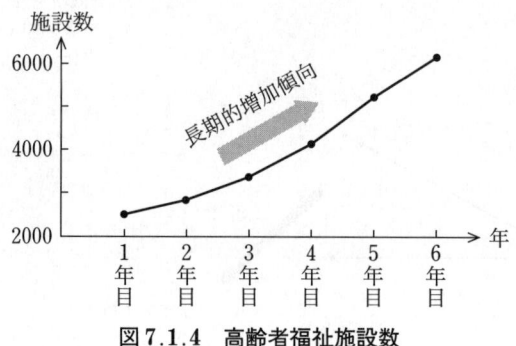

図7.1.4　高齢者福祉施設数

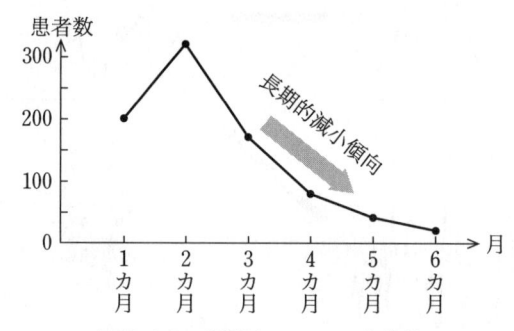

図7.1.5　新型ウィルスの患者数

このように

　　　　　右上がり，または右下がりの傾向がある時系列のことを

　　　　　　　　　　　　トレンド

といいます．

■ トレンドで大切なポイントは？

その1　トレンドで大切なポイントは
　　　　　"その時系列データにはトレンドがあるといってよいか？"
　　ということです．
　　　このようなときには
　　　　　"ケンドールによるトレンドの検定"
　　があります．

その2　その時系列データにトレンドがあるとしたら
　　　このようなときには
　　　　　$\begin{cases} 曲線の当てはめ \\ 指数平滑化 \end{cases}$
　　　などを利用して，明日の値を予測しましょう．

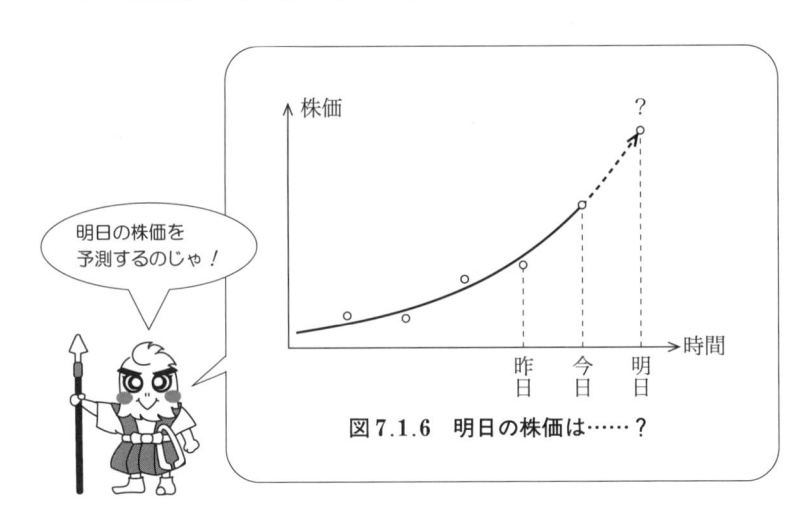

図 7.1.6　明日の株価は……？

参考文献
『Excelでやさしく学ぶ時系列』

Section 7.1　3つの基本時系列

■ 周期変動

次の 2 つの図を見てみましょう．

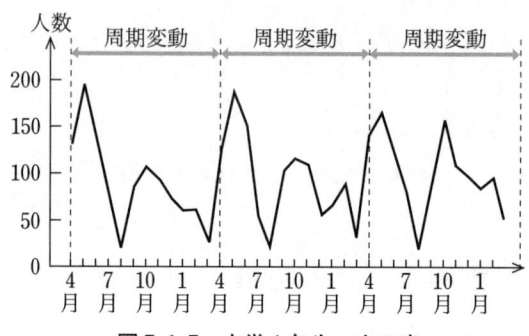

図 7.1.7　大学 1 年生のウツ病

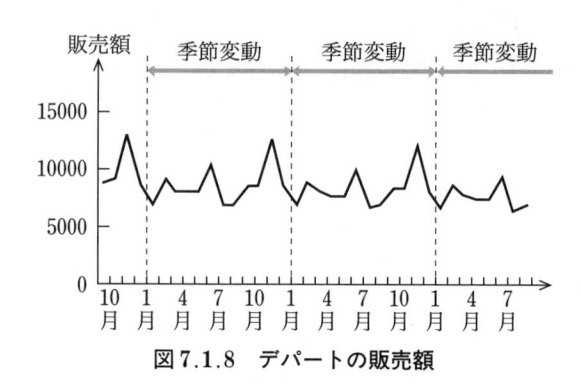

図 7.1.8　デパートの販売額

このように，周期的にくり返されている時系列を

　　　　　　　周期変動

といいます．

春夏秋冬とか 12 カ月のように季節的にくり返す周期変動を

　　　　　　　季節変動

といいます．

> 経済時系列データの場合
> この季節変動は
> とても大切です

270　　7 章　はじめての時系列分析

■ 周期変動で大切なポイントは？

その1　周期変動で大切なポイントは，その時系列データは
　　　　　　　"どのような周期でくり返しているのか？"
　　　ということです．
　　　　　このようなときは
　　　　　　　"スペクトル分析"
　　　をすると，その周期をカンタンに調べることができます．

その2　その時系列データが周期変動であるとしたら
　　　　　　　$\begin{cases} \text{指数平滑化} \\ \text{自己回帰モデル} \end{cases}$
　　　などを利用して，明日の値を予測します．

その3　その時系列データが季節変動のときは
　　　　　　　$\begin{cases} \text{12 カ月移動平均} \\ \text{季節性の分解} \end{cases}$
　　　といった手法があります．

参考文献　『SPSSによる時系列分析の手順』

Key Word	季節変動：seasonal variation
	スペクトル分析：spectral analysis, spectrum analysis

■ 不規則変動

次のような時系列グラフを

不規則変動

といいます．

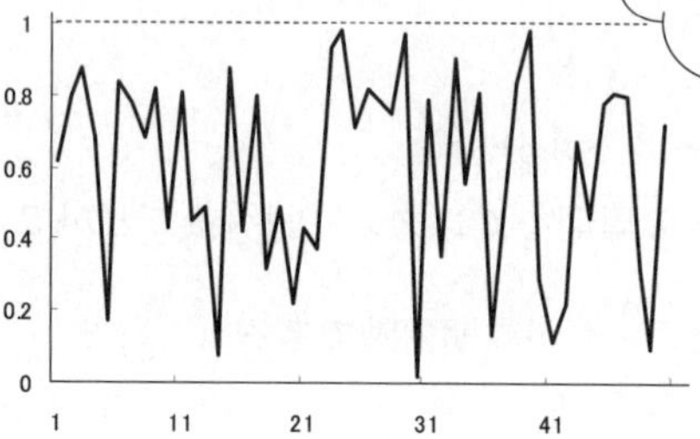
1
0.8
0.6
0.4
0.2
0
1
11
21
31
41

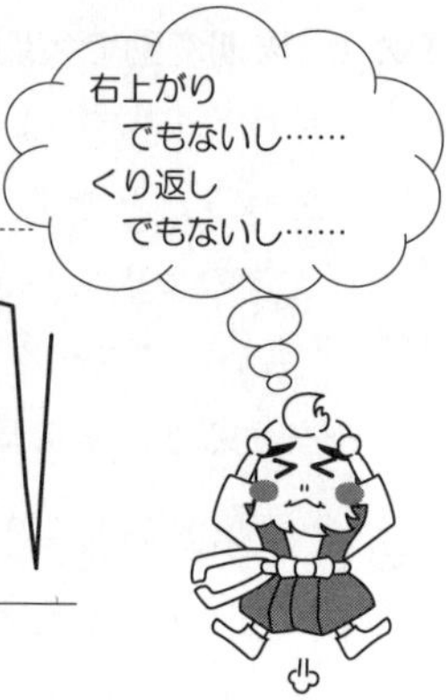
右上がり
でもないし……
くり返し
でもないし……

図 7.1.9　不規則変動

この時系列グラフを見ると，データは

“デタラメに上下している”

ようですね！

実は，この時系列グラフは乱数を発生させて描いています．

	A	B	C
1	No.	乱数	
2	1	0.610815	
3	2	0.802226	
4	3	0.873279	
5	4	0.686383	
6	5	0.176013	
7	6	0.839483	
8	7	0.778075	
9	8	0.685125	
10	9	0.821935	
11	10	0.43189	
12	11	0.806867	
13	12	0.453139	
14	13	0.489652	
15	14	0.080609	
	⋮	⋮	

図 7.1.10　Excel の乱数 RAND

■ 不規則変動で大切なポイントは？

その1　不規則変動で大切なポイントは，その時系列は
$$\text{"本当に不規則なのか？"}$$
ということです．このようなときには
$$\text{"連の総数によるランダムの検定"}$$
があります．

その2　実際には不規則変動のかわりに
$$\text{"ホワイトノイズ"}$$
を使います．
　時系列データがホワイトノイズかどうかを調べるときは
$$\text{"ボックス・リュングの検定"}$$
を利用します．

自己相関

時系列: 乱数

ラグ	自己相関	Box-Ljung 統計量 有意確率
1	.061	.655
2	.142	.523
3	-.067	.673
4	.097	.723
5	-.114	.728

ホワイトノイズの定義は次のようになります．

ホワイトノイズの定義

確率変数の列 $\{\cdots\ X(t-2)\ X(t-1)\ X(t)\ X(t+1)\ \cdots\}$ が
次の性質をみたすとき，この列を**ホワイトノイズ**という．
　(1)　平均　$E(X(t))=0$
　(2)　分散　$\mathrm{Var}(X(t))=\sigma^2$
　(3)　共分散 $\mathrm{Cov}(X(t),X(t-s))=0$ 　　$(s=\cdots,-2,-1,1,2,\cdots)$

Section 7.2
3項移動平均

移動平均とは，時系列データの変動を滑らかに変換する手法のことで

$$\left\{\begin{array}{l} 3項移動平均 \\ 5項移動平均 \\ 12カ月移動平均 \end{array}\right.$$

などが，よく利用されています．

移動平均をすることにより，

　　　　時系列データのトレンドを浮かび上がらせる

ことができます．

次のデータは，ある地域の診療所受療者数の推移を調査したものです．

表 7.2.1　受療者数

年	受療者数
1994	576人
1995	626人
1996	754人
1997	727人
1998	823人
1999	855人
2000	766人
2001	943人
2002	926人
2003	1005人
2004	1092人
2005	1105人

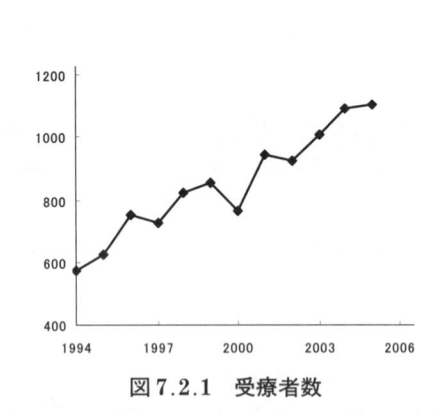

図 7.2.1　受療者数

Key Word　移動平均：moving average

この時系列データの3項ずつを合計して、その平均値をとると、3項移動平均の出来上がりです．

表7.1.2 3項移動平均

年	受療者数	3項の合計	3項の平均値
1994	576		
1995	626	1956	652.00
1996	754	2107	702.33
1997	727	2304	768.00
1998	823	2405	801.67
1999	855	2444	814.67
2000	766	2564	854.67
2001	943	2635	878.33
2002	926	2874	958.00
2003	1005	3023	1007.67
2004	1092	3202	1067.33
2005	1105		

↑ 3項移動平均

$$652 = \frac{576+626+754}{3}$$
$$\vdots$$
$$1067.333 = \frac{1005+1092+1105}{3}$$

3項移動平均のグラフは，次のようになります．

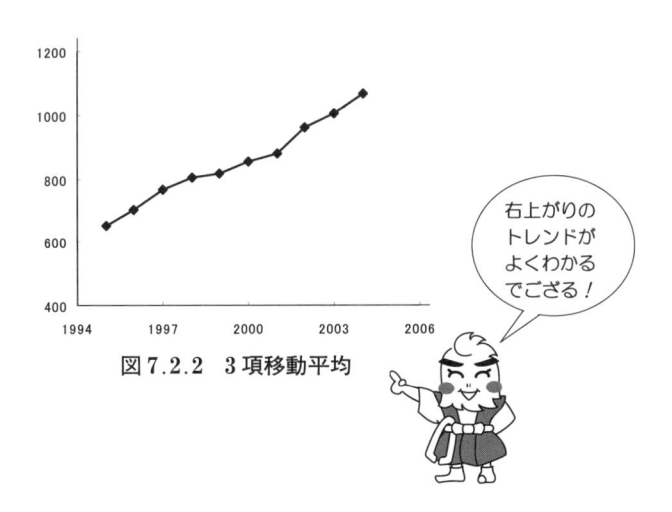

図7.2.2 3項移動平均

右上がりのトレンドがよくわかるでござる！

Section 7.2 3項移動平均

Section 7.3
指数平滑化

指数平滑化は
"明日の値を予測する"
ための時系列分析と考えられています．

指数平滑化の定義

時系列データ
$$\{\cdots\ x(t-3)\ x(t-2)\ x(t-1)\ x(t)\}$$
　　　　　　　　　一昨日　　昨日　　今日

に対して，時点 t における1期先の予測値を $\hat{x}(t,1)$ とする．
このとき，指数平滑化は，1期先の予測値 $\hat{x}(t,1)$ を
$$\hat{x}(t,1) = \alpha \cdot x(t) + \alpha(1-\alpha) \cdot x(t-1) + \alpha(1-\alpha)^2 \cdot x(t-2) + \cdots$$
のように定義する．ただし，$0 \leq \alpha \leq 1$．

その1　$\alpha = 0.2$ の場合
$$\hat{x}(t,1) = 0.2x(t) + 0.16x(t-1) + 0.128x(t-2) + \cdots$$

その2　$\alpha = 0.8$ の場合
$$\hat{x}(t,1) = 0.8x(t) + 0.16x(t-1) + 0.032x(t-2) + \cdots$$

したがって，$\hat{x}(t,1)$ は

　　　　α の値が1に近いほど直前の影響を強く受けている

ことになります．
Excel では，$1-\alpha$ のことを**減衰率**といいます．

Key Word　指数平滑化：exponential smoothing

■ 指数平滑化の別の表現

時点 $t-1$ における1期先の予測値 $\hat{x}(t-1,1)$ は

$$\hat{x}(t-1,1) = \alpha \cdot x(t-1) + \alpha(1-\alpha) \cdot x(t-2) + \cdots$$

となります．

このことから，時点 t における1期先の予測値 $\hat{x}(t,1)$ は

$$\begin{aligned}\hat{x}(t,1) &= \alpha \cdot x(t) + \alpha(1-\alpha) \cdot x(t-1) + \alpha(1-\alpha)^2 \cdot x(t-2) + \cdots \\ &= \alpha \cdot x(t) + (1-\alpha)\{\alpha \cdot x(t-1) + \alpha(1-\alpha) \cdot x(t-2) + \cdots\} \\ &= \alpha \cdot x(t) + (1-\alpha) \cdot \hat{x}(t-1,1)\end{aligned}$$

のようにも表現できます．

> **指数平滑化の公式**
>
> 時系列データ $\{\cdots\ x(t-3)\ x(t-2)\ x(t-1)\ x(t)\}$ において，
> $$\hat{x}(t,1) = \alpha \cdot x(t) + (1-\alpha) \cdot \hat{x}(t-1,1)$$
> が成り立つ．

指数平滑化で問題となるのは，
"α の値をどのように
決定するか"
という点です．
SPSS ではこんなふうに
最適の α を求めてくれます．

誤差平方和が
最小となる
α が最適なので
$\alpha=0.8$ なのじゃ

最小誤差平方和

時系列 保釈率	モデルのランク	アルファ	誤差平方和
	1	.80000	637.91651
	2	.70000	640.76035
	3	.90000	642.17366
	4	.60000	651.93967
	5	1.00000	653.77778
	6	.50000	674.31378
	7	.40000	712.57595
	8	.30000	772.76130
	9	.20000	857.16675
	10	.00000	936.66667

> **例** 指数平滑化

次のデータは保釈率を調査した結果です．
指数平滑化を使って，1期先の予測値を求めましょう．
ただし，$\alpha=0.8$ とします．

表 7.3.1 保釈率の推移

時点 t	保釈率	時点 t	保釈率
1	47	7	32
2	55	8	28
3	41	9	27
4	40	10	26
5	36	11	27
6	44	12	33
		13	?

表 7.3.2 $\alpha=0.8$ における予測値

時点 t	保釈率	予測値
1	47	
2	55	47
3	41	53.4
4	40	43.48
5	36	40.696
6	44	36.9392
7	32	42.58784
8	28	34.11757
9	27	29.22351
10	26	27.4447
11	27	26.28894
12	33	26.85779
13		31.7716

← $\hat{x}(1,1)=47$

← $\hat{x}(2,1)=0.8\times x(2)+(1-0.8)\times \hat{x}(1,1)$
  $=0.8\times 55+0.2\times 47$
  $=53.4$

← $\hat{x}(12,1)=0.8\times x(12)$
  $+(1-0.8)\times \hat{x}(11,1)$
  $=0.8\times 33+0.2\times 26.8578$
  $=31.7716$

理解度チェック　指数平滑化

【問題】　次のデータは，ブナの木を伐採して丸太で出荷した量を調査した結果です．

指数平滑化を使って，一期先の予測値を求めてください．ただし，$\alpha = 0.7$ とします．

表7.3.3　ブナの丸太の出荷量

時点 t	伐採量	予測値
1	2206	
2	2406	2206
3	2259	
4	2407	
5	2718	
6	2267	
7	2089	
8	1868	
9	1778	
10	1577	
11	1486	
12	1999	
13	1059	
14	1122	
15	1034	
16	960	
17	938	
18	854	
19	767	
20	805	
21		

Section 7.4
自己回帰 AR(1) モデル

　時系列データの場合
　　　　"今日の値は，昨日の値からなんらかの影響を受けている"
と考えるのは自然なことですね．
　そこで，時系列データ
$$\{\cdots\ x(t-3)\ x(t-2)\ x(t-1)\ x(t)\}$$
において，たとえば
$$1\text{期前からの影響の程度}=0.72$$
とすれば
$$x(t)=0.72\times x(t-1)+\boxed{}$$
　　　　↑　　　　　　↑
　　　今日の値　　　昨日の値

のように表現することができます．
　ところで，このとき ▇▇▇▇ には何が入るのでしょうか？
　実は，
　　　　▇▇▇▇ は1期前からの影響を受けていない部分
なので
　　　　▇▇▇▇ ＝予測できない部分
と考えることにしましょう．
　そこで
　　　　予測できない部分 ⟹ 不規則変動
　　　　　　　　　　　　⟹ ホワイトノイズ
とすれば
$$x(t)=0.72\times x(t-1)+\text{ホワイトノイズ}$$
という式が出来上がります．この式を
　　　　自己回帰 AR(1) モデル
といいます．

（吹き出し：ホワイトノイズはこんな図です）

自己回帰 AR(1) モデルの定義

時系列データを
$$\{\cdots\ x(t-3)\ x(t-2)\ x(t-1)\ x(t)\}$$
としたとき
$$x(t) = a_1 \cdot x(t-1) + u(t)$$
を，自己回帰 AR(1) モデルという．
ただし，$u(t)$ はホワイトノイズ．
このとき，1期先の最適な予測値 $\hat{x}(t,1)$ は
$$\hat{x}(t,1) = a_1 \cdot x(t)$$
となる．

$a_1 = 1$ のとき "ランダムウォーク" と呼ばれます

投資家を悩ませる問題の1つに，

"株価の動きはランダムウォークか？"

というのがあります．もし，株価がランダムウォークならば $a_1 = 1$ ですから
$$\hat{x}(t,1) = x(t)$$
となって，明日の株価を予測することに意味がなくなります．

最小誤差平方和

時系列	モデルのランク	アルファ	誤差平方和
平均株価	1	1.00000	91796097.8
	2	.90000	95222037.3
	3	.80000	100823121
	4	.70000	109273018
	5	.60000	121766287
	6	.50000	140503974
	7	.40000	169916106
	8	.30000	220165465
	9	.20000	319150815
	10	.10000	567977701

平均株価の指数平滑化をSPSSで計算するとこうなるのじゃ！

Key Word　自己回帰モデル：autoregressive model
　　　　　　　ランダムウォーク：random walk

付録

数表 1 　標準正規分布の値
数表 2 　自由度 m のカイ 2 乗分布の各パーセント点
数表 3 　自由度 m の t 分布の各パーセント点
数表 4 　自由度 m_1, m_2 の F 分布の各パーセント点
数表 5 　グラブス・スミルノフの外れ値の検定
数表 6 　ウィルコクスンの順位和検定（両側検定）
数表 7 　アンサリー・ブラッドレイ検定（両側検定）
数表 8 　スピアマンの順位相関検定（両側検定）
数表 9 　スピアマンの順位相関検定（片側検定）
数表 10 　符号検定
数表 11 　ケンドールの順位相関検定

数表 1 標準正規分布の値

z	0.00	0.01	0.02	0.03	0.04
0.0	0.0000	0.0040	0.0080	0.0120	0.0160
0.1	0.0398	0.0438	0.0478	0.0517	0.0557
0.2	0.0793	0.0832	0.0871	0.0910	0.0948
0.3	0.1179	0.1217	0.1255	0.1293	0.1331
0.4	0.1554	0.1591	0.1628	0.1664	0.1700
0.5	0.1915	0.1950	0.1985	0.2019	0.2054
0.6	0.2257	0.2291	0.2324	0.2357	0.2389
0.7	0.2580	0.2611	0.2642	0.2673	0.2704
0.8	0.2881	0.2910	0.2939	0.2967	0.2995
0.9	0.3159	0.3186	0.3212	0.3238	0.3264
1.0	0.3413	0.3438	0.3461	0.3485	0.3508
1.1	0.3643	0.3665	0.3686	0.3708	0.3729
1.2	0.3849	0.3869	0.3888	0.3907	0.3925
1.3	0.40320	0.40490	0.40658	0.40824	0.40988
1.4	0.41924	0.42073	0.42220	0.42364	0.42507
1.5	0.43319	0.43448	0.43574	0.43699	0.43822
1.6	0.44520	0.44630	0.44738	0.44845	0.44950
1.7	0.45543	0.45637	0.45728	0.45818	0.45907
1.8	0.46407	0.46485	0.46562	0.46638	0.46712
1.9	0.47128	0.47193	0.47257	0.47320	0.47381
2.0	0.47725	0.47778	0.47831	0.47882	0.47932
2.1	0.48214	0.48257	0.48300	0.48341	0.48382
2.2	0.48610	0.48645	0.48679	0.48713	0.48745
2.3	0.48928	0.48956	0.48983	0.490097	0.490358
2.4	0.491802	0.492024	0.492240	0.492451	0.492656
2.5	0.493790	0.493963	0.494132	0.494297	0.494457
2.6	0.495339	0.495473	0.495604	0.495731	0.495855
2.7	0.496533	0.496636	0.496736	0.496833	0.496928
2.8	0.497445	0.497523	0.497599	0.497673	0.497744
2.9	0.498134	0.498193	0.498250	0.498305	0.498359
3.0	0.498650	0.498694	0.498736	0.498777	0.498817
3.1	0.49^20324	0.49^20646	0.49^20957	0.49^21260	0.49^21553
3.2	0.49^23129	0.49^23363	0.49^23590	0.49^23810	0.49^24024
3.3	0.49^25166	0.49^25335	0.49^25499	0.49^25658	0.49^25811
3.4	0.49^26631	0.49^26752	0.49^26869	0.49^26982	0.49^27091
3.5	0.49^27674	0.49^27759	0.49^27842	0.49^27922	0.49^27999
3.6	0.49^28409	0.49^28469	0.49^28527	0.49^28583	0.49^28637
3.7	0.49^28922	0.49^28964	0.49^30039	0.49^30426	0.49^30799
3.8	0.49^32765	0.49^33052	0.49^33327	0.49^33593	0.49^33848
3.9	0.49^35190	0.49^35385	0.49^35573	0.49^35753	0.49^35926
4.0	0.49^36833	0.49^36964	0.49^37090	0.49^37211	0.49^37327

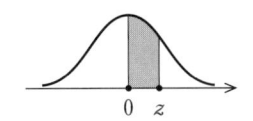

0.05	0.06	0.07	0.08	0.09
0.0199	0.0239	0.0279	0.0319	0.0359
0.0596	0.0636	0.0675	0.0714	0.0753
0.0987	0.1026	0.1064	0.1103	0.1141
0.1368	0.1406	0.1443	0.1480	0.1517
0.1736	0.1772	0.1808	0.1844	0.1879
0.2088	0.2123	0.2157	0.2190	0.2224
0.2422	0.2454	0.2486	0.2517	0.2549
0.2734	0.2764	0.2794	0.2823	0.2852
0.3023	0.3051	0.3078	0.3106	0.3133
0.3289	0.3315	0.3340	0.3365	0.3389
0.3531	0.3554	0.3577	0.3599	0.3621
0.3749	0.3770	0.3790	0.3810	0.3830
0.3944	0.3962	0.3980	0.3997	0.40147
0.41149	0.41309	0.41466	0.41621	0.41774
0.42647	0.42785	0.42922	0.43056	0.43189
0.43943	0.44062	0.44179	0.44295	0.44408
0.45053	0.45154	0.45254	0.45352	0.45449
0.45994	0.46080	0.46164	0.46246	0.46327
0.46784	0.46856	0.46926	0.46995	0.47062
0.47441	0.47500	0.47558	0.47615	0.47670
0.47982	0.48030	0.48077	0.48124	0.48169
0.48422	0.48461	0.48500	0.48537	0.48574
0.48778	0.48809	0.48840	0.48870	0.48899
0.490613	0.490863	0.491106	0.491344	0.491576
0.492857	0.493053	0.493244	0.493431	0.493613
0.494614	0.494766	0.494915	0.495060	0.495201
0.495975	0.496093	0.496207	0.496319	0.496427
0.497020	0.497110	0.497197	0.497282	0.497365
0.497814	0.497882	0.497948	0.498012	0.498074
0.498411	0.498462	0.498511	0.498559	0.498605
0.498856	0.498893	0.498930	0.498965	0.498999
$0.49^2 1836$	$0.49^2 2112$	$0.49^2 2378$	$0.49^2 2636$	$0.49^2 2886$
$0.49^2 4230$	$0.49^2 4429$	$0.49^2 4623$	$0.49^2 4810$	$0.49^2 4991$
$0.49^2 5959$	$0.49^2 6103$	$0.49^2 6242$	$0.49^2 6376$	$0.49^2 6505$
$0.49^2 7197$	$0.49^2 7299$	$0.49^2 7398$	$0.49^2 7493$	$0.49^2 7585$
$0.49^2 8074$	$0.49^2 8146$	$0.49^2 8215$	$0.49^2 8282$	$0.49^2 8347$
$0.49^2 8689$	$0.49^2 8739$	$0.49^2 8787$	$0.49^2 8834$	$0.49^2 8879$
$0.49^3 1158$	$0.49^3 1504$	$0.49^3 1838$	$0.49^3 2159$	$0.49^3 2468$
$0.49^3 4094$	$0.49^3 4331$	$0.49^3 4558$	$0.49^3 4777$	$0.49^3 4988$
$0.49^3 6092$	$0.49^3 6253$	$0.49^3 6406$	$0.49^3 6554$	$0.49^3 6696$
$0.49^3 7439$	$0.49^3 7546$	$0.49^3 7649$	$0.49^3 7748$	$0.49^3 7843$

Excel にて作成

数表 2 自由度 m のカイ 2 乗分布の各パーセント点

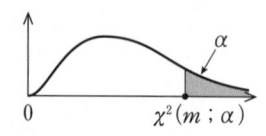

m \ α	0.995	0.990	0.975	0.950	0.050	0.025	0.010	0.005
1	392704×10^{-10}	157088×10^{-9}	982069×10^{-9}	393214×10^{-8}	3.84146	5.02389	6.63490	7.87944
2	0.0100251	0.0201007	0.0506356	0.102587	5.99146	7.37776	9.21034	10.5966
3	0.0717218	0.114832	0.215795	0.351846	7.81473	9.34840	11.3449	12.8382
4	0.206989	0.297109	0.484419	0.710723	9.48773	11.1433	13.2767	14.8603
5	0.411742	0.554298	0.831212	1.145476	11.0705	12.8325	15.0863	16.7496
6	0.675727	0.872090	1.237344	1.63538	12.5916	14.4494	16.8119	18.5476
7	0.989256	1.239042	1.68987	2.16735	14.0671	16.0128	18.4753	20.2777
8	1.344413	1.646497	2.17973	2.73264	15.5073	17.5345	20.0902	21.9550
9	1.734933	2.087901	2.70039	3.32511	16.9190	19.0228	21.6660	23.5894
10	2.15586	2.55821	3.24697	3.94030	18.3070	20.4832	23.2093	25.1882
11	2.60322	3.05348	3.81575	4.57481	19.6751	21.9200	24.7250	26.7568
12	3.07382	3.57057	4.40379	5.22603	21.0261	23.3367	26.2170	28.2995
13	3.56503	4.10692	5.00875	5.89186	22.3620	24.7356	27.6882	29.8195
14	4.07467	4.66043	5.62873	6.57063	23.6848	26.1189	29.1412	31.3193
15	4.60092	5.22935	6.26214	7.26094	24.9958	27.4884	30.5779	32.8013
16	5.14221	5.81221	6.90766	7.96165	26.2962	28.8454	31.9999	34.2672
17	5.69722	6.40776	7.56419	8.67176	27.5871	30.1910	33.4087	35.7185
18	6.26480	7.01491	8.23075	9.39046	28.8693	31.5264	34.8053	37.1565
19	6.84397	7.63273	8.90652	10.1170	30.1435	32.8523	36.1909	38.5823
20	7.43384	8.26040	9.59078	10.8508	31.4104	34.1696	37.5662	39.9968
21	8.03365	8.89720	10.28290	11.5913	32.6706	35.4789	38.9322	41.4011
22	8.64272	9.54249	10.9823	12.3380	33.9244	36.7807	40.2894	42.7957
23	9.26042	10.19572	11.6886	13.0905	35.1725	38.0756	41.6384	44.1813
24	9.88623	10.8564	12.4012	13.8484	36.4150	39.3641	42.9798	45.5585
25	10.5197	11.5240	13.1197	14.6114	37.6525	40.6465	44.3141	46.9279
26	11.1602	12.1981	13.8439	15.3792	38.8851	41.9232	45.6417	48.2899
27	11.8076	12.8785	14.5734	16.1514	40.1133	43.1945	46.9629	49.6449
28	12.4613	13.5647	15.3079	16.9279	41.3371	44.4608	48.2782	50.9934
29	13.1211	14.2565	16.0471	17.7084	42.5570	45.7223	49.5879	52.3356
30	13.7867	14.9535	16.7908	18.4927	43.7730	46.9792	50.8922	53.6720
40	20.7065	22.1643	24.4330	26.5093	55.7585	59.3417	63.6907	66.7660
50	27.9907	29.7067	32.3574	34.7643	67.5048	71.4202	76.1539	79.4900
60	35.5345	37.4849	40.4817	43.1880	79.0819	83.2977	88.3794	91.9517
70	43.2752	45.4417	48.7576	51.7393	90.5312	95.0232	100.425	104.215
80	51.1719	53.5401	57.1532	60.3915	101.879	106.629	112.329	116.321
90	59.1963	61.7541	65.6466	69.1260	113.145	118.136	124.116	128.299
100	67.3276	70.0649	74.2219	77.9295	124.342	129.561	135.807	140.169

Excel にて作成

数表3 自由度 m の t 分布の各パーセント点

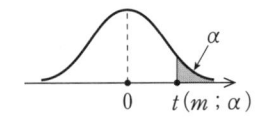

m \ α	0.25	0.1	0.05	0.025	0.01	0.005
1	1.000	3.078	6.314	12.706	31.821	63.657
2	0.816	1.886	2.920	4.303	6.965	9.925
3	0.765	1.638	2.353	3.182	4.541	5.841
4	0.741	1.533	2.132	2.776	3.747	4.604
5	0.727	1.476	2.015	2.571	3.365	4.032
6	0.718	1.440	1.943	2.447	3.143	3.707
7	0.711	1.415	1.895	2.365	2.998	3.499
8	0.706	1.397	1.860	2.306	2.896	3.355
9	0.703	1.383	1.833	2.262	2.821	3.250
10	0.700	1.372	1.812	2.228	2.764	3.169
11	0.697	1.363	1.796	2.201	2.718	3.106
12	0.695	1.356	1.782	2.179	2.681	3.055
13	0.694	1.350	1.771	2.160	2.650	3.012
14	0.692	1.345	1.761	2.145	2.624	2.977
15	0.691	1.341	1.753	2.131	2.602	2.947
16	0.690	1.337	1.746	2.120	2.583	2.921
17	0.689	1.333	1.740	2.110	2.567	2.898
18	0.688	1.330	1.734	2.101	2.552	2.878
19	0.688	1.328	1.729	2.093	2.539	2.861
20	0.687	1.325	1.725	2.086	2.528	2.845
21	0.686	1.323	1.721	2.080	2.518	2.831
22	0.686	1.321	1.717	2.074	2.508	2.819
23	0.685	1.319	1.714	2.069	2.500	2.807
24	0.685	1.318	1.711	2.064	2.492	2.797
25	0.684	1.316	1.708	2.060	2.485	2.787
26	0.684	1.315	1.706	2.056	2.479	2.779
27	0.684	1.314	1.703	2.052	2.473	2.771
28	0.683	1.313	1.701	2.048	2.467	2.763
29	0.683	1.311	1.699	2.045	2.462	2.756
30	0.683	1.310	1.697	2.042	2.457	2.750
40	0.681	1.303	1.684	2.021	2.423	2.704
60	0.679	1.296	1.671	2.000	2.390	2.660
120	0.677	1.289	1.658	1.980	2.358	2.617
∞	0.674	1.282	1.645	1.960	2.326	2.576

Excel にて作成

数表4 自由度 m_1, m_2 の F 分布の各パーセント点

$\alpha=0.05$

m_2 \ m_1	1	2	3	4	5	6
1	161.45	199.50	215.71	224.58	230.16	233.99
2	18.513	19.000	19.164	19.247	19.296	19.330
3	10.128	9.5521	9.2766	9.1172	9.0135	8.9406
4	7.7086	6.9443	6.5914	6.3882	6.2561	6.1631
5	6.6079	5.7861	5.4095	5.1922	5.0503	4.9503
6	5.9874	5.1433	4.7571	4.5337	4.3874	4.2839
7	5.5914	4.7374	4.3468	4.1203	3.9715	3.8660
8	5.3177	4.4590	4.0662	3.8379	3.6875	3.5806
9	5.1174	4.2565	3.8625	3.6331	3.4817	3.3738
10	4.9646	4.1028	3.7083	3.4780	3.3258	3.2172
11	4.8443	3.9823	3.5874	3.3567	3.2039	3.0946
12	4.7472	3.8853	3.4903	3.2592	3.1059	2.9961
13	4.6672	3.8056	3.4105	3.1791	3.0254	2.9153
14	4.6001	3.7389	3.3439	3.1122	2.9582	2.8477
15	4.5431	3.6823	3.2874	3.0556	2.9013	2.7905
16	4.4940	3.6337	3.2389	3.0069	2.8524	2.7413
17	4.4513	3.5915	3.1968	2.9647	2.8100	2.6987
18	4.4139	3.5546	3.1599	2.9277	2.7729	2.6613
19	4.3807	3.5219	3.1274	2.8951	2.7401	2.6283
20	4.3512	3.4928	3.0984	2.8661	2.7109	2.5990
21	4.3248	3.4668	3.0725	2.8401	2.6848	2.5727
22	4.3009	3.4434	3.0491	2.8167	2.6613	2.5491
23	4.2793	3.4221	3.0280	2.7955	2.6400	2.5277
24	4.2597	3.4028	3.0088	2.7763	2.6207	2.5082
25	4.2417	3.3852	2.9912	2.7587	2.6030	2.4904
26	4.2252	3.3690	2.9752	2.7426	2.5868	2.4741
27	4.2100	3.3541	2.9604	2.7278	2.5719	2.4591
28	4.1960	3.3404	2.9467	2.7141	2.5581	2.4453
29	4.1830	3.3277	2.9340	2.7014	2.5454	2.4324
30	4.1709	3.3158	2.9223	2.6896	2.5336	2.4205
40	4.0847	3.2317	2.8387	2.6060	2.4495	2.3359
60	4.0012	3.1504	2.7581	2.5252	2.3683	2.2541
120	3.9201	3.0718	2.6802	2.4472	2.2899	2.1750
∞	3.8415	2.9957	2.6049	2.3719	2.2141	2.0986

$\alpha = 0.05$

7	8	9	10	12	15	20
236.77	238.88	240.54	241.88	243.91	245.95	248.01
19.353	19.371	19.385	19.396	19.413	19.429	19.446
8.8867	8.8452	8.8123	8.7855	8.7446	8.7029	8.6602
6.0942	6.0410	5.9988	5.9644	5.9117	5.8578	5.8025
4.8759	4.8183	4.7725	4.7351	4.6777	4.6188	4.5581
4.2067	4.1468	4.0990	4.0600	3.9999	3.9381	3.8742
3.7870	3.7257	3.6767	3.6365	3.5747	3.5107	3.4445
3.5005	3.4381	3.3881	3.3472	3.2839	3.2184	3.1503
3.2927	3.2296	3.1789	3.1373	3.0729	3.0061	2.9365
3.1355	3.0717	3.0204	2.9782	2.9130	2.8450	2.7740
3.0123	2.9480	2.8962	2.8536	2.7876	2.7186	2.6464
2.9134	2.8486	2.7964	2.7534	2.6866	2.6169	2.5436
2.8321	2.7669	2.7144	2.6710	2.6037	2.5331	2.4589
2.7642	2.6987	2.6458	2.6022	2.5342	2.4630	2.3879
2.7066	2.6408	2.5876	2.5437	2.4753	2.4034	2.3275
2.6572	2.5911	2.5377	2.4935	2.4247	2.3522	2.2756
2.6143	2.5480	2.4943	2.4499	2.3807	2.3077	2.2304
2.5767	2.5102	2.4563	2.4117	2.3421	2.2686	2.1906
2.5435	2.4768	2.4227	2.3779	2.3080	2.2341	2.1555
2.5140	2.4471	2.3928	2.3479	2.2776	2.2033	2.1242
2.4876	2.4205	2.3660	2.3210	2.2504	2.1757	2.0960
2.4638	2.3965	2.3419	2.2967	2.2258	2.1508	2.0707
2.4422	2.3748	2.3201	2.2747	2.2036	2.1282	2.0476
2.4226	2.3551	2.3002	2.2547	2.1834	2.1077	2.0267
2.4047	2.3371	2.2821	2.2365	2.1649	2.0889	2.0075
2.3883	2.3205	2.2655	2.2197	2.1479	2.0716	1.9898
2.3732	2.3053	2.2501	2.2043	2.1323	2.0558	1.9736
2.3593	2.2913	2.2360	2.1900	2.1179	2.0411	1.9586
2.3463	2.2783	2.2229	2.1768	2.1045	2.0275	1.9446
2.3343	2.2662	2.2107	2.1646	2.0921	2.0148	1.9317
2.2490	2.1802	2.1240	2.0772	2.0035	1.9245	1.8389
2.1665	2.0970	2.0401	1.9926	1.9174	1.8364	1.7480
2.0868	2.0164	1.9588	1.9105	1.8337	1.7505	1.6587
2.0096	1.9384	1.8799	1.8307	1.7522	1.6664	1.5705

Excel にて作成

$\alpha=0.025$

m_2 \ m_1	1	2	3	4	5	6
1	647.79	799.50	864.16	899.58	921.85	937.11
2	38.506	39.000	39.165	39.248	39.298	39.331
3	17.443	16.044	15.439	15.101	14.885	14.735
4	12.218	10.649	9.9792	9.6045	9.3645	9.1973
5	10.007	8.4336	7.7636	7.3879	7.1464	6.9777
6	8.8131	7.2599	6.5988	6.2272	5.9876	5.8198
7	8.0727	6.5415	5.8898	5.5226	5.2852	5.1186
8	7.5709	6.0595	5.4160	5.0526	4.8173	4.6517
9	7.2093	5.7147	5.0781	4.7181	4.4844	4.3197
10	6.9367	5.4564	4.8256	4.4683	4.2361	4.0721
11	6.7241	5.2559	4.6300	4.2751	4.0440	3.8807
12	6.5538	5.0959	4.4742	4.1212	3.8911	3.7283
13	6.4143	4.9653	4.3472	3.9959	3.7667	3.6043
14	6.2979	4.8567	4.2417	3.8919	3.6634	3.5014
15	6.1995	4.7650	4.1528	3.8043	3.5764	3.4147
16	6.1151	4.6867	4.0768	3.7294	3.5021	3.3406
17	6.0420	4.6189	4.0112	3.6648	3.4379	3.2767
18	5.9781	4.5597	3.9539	3.6083	3.3820	3.2209
19	5.9216	4.5075	3.9034	3.5587	3.3327	3.1718
20	5.8715	4.4613	3.8587	3.5147	3.2891	3.1283
21	5.8266	4.4199	3.8188	3.4754	3.2501	3.0895
22	5.7863	4.3828	3.7829	3.4401	3.2151	3.0546
23	5.7498	4.3492	3.7505	3.4083	3.1835	3.0232
24	5.7166	4.3187	3.7211	3.3794	3.1548	2.9946
25	5.6864	4.2909	3.6943	3.3530	3.1287	2.9685
26	5.6586	4.2655	3.6697	3.3289	3.1048	2.9447
27	5.6331	4.2421	3.6472	3.3067	3.0828	2.9228
28	5.6096	4.2205	3.6264	3.2863	3.0626	2.9027
29	5.5878	4.2006	3.6072	3.2674	3.0438	2.8840
30	5.5675	4.1821	3.5894	3.2499	3.0265	2.8667
40	5.4239	4.0510	3.4633	3.1261	2.9037	2.7444
60	5.2856	3.9253	3.3425	3.0077	2.7863	2.6274
120	5.1523	3.8046	3.2269	2.8943	2.6740	2.5154
∞	5.0239	3.6889	3.1161	2.7858	2.5665	2.4082

$\alpha=0.025$

7	8	9	10	12	15	20
948.22	956.66	963.28	968.63	976.71	984.87	993.10
39.355	39.373	39.387	39.398	39.415	39.431	39.448
14.624	14.540	14.473	14.419	14.337	14.253	14.167
9.0741	8.9796	8.9047	8.8439	8.7512	8.6565	8.5599
6.8531	6.7572	6.6811	6.6192	6.5245	6.4277	6.3286
5.6955	5.5996	5.5234	5.4613	5.3662	5.2687	5.1684
4.9949	4.8993	4.8232	4.7611	4.6658	4.5678	4.4667
4.5286	4.4333	4.3572	4.2951	4.1997	4.1012	3.9995
4.1970	4.1020	4.0260	3.9639	3.8682	3.7694	3.6669
3.9498	3.8549	3.7790	3.7168	3.6209	3.5217	3.4185
3.7586	3.6638	3.5879	3.5257	3.4296	3.3299	3.2261
3.6065	3.5118	3.4358	3.3736	3.2773	3.1772	3.0728
3.4827	3.3880	3.3120	3.2497	3.1532	3.0527	2.9477
3.3799	3.2853	3.2093	3.1469	3.0502	2.9493	2.8437
3.2934	3.1987	3.1227	3.0602	2.9633	2.8621	2.7559
3.2194	3.1248	3.0488	2.9862	2.8890	2.7875	2.6808
3.1556	3.0610	2.9849	2.9222	2.8249	2.7230	2.6158
3.0999	3.0053	2.9291	2.8664	2.7689	2.6667	2.5590
3.0509	2.9563	2.8801	2.8172	2.7196	2.6171	2.5089
3.0074	2.9128	2.8365	2.7737	2.6758	2.5731	2.4645
2.9686	2.8740	2.7977	2.7348	2.6368	2.5338	2.4247
2.9338	2.8392	2.7628	2.6998	2.6017	2.4984	2.3890
2.9023	2.8077	2.7313	2.6682	2.5699	2.4665	2.3567
2.8738	2.7791	2.7027	2.6396	2.5411	2.4374	2.3273
2.8478	2.7531	2.6766	2.6135	2.5149	2.4110	2.3005
2.8240	2.7293	2.6528	2.5896	2.4908	2.3867	2.2759
2.8021	2.7074	2.6309	2.5676	2.4688	2.3644	2.2533
2.7820	2.6872	2.6106	2.5473	2.4484	2.3438	2.2324
2.7633	2.6686	2.5919	2.5286	2.4295	2.3248	2.2131
2.7460	2.6513	2.5746	2.5112	2.4120	2.3072	2.1952
2.6238	2.5289	2.4519	2.3882	2.2882	2.1819	2.0677
2.5068	2.4117	2.3344	2.2702	2.1692	2.0613	1.9445
2.3948	2.2994	2.2217	2.1570	2.0548	1.9450	1.8249
2.2875	2.1918	2.1136	2.0483	1.9447	1.8326	1.7085

Excel にて作成

数表5　グラブス・スミルノフの外れ値の検定

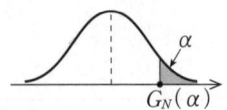

N \ α	0.050	0.025	N \ α	0.050	0.025
3	1.153	1.154	36	2.823	2.990
4	1.462	1.481	37	2.834	3.002
5	1.671	1.715	38	2.845	3.014
6	1.822	1.887	39	2.856	3.025
7	1.938	2.020	40	2.867	3.036
8	2.032	2.127	41	2.877	3.046
9	2.110	2.215	42	2.886	3.056
10	2.176	2.290	43	2.896	3.066
11	2.234	2.355	44	2.905	3.076
12	2.285	2.412	45	2.914	3.085
13	2.331	2.462	46	2.923	3.094
14	2.372	2.507	47	2.931	3.103
15	2.409	2.548	48	2.940	3.111
16	2.443	2.586	49	2.948	3.120
17	2.475	2.620	50	2.956	3.128
18	2.504	2.652	55	2.99	3.17
19	2.531	2.681	60	3.03	3.20
20	2.557	2.708	65	3.05	3.23
21	2.580	2.734	70	3.08	3.26
22	2.603	2.758	75	3.11	3.28
23	2.624	2.780	80	3.13	3.31
24	2.644	2.802	85	3.15	3.33
25	2.663	2.822	90	3.17	3.35
26	2.681	2.841	95	3.19	3.37
27	2.698	2.859	100	3.21	3.38
28	2.714	2.876			
29	2.730	2.893			
30	2.745	2.908			
31	2.759	2.923			
32	2.773	2.938			
33	2.786	2.952			
34	2.799	2.965			
35	2.811	2.978			

数表6 ウィルコクスンの順位和検定（両側検定）

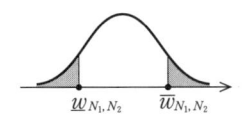

N_1	N_2	α 0.10 $\underline{w}$	$\overline{w}$	0.05 $\underline{w}$	$\overline{w}$	0.01 $\underline{w}$	$\overline{w}$
2	4	—		—		—	
	5	3	13	—		—	
	6	3	15	—		—	
	7	3	17	—		—	
	8	4	18	3	19	—	
	9	4	20	3	21	—	
	10	4	22	3	23	—	
	11	4	24	3	25	—	
	12	5	25	4	26	—	
	13	5	27	4	28	—	
	14	6	28	4	30	—	
	15	6	30	4	32	—	
3	3	6	15	—		—	
	4	6	18	—		—	
	5	7	20	6	21	—	
	6	8	22	7	23	—	
	7	8	25	7	26	—	
	8	9	27	8	28	—	
	9	10	29	8	31	6	33
	10	10	32	9	33	6	36
	11	11	34	9	36	6	39
	12	11	37	10	38	7	41
	13	12	39	10	41	7	44
	14	13	41	11	43	7	47
	15	13	44	11	46	8	49
4	4	11	25	10	26	—	
	5	12	28	11	29	—	
	6	13	31	12	32	10	34
	7	14	34	13	35	10	38
	8	15	37	14	38	11	41
	9	16	40	14	42	11	45
	10	17	43	15	45	12	48
	11	18	46	16	48	12	52
	12	19	49	17	51	13	55
	13	20	52	18	54	13	59
	14	21	55	19	57	14	62
	15	22	58	20	60	15	65
5	5	19	36	17	38	15	40
	6	20	40	18	42	16	44
	7	21	44	20	45	16	49
	8	23	47	21	49	17	53
	9	24	51	22	53	18	57
	10	26	54	23	57	19	61
	11	27	58	24	61	20	65
	12	28	62	26	64	21	69

N_1	N_2	α 0.10 $\underline{w}$	$\overline{w}$	0.05 $\underline{w}$	$\overline{w}$	0.01 $\underline{w}$	$\overline{w}$
	13	30	65	27	68	22	73
	14	31	69	28	72	22	78
	15	33	72	29	76	23	82
6	6	28	50	26	52	23	55
	7	29	55	27	57	24	60
	8	31	59	29	61	25	65
	9	33	63	31	65	26	70
	10	35	67	32	70	27	75
	11	37	71	34	74	28	80
	12	38	76	35	79	30	84
	13	40	80	37	83	31	89
	14	42	84	38	88	32	94
	15	44	88	40	92	33	99
7	7	39	66	36	69	32	73
	8	41	71	38	74	34	78
	9	43	76	40	79	35	84
	10	45	81	42	84	37	89
	11	47	86	44	89	38	95
	12	49	91	46	94	40	100
	13	52	95	48	99	41	106
	14	54	100	50	104	43	111
	15	56	105	52	109	44	117
8	8	51	85	49	87	43	93
	9	54	90	51	93	45	99
	10	56	96	53	99	47	105
	11	59	101	55	105	49	111
	12	62	106	58	110	51	117
	13	64	112	60	116	53	123
	14	67	117	62	122	54	130
	15	69	123	65	127	56	136
9	9	66	105	62	109	56	115
	10	69	111	65	115	58	122
	11	72	117	68	121	61	128
	12	75	123	71	127	63	135
	13	78	129	73	134	65	142
	14	81	135	76	140	67	149
	15	84	141	79	146	69	156
10	10	82	128	78	132	71	139
	11	86	134	81	139	73	147
	12	89	141	84	146	76	154
	13	92	148	88	152	79	161
	14	96	154	91	159	81	169
	15	99	161	94	166	84	176

数表7 アンサリー・ブラッドレイ検定（両側検定）

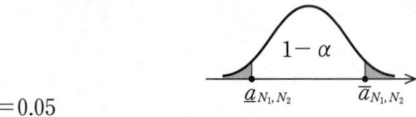

$\alpha = 0.05$

N_1	N_2	$\underline{a}_{N_1,N_2}$	$\bar{a}_{N_1,N_2}$	N_1	N_2	$\underline{a}_{N_1,N_2}$	$\bar{a}_{N_1,N_2}$
2	8	3	10		8	13	26
	9	3	11		9	13	28
	10	3	12		10	14	30
	11	3	13		11	14	32
	12	3	14		12	15	34
	13	3	15		13	16	35
	14	3	15		14	16	37
	15	4	16		15	17	39
	16	4	17				
	17	4	18	6	6	15	28
	18	4	19		7	16	30
					8	17	32
3	5	5	11		9	18	34
	6	5	13		10	18	36
	7	5	14		11	19	39
	8	6	15		12	20	41
	9	6	16		13	21	43
	10	6	18		14	22	45
	11	6	19				
	12	7	20	7	7	21	36
	13	7	21		8	22	39
	14	7	23		9	23	41
	15	7	24		10	24	44
	16	8	25		11	25	46
	17	8	26		12	26	49
					13	27	51
4	5	8	16				
	6	8	17	8	8	27	46
	7	8	19		9	28	49
	8	9	20		10	30	51
	9	9	22		11	31	54
	10	10	23		12	32	57
	11	10	25				
	12	11	26	9	9	34	56
	13	11	28		10	36	60
	14	11	30		11	37	63
	15	12	31				
	16	12	33	10	10	43	68
5	5	11	20				
	6	11	22				
	7	12	24				

数表8 スピアマンの順位相関検定
（両側検定）

N	有意水準 α 0.05
3	0.997
4	0.950
5	0.878
6	0.811
7	0.754
8	0.707
9	0.666
10	0.632
11	0.602
12	0.576
13	0.553
14	0.532
15	0.514
16	0.497
17	0.482
18	0.468
19	0.456
20	0.444
21	0.433
22	0.423
23	0.413
24	0.404
25	0.396
26	0.388
27	0.381
28	0.374
29	0.367
30	0.361

数表9 スピアマンの順位相関検定
（片側検定）

N	有意水準 α 0.05
4	1.000
5	0.900
6	0.829
7	0.714
8	0.643
9	0.600
10	0.564
12	0.504
14	0.456
16	0.425
18	0.399
20	0.377
22	0.359
24	0.343
26	0.329
28	0.317
30	0.306

数表10　符号検定

α \ N	$r_{L\alpha}$		$r_{S\alpha}$		r_{α}	
	0.01	0.05	0.01	0.05	0.01	0.05
5		5		0		
6		6		0		1
7	7	7	0	0		1
8	8	7	0	1	1	1
9	9	8	0	1	1	2
10	10	9	0	1	1	2
11	10	9	1	2	1	2
12	11	10	1	2	2	3
13	12	10	1	3	2	3
14	12	11	2	3	2	3
15	13	12	2	3	3	4
16	14	12	2	4	3	4
17	14	13	3	4	3	5
18	15	13	3	5	4	5
19	15	14	4	5	4	5
20	16	15	4	5	4	6
21	17	15	4	6	5	6
22	17	16	5	6	5	6
23	18	16	5	7	5	7
24	19	17	5	7	6	7
25	19	18	6	7	6	8
26	20	18	6	8	7	8
27	20	19	7	8	7	8
28	21	19	7	9	7	9
29	22	20	7	9	8	9
30	22	20	8	10	8	10

数表11　ケンドールの順位相関検定

α 片側 N (両側)	0.005 (0.010)	0.01 (0.02)	0.025 (0.05)	0.05 (0.10)	0.10 (0.20)
4				6 (0.0417)	6 (0.0417)
5		10 (0.0083)	10 (0.0083)	8 (0.0417)	8 (0.0417)
6	15 (0.0014)	13 (0.0083)	13 (0.0083)	11 (0.0278)	9 (0.0681)
7	19 (0.0014)	17 (0.0054)	15 (0.0151)	13 (0.0345)	11 (0.0681)
8	22 (0.0028)	20 (0.0071)	18 (0.0156)	16 (0.0305)	12 (0.0894)
9	26 (0.0029)	24 (0.0063)	20 (0.0223)	18 (0.0376)	14 (0.0901)
10	29 (0.0046)	27 (0.0083)	23 (0.0233)	21 (0.0363)	17 (0.0779)
11	33 (0.0050)	31 (0.0083)	27 (0.0203)	23 (0.0433)	19 (0.0823)
12	38 (0.0044)	36 (0.0069)	30 (0.0224)	26 (0.0432)	20 (0.0985)
13	44 (0.0033)	40 (0.0075)	34 (0.0211)	28 (0.0500)	24 (0.0817)
14	47 (0.0049)	43 (0.0096)	37 (0.0236)	33 (0.0397)	25 (0.0963)
15	53 (0.0041)	49 (0.0078)	41 (0.0231)	35 (0.0463)	29 (0.0843)
16	58 (0.0043)	52 (0.0099)	46 (0.0206)	38 (0.0480)	30 (0.0975)
17	64 (0.0040)	58 (0.0086)	50 (0.0211)	42 (0.0457)	34 (0.0883)
18	69 (0.0043)	63 (0.0086)	53 (0.0239)	45 (0.0479)	37 (0.0876)
19	75 (0.0041)	67 (0.0097)	57 (0.0245)	49 (0.0466)	39 (0.0931)
20	80 (0.0045)	72 (0.0099)	62 (0.0234)	52 (0.0492)	42 (0.0929)

参考文献

[1] *Theory of rank tests*, J. Hajek, Z. Sidak, P. K. Sen, Academic Press (1967)
[2] *Nonparametric Statistical Methods*, M. Hollander, D. A. Wolfe, John Wiley & Sons (1973)
[3] 『確率・統計の演習』野中敏雄・笹井敏夫著, 森北出版 (1959)
[4] 『確率統計 演習 1, 2』国沢清典編, 培風館 (1966)
[5] 『確率・統計入門』小針晛宏著, 岩波書店 (1973)
[6] 『ノンパラメトリックス』E. L. レーマン著, 鍋谷清治他訳, 森北出版 (1978)
[7] 『統計用語辞典』芝 祐順・渡部 洋・石塚智一編, 新曜社 (1984)
[8] 『統計調査法 (改訂版)〈新数学シリーズ 8〉』吉田洋一監修, 西平重喜著, 培風館 (1985)
[9] 『パソコン統計解析ハンドブックⅣ—ノンパラメトリック編』白旗慎吾編, 共立出版 (1987)
[10] 『統計学辞典』竹内 啓他編, 東洋経済新報社 (1989)
[11] 『データとデータ解析』栗原考次著, 放送大学教育振興会 (1996)
[12] 『工科のための統計概論』I. ガットマン他著, 石井惠一・堀 素夫訳, 培風館 (1999)
[13] 『実践としての統計学』佐伯 胖・松原 望著, 東京大学出版会 (2000)
[14] 『メタ・アナリシス入門』丹後俊郎著, 朝倉書店 (2002)

【石村貞夫著・東京図書刊】
●数学関係
[15] 『よくわかる線型代数』共著 (1986)
[16] 『よくわかる微分積分』共著 (1988)

●統計学関係
- [17] 『すぐわかる多変量解析』(1992)
- [18] 『すぐわかる統計解析』(1993)
- [19] 『すぐわかる統計処理』(1994)
- [20] 『すぐわかる統計用語』共著 (1997)
- [21] 『Point 統計学 平均・分散・標準偏差』共著 (2003)
- [22] 『Point 統計学 相関係数と回帰直線』共著 (2003)
- [23] 『Point 統計学 正規分布』共著 (2003)
- [24] 『Point 統計学 t 分布・F 分布・カイ 2 乗分布』共著 (2003)

● Excel 関係
- [25] 『Excel でやさしく学ぶ行列・行列式』共著 (1999)
- [26] 『Excel でやさしく学ぶ微分積分』共著 (2000)
- [27] 『Excel でやさしく学ぶ時系列』共著 (2002)
- [28] 『Excel でやさしく学ぶアンケート処理』共著 (2003)
- [29] 『Excel でやさしく学ぶ統計解析(第 2 版)』共著 (2004)
- [30] 『Excel でやさしく学ぶ多変量解析(第 2 版)』共著 (2004)
- [31] 『よくわかる医療・看護のための統計入門(第 2 版)』共著 (2009)

● SPSS 関係
- [32] 『SPSS でやさしく学ぶ統計解析(第 3 版)』共著 (2007)
- [33] 『SPSS でやさしく学ぶ多変量解析(第 3 版)』共著 (2006)
- [34] 『SPSS でやさしく学ぶアンケート処理(第 2 版)』共著 (2007)
- [35] 『SPSS による医学・歯学・薬学のための統計解析(第 2 版)』共著 (2007)
- [36] 『SPSS によるリスク解析のための統計処理』共著 (2004)
- [37] 『SPSS による線型混合モデルとその手順』共著 (2004)
- [38] 『SPSS による統計処理の手順(第 5 版)』(2007)
- [39] 『SPSS によるカテゴリカルデータ分析の手順(第 2 版)』(2005)
- [40] 『SPSS による多変量データ解析の手順(第 3 版)』(2005)
- [41] 『SPSS による時系列分析の手順(第 2 版)』(2006)
- [42] 『SPSS による分散分析と多重比較の手順(第 3 版)』(2006)
- [43] 『臨床心理・精神医学のための SPSS による統計処理』共著 (2005)
- [44] 『社会調査・経済分析のための SPSS による統計処理』共著 (2005)
- [45] 『建築デザイン・福祉心理のための SPSS による統計処理』共著 (2005)
- [46] 『CD-ROM 統計ソフト SPSS Student Version 13.0 J』共著 (2006)

索　引

> 太字はKey Wordでござるよ！

数字

0!	72
1期先の予測値	276
1元配置の分散分析	217
1次式の関係	47, 249
2×2クロス集計表	237
2項分布	**72**, 124, 125
——の正規分布による近似	88
——の平均・分散	72
2項母集団 $B(1,p)$	124, 158
2つの母相関係数の差の検定	193
2つの母比率の差の検定	186
2つの母分散の差の検定	165, 180
2つの母平均の差の検定	162, 217
2変量の関係	36
2変量の広がり	41
3項移動平均	274
12カ月移動平均	271, 274
$100(1-\alpha)\%$	111

アルファベット

a_3	30
a_4	31
A	244
A型のデータ	3
$B(1,p)$	124
$B(n,p)$	72
$B(N,p)$	124
B型のデータ	3, 18, 24
$\cos\theta$	42
$_NC_2$	56
$\mathrm{Cov}(x,y)$	41
$E(X)$	68, 71
Excelで描く正規分布	82
$f(x)$	70
$f(x;\theta)$	135
f_{ij}	203
F_0	258
$F(x)$	70
F値	258
F分布	**97**, 180
——の平均・分散	97
$G_N(\alpha)$	209
H_0	140, 142
H_1	142
$L(\theta;x_1,x_2,\cdots,x_N)$	133, 135
m	171
M	230
Md	28
Me	20
M推定量	22
$\binom{n}{x}={}_nC_x$	72
N	3
$N(\mu,\sigma^2)$	81
p	158

$P(A)$	61, 66
$P(A \cap B)$	61
$P(a \leq X \leq b)$	69
$P(X=x;\theta)$	133
$P(\lambda)$	78
$P(結果\ A_1|原因\ B_1)$	101
$P(原因\ B_1|結果\ A_1)$	100
Q_1	29
Q_3	29
Q_r	29
r	40
r_{La}	233
r_S	52, 236
r_{Sa}	233
r_a	232
R	10
R^2	254
s	27
s^2	24
S^2	26
S_E	254, 258
SPSS	16, 212, 229
S_R	254, 258
s_{xy}	41
S_{y^2}	254, 258
t	266
t 分布	**94**, 115, 146, 162, 190
——の平均・分散	94
t 分布と正規分布	96
$\mathrm{Var}(x)$	24
$\mathrm{Var}(X)$	68, 71
V_E	258
V_R	258
W	219
$\tilde{x}(t,1)$	276
x と y の共変量	251

ギリシャ文字

α（アルファ）	141, 143
Γ（ガンマ）	92
θ（シータ）	108
κ（カッパ）	243
μ（ミュー）	68, 81
ρ（ロー）	190
σ（シグマ）	68
σ^2	68, 81
τ（タウ）	55, 56, 240
χ（カイ）	91

ア行

当てはまりの良さ	254
アーラン分布	99
アンサリー・ブラッドレイ検定	244, **245**
イェーツの補正	237
位置	218, 230
一致性	108
移動平均	**274**
3項——	274
12カ月——	271, 274
因果関係	248
ウィルコクソンの順位和	230
ウィルコクソンの順位和検定	217, **218**
ウィルコクソンの符号付順位検定	217, 232
ウェルチの検定	**171**
大きさ N	3
オッズ	59
——を1	59
オッズ比	**59**, 60
——が1	60, 62

カ行

カイ 2 乗分布	**91**, 121, 154, 197, 203
——の平均・分散	91
回帰係数	**249**
回帰直線	**249**
回帰による変動	258
回帰の分散分析表	258
回帰分析	248, **249**
階級	9
——の数	10
階級値	9
ガウス	84
確率	59, 66
確率分布	**67**
確率変数	**67**
——の関数の分布	89
確率密度関数	**70**
仮説 H_0	140, 142, **143**
片側検定	142, 143, 145
片側有意確率	144
——と有意水準の関係	157, 161, 170
傾き	249
カット	22
カテゴリ	196
株価の動き	267
観測誤差	84
観測度数	196
ガンマ関数	92
ガンマ分布	99
関連がある	203, 241
幾何平均	18
棄却域	141, **143**
棄却限界	145
季節性の分解	271
季節変動	270, **271**
基礎統計量	16
期待値	68
期待度数	196
基本時系列	267
共分散	41, **43**, 46
——の標準化	46
曲線の当てはめ	269
距離尺度	**2**
近似	88
区間推定	**111**
指数分布の——	118
ポアソン分布の——	118
母比率の——	124
母分散の——	120
母平均の——	112
組合せ	56, 230
クラスカル・ウォリスの検定	217, 245
グラブス・スミルノフの外れ値の検定	208
グラフの合成	267
クロス集計表	58, **59**, 202, 237
経済時系列データ	270
結果	100
決定係数 R^2	254, **256**
原因	100
研究対象	106, 140
減衰率	276
検定	140
——のための 3 つの手順	140, 217, 258
検定統計量	140
原点のまわりの r 次の積率	31
ケンドールによるトレンドの検定	269
ケンドールの順位相関係数	**54**, 240
——による検定	240
効果サイズの公式	214
コーエンの κ 統計量	243
コーシー分布	96
誤差	128, 130
誤差平方和	277

コルモゴロフ・スミルノフの検定 212

サ行

最小 2 乗法	132, 251
最小カイ 2 乗法	132
最小値	**10**, 208
最大値	**10**, 208
採択	142
最適な回帰直線	250
最適な予測値	281
最頻値	**21**
最尤法	**132**, 137
差の検定	
2 つの母相関係数の――	193
2 つの母比率の――	186
2 つの母分散の――	165, 180
2 つの母平均の――	162, 217
差の 2 乗和	24
座標	36
左右対称	30
残差	250, 251
――が最小	250
――の変動	254, 258
算術平均	18
散布図	**36**, 248
サンプルサイズ N	128
――の公式	128, 130
――を決める	128
時間	266
時系列	**266**
――の基本パターン	267
時系列分析	266
自己回帰 AR(1) モデル	280
自己回帰モデル	**281**
事後確率	101
自己相関	273
事象の独立	61

指数分布の区間推定	118
指数平滑化	269, 271, **276**
――の公式	277
事前確率	101
実測値の変動	254
実測度数	196
実測度数が 10 倍	201
時点 t	266, 276
四分位点	29
四分位範囲	**29**
尺度	2
周期変動	**266**, 267, 270
重心	42
従属変数	249
自由度	**26**, 171, 203
――1 の t 分布	96
―― n の t 分布	94
―― n のカイ 2 乗分布	91
―― (n_1, n_2) の F 分布	97
十分性	108
寿命の分布	99
順位	52, 218
――による相関係数	52
――の大小	241
――の向き	54
順位相関係数	52
順位和 W	219
――の分布	226
順位和検定	218
順序尺度	**2**
順序データ	2
条件	196
条件付確率	**101**
信頼区間	**111**
――の基本形	111
信頼係数	111
推定	106
推定値	108, **109**

推定量	108, **109**
数値データ	2
スソが短い	13, 17
スソが長い	13, 17
スタージェスの公式	10
スティール・ドゥワスの検定	245
ステレオグラム	58
スピアマンの順位相関係数 r_s	52, **53**, 236
——による検定	236
スペクトル分析	**271**
正規 Q-Q プロット	212
正規曲線	84
正規性	212
——の検定	212
正規分布	13, 17, 81, **82**
——の確率	85
——の平均・分散	81
Excel で描く——	82
t 分布と——	96
正規母集団	**111**, 212
正の相関	38, 40
積率	**30**, 31
原点のまわりの r 次の——	31
平均のまわりの r 次の——	31
絶対平均	18
切片	249
説明変量	249
セル	202
漸近確率分布	227
全事象	66
全数調査法	107
尖度	17, **30**, 31
——の 95% 信頼区間	213
全変動	258
相関がある	190
相関行列	46
相関係数	40, **43**, 46, 249, 254, 259
相関表	36
相対度数	9, **10**
総度数	9
属性	202
測定ミス	208

タ行

タイ	52
対応関係のある	232
対応のある 2 つの母平均の差の検定	176, 217
対数分布	99
対立仮説 H_1	142, **143**
多重比較	209
縦軸	36
単回帰分析	254, 259
中央値	**20**
中心極限定理	**90**
超幾何級数	75
超幾何分布	**75**
——の平均・分散	75
長期的減小傾向	268
長期的増加傾向	268
調和平均	18
直線	250
貯蓄分布	20
散らばり度	23
強い正の相関	40
強い負の相関	40
定数項	249
定積分	70
データ	3
——の位置	17
——のスソの長さ	13
——の対称性	13
——の中心	13
——の散らばり	13

——の散らばりを表す値	17
——の標準化	44, 85
——を代表する値	17
データ数 N	3, 18
——が少ないとき	127
適合度検定	196, **197**
デタラメ	272
点推定	108
統計調査	107
統計的検定	**140**
統計的推定	106
統計的推論	72
統計量	89, **90**, 213
——の分布	89
同順位	52, 219
等分散性	162, **163**, 165
——の検定	97, 181
とがりぐあい	31
独立	61, 62, 240
——である	61, 203, 241
事象の——	61
独立性の検定	202, **204**, 237
独立変数	249
度数	6, 9
度数分布表	**6**, 9
とびとびの値	67
飛び離れた値	208
——の影響	19, 22
トリム平均	**22**
トレンド	**266**, 267, 268

ナ行

内積	42
ノンパラメトリック検定	**216**

ハ行

パーセント点	93, 96, 99
箱ヒゲ図	29
外れ値	**209**
——の検定	208
パラメータ θ	**106**, 108, 133, 135
——を推定	137
——を利用しない検定	216
範囲 R	**10**
半整数補正	88
反復測定による分散分析	217
比	196
比尺度	**2**
ヒストグラム	**12**
左にスソが長い	13, 17
非復元抽出	74, 75, **77**
標準化	45, 85
標準誤差	213
標準正規分布	81, **82**, 158, 186, 194
——の確率	86
標準偏差 s	16, **27**
——を1	45
標準偏差 σ	68, 71
標本	**106**, 107, 140
標本数が小さいとき	188
標本調査法	107
標本比率	158
標本分散	**24**
標本平均	**18**
標本変動	113
比率が等しい	62
広がり	41
フィッシャーの直接法	**237**
ブートストラップ法	111
不規則変動	**266**, 267, 272
復元抽出	**74**
符号検定	217, **232**, 233

負の相関	38, 40	ポアソン分布	78, **79**
不偏推定値	109	——の区間推定	118
不偏推定量	108, **109**	——の平均・分散	78
不偏性	108	母集団	**106**, 107, 140
不偏分散	**24**	母相関係数	190
フリードマンの検定	217, 245	——の差の検定	193
分散	16, **24**, 31	——の検定	194
分散 s^2	24	ボックス・リュングの検定	273
——を 1	45	母比率 p	158
分散 S^2	26	——の区間推定	124
分散 σ^2	68, 71	——の検定	158
——の重要な公式	71	——の差の検定	186
分散共分散行列	46	母分散	110
分布関数	**70**	—— $\sigma_1{}^2, \sigma_2{}^2$ が既知	162
分布の位置	218, 230	—— $\sigma_1{}^2, \sigma_2{}^2$ が未知	162
分布のバラツキ	244	—— σ^2 が未知	112
平均	16, 18, 31	——の区間推定	120
——のまわりの r 次の積率	31	——の検定	154
平均 μ	68, 71	——の差の検定	165, 180
平均株価	266	母平均 μ	112
平均値	**18**	——が未知	120
——を 0	45	——の区間推定	112
平均・分散		——の検定	146
2 項分布の——	72	——の差の検定	162, 217
F 分布の——	97	ボルトキーヴィッチ	80
t 分布の——	94	ホワイトノイズ	273, 280
カイ 2 乗分布の——	91		
正規分布の——	81	**マ行**	
超幾何分布の——	75		
ポアソン分布の——	78	まれに起こる	80
平均偏差	**28**	マン・ホイットニーの検定	217, **230**
ベイズの定理	100, **101**	右上がり	38, 268
ベクトル	42	右下がり	38, 268
変動	254	右にスソが長い	13, 17
回帰による——	258	未知のパラメータ θ	108, 111
残差の——	254, 258	——の推定	132
実測値の——	254	無限母集団	107
予測値の——	254	無作為抽出	140

無作為配分	140
無相関	38, 40, 259
──である	190
──の検定	190
名義尺度	**2**
名義データ	2
めったに起こらない	79
めったにない	141
メディアン	20
モード	21
モーメント法	132
目的変量	249
モデル	72

ヤ行

有意確率	**144**
有意確率≦0.05	145
有意確率≦有意水準	145
有意水準	141, **143**
有効性	108
尤度関数	**132**, 133, 135
──が最大	134, 136
横軸	36
予測	250
予測値の変動	254

ラ行

ラペ―ジ検定	245
乱数	272
ランダムウォーク	**281**
ランダムに抽出	106, 140
離散型確率分布	67
離散型確率変数	**67**
リスク	59
──が高い	61
──が低い	61
両側検定	142, 143, 145
両側有意確率	144
──と有意水準の関係	149, 167
累積相対度数	9, **10**
累積度数	9, **10**
ルビーンの検定	181
連続型確率分布	69
連続型確率変数	**69**
連の総数によるランダムの検定	273

ワ行

歪度	17, **30**, 31
──の95%信頼区間	213
歪度と尖度の検定	212, 213
ワイブル分布	99

著者紹介

石村　貞夫
<ruby>石<rt>いし</rt></ruby>　<ruby>村<rt>むら</rt></ruby>　<ruby>貞<rt>さだ</rt></ruby>　<ruby>夫<rt>お</rt></ruby>

1975 年　早稲田大学理工学部数学科卒業
1977 年　早稲田大学大学院理工学研究科数学専攻修了
現　在　石村統計コンサルタント代表
　　　　理学博士・統計アナリスト
　　　　元鶴見大学准教授

入門はじめての統計解析　　© Sadao Ishimura 2006

2006 年 11 月 25 日　第 1 刷発行　　Printed in Japan
2023 年 3 月 10 日　第 14 刷発行

著者　石　村　貞　夫
発行所　東京図書株式会社

〒 102-0072　東京都千代田区飯田橋 3-11-19
振替 00140-4-13803　電話 03(3288)9461
http://www.tokyo-tosho.co.jp/

ISBN 978-4-489-00746-0

◆◆◆ パターンの中から選ぶだけ ◆◆◆
すぐわかる統計処理の選び方
●石村貞夫・石村光資郎 著

集めたデータを〈データの型〉に当てはめて、そのデータに適した処理手法を探すだけ。「どの統計処理を使えばよいのか、すぐわかる本がほしい」——そんな読者の要望にこたえました。

◆◆◆ コトバがわかれば統計はもっと面白くなる ◆◆◆
すぐわかる統計用語の基礎知識
●石村貞夫・D.アレン・劉晨 著

統計ソフトのおかげで複雑な計算に悩むことがなくなっても理解するには基本が大切。「わかりやすさ」を重視した簡潔な解説は、これから統計を学ぶ人にも、自分の知識の再確認にも必ず役立ちます。

◆◆◆ すべての疑問・質問にお答えします ◆◆◆
入門はじめての統計解析
●石村貞夫 著

入門はじめての多変量解析
入門はじめての分散分析と多重比較
●石村貞夫・石村光資郎 著

入門はじめての統計的推定と最尤法
●石村貞夫・劉晨・石村光資郎 著

入門はじめての時系列分析
●石村貞夫・石村友二郎 著